建筑工程质量与安全管理
（第4版）

主　编　刘汉清　赵恩亮　陈　翔

副主编　王海朝　胡　婧　刘加木

北京理工大学出版社
BEIJING INSTITUTE OF TECHNOLOGY PRESS

内 容 提 要

本书根据高等院校人才培养目标以及专业教学改革的需要，坚持以培养职业技能为重点进行编写。全书共分为上、下两篇，共12个项目，上篇主要包括建筑工程质量管理概论、质量管理体系、施工项目质量控制、建筑工程施工质量验收、地基与基础工程质量管理、主体结构工程质量管理、装饰装修工程质量管理等内容，下篇主要包括建筑工程安全管理概论、建筑工程施工安全技术、施工机械与临时用电安全技术、施工现场防火与文明施工、建筑工程职业健康安全事故分类及处理等内容。

本书可作为高等院校土木工程类相关专业的教材，也可作为函授和自考辅导用书，还可供建筑工程施工现场相关技术和管理人员工作时参考。

版权专有　侵权必究

图书在版编目（CIP）数据

建筑工程质量与安全管理 / 刘汉清，赵恩亮，陈翔主编.--4版.--北京：北京理工大学出版社，2021.11

ISBN 978-7-5763-0757-3

Ⅰ.①建… Ⅱ.①刘… ②赵… ③陈… Ⅲ.①建筑工程－工程质量－质量管理－高等学校－教材 ②建筑工程－安全管理－高等学校－教材 Ⅳ.①TU71

中国版本图书馆CIP数据核字（2021）第261023号

出版发行 / 北京理工大学出版社有限责任公司		
社　　址 / 北京市海淀区中关村南大街5号		
邮　　编 / 100081		
电　　话 / （010）68914775（总编室）		
（010）82562903（教材售后服务热线）		
（010）68944723（其他图书服务热线）		
网　　址 / http://www.bitpress.com.cn		
经　　销 / 全国各地新华书店		
印　　刷 / 河北鑫彩博图印刷有限公司		
开　　本 / 787毫米×1092毫米　1/16		
印　　张 / 17.5		责任编辑 / 江　立
字　　数 / 447千字		文案编辑 / 钟　博
版　　次 / 2021年11月第4版　2021年11月第1次印刷		责任校对 / 周瑞红
定　　价 / 89.00元		责任印制 / 边心超

图书出现印装质量问题，请拨打售后服务热线，本社负责调换

一直以来，建筑工程施工中工程质量与安全管理两者密不可分。加强建筑工程质量管理和安全管理，对于提高建筑质量有着十分重要的影响。如果发生重大质量安全事故，不但会造成人员伤亡和经济损失，还会影响社会秩序的稳定。

建筑业的生产活动具有周期长、体积大、流动分散、露天高处作业多、体力劳动强度高等特点，危险性大，不安全因素多，是事故多发行业。实践经验证明，大量建筑工程事故都源于工程质量安全管理制度的不完善或者施工人员的操作失误，因此，建立健全有效的建筑工程质量安全管理体系，加强施工过程的质量与安全管理，是进一步提高建筑工程产品质量与安全管理水平的关键。作为未来的工程建设者，高等院校土建类专业的学生尤其要掌握建筑工程质量与安全管理的基本知识，牢固树立"质量第一""安全第一"的意识。

本书分上、下两篇对建筑工程质量与安全管理进行了系统阐述。上篇（项目一～项目七）为建筑工程质量管理，主要包括建筑工程质量管理概论、质量管理体系、施工项目质量控制、建筑工程施工质量验收、地基与基础工程质量管理、主体结构工程质量管理、装饰装修工程质量管理；下篇（项目八～项目十二）为建筑工程安全管理，主要包括建筑工程安全管理概论、建筑工程施工安全技术、施工机械与临时用电安全技术、施工现场防火与文明施工、建筑工程职业健康安全事故分类及处理。

为方便教学，本书在各项目前设置了【知识目标】和【能力目标】，【知识目标】以提要的形式概括了本项目的重点内容，【能力目标】则对需要学生了解和掌握的知识要点进行提示，对学生学习和老师教学进行引导；在各项目后面设置了【项目小结】和【思考与练习】，【项目小结】以学习重点为框架，对各项目知识作了归纳，【思考与练习】以简答题和综合题的形式，从更深的层次给学生提供思考和复习的切入点，从而构建一个"引导—学习—总结—练习"的教学全过程。

本书由汕头职业技术学院刘汉清、吉林省经济管理干部学院赵恩亮、常德职业技术学院陈翔担任主编，由吉林省经济管理干部学院王海朝、胡婧、刘加木担任副主编，具体编写分工为刘汉清编写项目四、项目五和项目十一；赵恩亮编写项目六、项目七和项目十二；陈翔编写项目八和项目九；王海朝编写项目一和项目二；胡婧编写项目三和项目十；刘加木参与项目十的编写工作。

本书在编写过程中，参阅了国内同行多部著作，部分高等院校老师提出了很多宝贵意见供我们参考，在此表示衷心的感谢！

限于编者的学识及专业水平和实践经验，本书修订后仍难免存在疏漏或不妥之处，恳请广大读者指正。

编　者

第3版前言

一直以来，建筑工程施工中工程质量与安全管理两者密不可分。加强建筑工程质量管理和安全管理，对于建筑质量有着十分重要的影响。如果发生重大质量安全事故，不但会造成人员伤亡和经济损失，还会影响社会秩序的稳定。

本书第2版自出版发行以来，经有关院校教学使用，深受广大专业任课老师和学生的欢迎及好评，他们对书中内容提出了很多宝贵的意见和建议，编者对此表示衷心的感谢。为使内容能更好地体现当前"建筑工程质量与安全管理"课程的需要，我们结合建筑工程施工领域大量新材料、新技术、新工艺、新设备的广泛使用，建筑工程施工质量验收规范的修订和实施，以及近年来教育教学的改革动态，对本书进行了第三次修订。

本次修订以第2版为基础，主要做了以下工作。

1. 对上篇"建筑工程质量管理"的部分章节重新进行了设置，并对相关内容进行了必要的补充。如"质量管理体系"将内容重新进行了组织编排；"施工项目质量控制"的第二节"施工质量控制的方法和手段"拆分为"工程质量控制的方法"和"工程质量的手段"两个小节，原第三节删除；"建筑工程施工质量验收"由原五小节重新编排为四小节，并对内容重新进行设置；"主体结构工程质量管理"对内容进行了合理删减。

2. 结合建筑工程安全领域标准的修订与发布和最新的行业动态，对下篇"建筑工程安全管理"的部分内容进行了修订。如"建筑工程安全管理概论"中将内容进行了重新编排，增加了安全生产管理制度，并删除了安全事故的预防与处理；将原书"施工现场防火安全管理""施工现场安全管理与文明施工"进行删减，合并为"施工现场防火与文明施工"；新增了"建筑工程职业健康安全事故的分类和处理"。

本书由常德职业技术学院陈翔、贵州工商职业学院刘世刚、济南工程职业技术学院朱锋担任主编，常德职业技术学院贺涛、山东水利职业学院邵慧、南宁职业技术学院梁敏担任副主编，吉林职业技术学院马千兴、济南高新控股集团有限公司李宁参与编写。具体编写分工为：陈翔编写第一章、第三章、第六章，刘世刚编写第二章、第五章，朱锋编写第九章，贺涛编写第八章、第十二章，邵慧编写第四章，梁敏编写第七章，马千兴编写第十章，李宁编写第十一章。

在本书修订过程中，参阅了国内同行的多部著作，部分高等院校的老师提出了很多宝贵的意见供我们参考，在此表示衷心的感谢！

由于编写时间仓促，编者的经验和水平有限，书中难免有不妥和疏漏之处，恳请读者和专家批评指正。

编　者

本教材自出版发行以来，深得师生的厚爱，已多次重印。随着建筑工程施工领域大量新材料、新技术、新工艺、新设备的广泛使用，建筑工程施工质量验收规范也陆续修订并颁布实施，为此，我们根据各院校使用者的建议，结合近年来高等教育教学改革的动态，对本教材进行了修订。

本次修订严格参考最新版建筑工程施工质量验收规范，并以理论知识够用为度，以培养面向生产第一线的应用型人才为目的进行。修订后的教材在内容上有了较大幅度的充实与完善，进一步强化了实用性和可操作性，更能满足高等院校教学工作的需要。

为进一步体现高等教育的特点，方便学生掌握建筑工程质量与安全管理的基础知识，进一步牢固树立"质量第一""安全第一"的意识，从而使学生能对建筑工程各阶段质量与安全进行检查与验收，并具备一定的工程质量事故与安全事故处理能力，我们主要对教材进行了以下修订。

1. 对教材上篇"建筑工程质量管理"部分的章节重新进行了设置，并对相关内容进行了必要的补充。如：对"建筑工程质量管理概论"重新组织了内容；新增了"工程质量体系"；将原教材"施工常见质量通病及防治"的内容拆分为三章，并删除了其中有关安装工程的内容；新增了地基与基础工程、主体结构工程和装饰装修工程的质量控制与检验等内容。

2. 结合最新建筑工程施工标准规范对建筑工程质量管理的部分内容进行了修订。本次修订主要依据的标准规范包括：《地下防水工程质量验收规范》（GB 50208—2011）、《砌体结构工程施工质量验收规范》（GB 50203—2011）、《建筑地面工程施工质量验收规范》（GB 50209—2010）、《木结构工程施工质量验收规范》（GB 50206—2012）和《屋面工程质量验收规范》（GB 50207—2012）等。

3. 针对建筑工程安全领域大批标准的修订与发布，对本教材下篇"建筑工程安全管理"的部分内容进行了修订，如：根据《建筑施工安全检查标准》（JGJ 59—2011）对施工安全检查的内容进行了修订；根据《建筑施工土石方工程安全技术规范》（JGJ 180—2009）对土石方工程安全管理的内容进行了修订；根据《建筑施工扣件式钢管脚手架安全技术规范》（JGJ 130—2011）、《建筑施工门式钢管脚手架安全技术规范》（JGJ 128—2010）、《建筑施工工具式脚手架安全技术规范》（JGJ 202—2010）等对脚手架安全管理的内容进行了修订等。

4. 考虑到原教材附录中的法律条文或部门规章在实际工作中获取的途径相对较多，加之教材的篇幅所限，故本次修订时删除了附录的所有内容，从而进一步提升了教材的实用性。

本教材由陈翔、李清奇、蒋海波担任主编，贺涛、于瑶、邓荣榜、张玉生担任副主编，宋新龙、宋艳飞参与编写。

本教材在修订过程中，参阅了国内同行的多部著作，部分高等院校老师提出了很多宝贵意见供我们参考，在此表示衷心的感谢！对于参与本教材第1版编写但未参加本次修订的老师、专家和学者，本版教材所有编写人员向你们表示敬意，感谢你们对高等教育改革所做出的不懈努力，希望你们对本教材保持持续关注并多提宝贵意见。

限于编者的学识及专业水平和实践经验，修订后的教材仍难免有疏漏或不妥之处，恳请广大读者指正。

编　者

第 1 版前言

改革开放以来，随着我国现代化建设的不断发展，基础建设规模和数量不断扩大，建筑行业已成为国民经济的重要组成部分，对推动我国经济发展和社会进步发挥着极其重要的作用。建筑工程质量与其他产品质量一样，既关系到国民经济的发展，又关系到人民群众的切身利益。在工程建设中，我国早就提出"百年大计，质量第一"的建设方针，全社会对工程质量也极为关注。但多年以来，建筑工程质量事故一直是工程建设中最突出的一个问题，建筑工程质量与安全越来越成为人们关注的焦点。

由于建筑业的生产活动具有周期长、体积大、流动分散、露天高处作业多、体力劳动强度高等特点，危险性大，不安全因素多，是事故多发行业。实践经验证明，大量建筑工程事故都源于工程质量安全管理制度的不完善或者施工人员的操作失误，因此，建立健全有效的建筑工程质量安全管理体系，加强施工过程的质量与安全管理，是进一步提高建筑工程产品质量与安全管理水平的关键。作为未来的工程建设者，高等院校土建类专业的学生尤其要掌握建筑工程质量与安全管理的基本知识，牢固树立"质量第一""安全第一"的意识。

我们组织编写本教材，分上、下两篇对建筑工程质量与安全管理进行了系统阐述。上篇（第一章～第三章）为建筑工程质量管理，主要包括建筑工程质量管理概论、建筑工程施工质量验收、施工常见质量通病及防治；下篇（第四章～第八章）为建筑工程安全管理，主要包括建筑工程安全管理概论、建筑工程施工安全技术、施工机械与临时用电安全技术、施工现场防火防爆安全管理、施工现场安全管理与文明施工。

为方便教学，本教材在各章前设置了【学习重点】和【培养目标】，【学习重点】以章节提要的形式概括本章的重点内容，【培养目标】则对需要学生了解和掌握的知识要点进行提示，对学生学习和老师教学进行引导；在各章后面设置了【本章小结】和【思考与练习】，【本章小结】以学习重点为框架，对各章知识作了归纳，【思考与练习】以简答题和综合题的形式，从更深的层次给学生提供思考和复习的切入点，从而构建一个"引导—学习—总结—练习"的教学全过程。

本教材以《建筑工程施工质量验收统一标准》《建设工程质量管理条例》以及各种安全技术规范和相关法律法规为依据进行编写，并融入工程项目质量与安全管理领域的最新技术、理论与发展趋势，充分体现了一个"新"字，不仅具有原理性、基础性，还具有现代性。另外，本教材的编写倡导先进性，注重可行性，注意淡化细节，强调对学生综合思维能力的培养，编写时既考虑内容的相互关联性和体系的完整性，又不拘泥于此，对部分在理论研究上有较大意义，但在实践中实施尚有困难的内容就没有进行深入的讨论。

本教材由陈翔主编，贺涛任副主编。本教材主要供高等院校土建类专业师生教学使用，通过本课程的学习，使学生了解我国建设工程施工质量管理与安全生产管理方面的法律、法规，了解和掌握施工质量标准和验收规范的基本要求，熟悉建筑工程施工安全控制措施，具备在施工现场检查和实施安全生产各项技术措施的基本能力，掌握处理质量事故和安全事故的程序和方法。

在本教材编写过程中，参考和引用了国内同行的部分著作和资料，部分高等院校老师给我们提供了很多帮助，在此一并表示感谢！由于编者水平有限，疏漏之处在所难免，恳请广大读者批评指正。

编　者

目录
Contents

上篇 建筑工程质量管理

项目一 建筑工程质量管理概论

知识目标

1. 了解建筑工程质量管理的发展阶段；掌握建筑工程质量管理的重要性。
2. 掌握质量、建筑工程质量、质量管理、工程质量管理的概念。

能力目标

1. 能够了解建筑工程质量管理的重要性。
2. 能够掌握建筑工程质量管理的相关概念和定义。

任务一 建筑工程质量管理的重要性和发展阶段

一、建筑工程质量管理的重要性

《中华人民共和国建筑法》第一条明确了制定此法是为了加强对建筑活动的监督管理，维护建筑市场秩序，保证建筑工程的质量和安全，促进建筑业的健康发展。第三条再次强调了对建筑活动的基本要求："建筑活动应当确保建筑工程质量和安全，符合国家的建筑工程安全标准。"由此可见，建筑工程质量与安全问题在建筑活动中占有极其重要的地位。工程项目的质量是项目建设的核心，是决定工程建设成败的关键。它对提高工程项目的经济效益、社会效益和环境效益具有重要的意义。它直接关系到国家财产和人民生命安全，也关系着社会主义建设事业的发展。

要确保和提高工程质量，必须加强质量管理工作。如今，质量管理工作已经越来越被人们所重视，大部分企业领导清醒地认识到高质量的产品和服务是市场竞争的有效手段，是争取用户、占领市场和发展企业的根本保证。

作为建设工程产品的工程项目，投资和耗费的人工、材料、能源都相当大，投资者付出巨大的投资，要求获得理想的、满足使用要求的工程产品，以期在预定时间内能够发挥作用，为社会经济建设和物质文化生活需要作出贡献。如果工程质量差，不但不能发挥应有的效用，而且还会因质量、安全等问题影响国计民生和社会环境的安全。因此，要从发展战略的高度来认识质量问题。质量已关系到国家的命运、民族的未来，质量管理的水平已关系到行业的兴衰、企业的命运。

建筑施工项目质量的优劣，不但关系到工程的适用性，而且还关系到人民生命财产的安全和社会安定。因为施工质量低劣而造成的工程质量事故或潜伏隐患，其后果不堪设想。所以，在工程建设过程中，加强质量管理，确保国家和人民生命财产安全是施工项目管理的头等大事。

工程质量的优劣，直接影响国家经济建设的速度。工程质量差本身就是最大的浪费，低劣的质量一方面需要大幅度地增加返修、加固、补强等人工、材料、能源的消耗；另一方面还将给用户增加使用过程中的维修、改造费用。同时，低劣的质量必将缩短工程的使用寿命，使用户遭受经济损失。另外，质量低劣还会带来其他的间接损失（如停工、降低使用功能、减产等），给国家和使用者造成的浪费、损失将会更大。因此，质量问题直接影响着我国经济建设的速度。

综上所述，加强工程质量管理是市场竞争的需要，是加快社会主义建设的需要，是实现现代化生产的需要，是提高施工企业综合素质和经济效益的有效途径，是实现科学管理和文明施工的有力保证。国务院发布的《建设工程质量管理条例》是指导我国建设工程质量管理（含施工项目）的法规，也是质量管理工作的灵魂。

二、建筑工程质量管理的发展阶段

质量管理的产生和发展有着漫长的历程，人类历史上自有商品生产以来，就有了以商品的成品检验为主的质量管理方法。随着科学技术的发展和市场竞争的需要，质量管理已越来越为人们所重视，并逐渐发展成为一门新兴的学科。质量管理作为现代企业管理的有机组成部分，它的发展随着企业管理的发展而发展，其产生、形成、发展和日益完善的过程大体经历了以下几个阶段。

1. 产品质量检验阶段（18世纪中期—20世纪30年代）

工业化之前，生产工艺简单，一个工人或几个工人就可以完成产品的生产、制造，质量好坏靠的是工人的经验和技艺。这段时期受小生产经营方式或手工业作坊式生产经营方式的影响，产品质量主要是依靠工人的实际操作经验，靠手摸、眼看等感官估计和简单的度量衡器进行测量而定的。工人既是操作者又是质量检验者、质量管理者，且经验就是"标准"，因此，有人称其为"操作者的质量管理"。到19世纪，现代工厂的大量出现，使管理职能分工，由工长执行质量管理的职能。质量检验所使用的手段是各种各样的检测设备和仪表，它的方式是严格把关，进行百分之百的检验。1918年前后，美国出现了以泰勒为代表的"科学管理运动"，强调工长在保证质量方面的作用。于是，执行质量管理的责任就由操作者转移给工长，有人称其为"工长的质量管理"。后来，由于企业规模的扩大，这一职能又由工长转移给专职的检验人员。大多数企业都设置专职的检验部门并直属厂长领导，负责全厂各生产单位的产品检验工作，有人称其为"检验员的质量管理"。专职检验既能从成品中挑出废品，保证出厂产品质量，又是一道重要的生产工序。其通过检验，反馈质量信息，从而预防今后出现同类废品。

纵观这一阶段质量管理活动，从观念上来看，仅仅将质量管理理解为对产品质量的事后检验；从方法上来看，是对已经生产的产品进行百分之百的全数检验，通过剔除不合格产品来保证产品的质量。

2. 统计质量管理阶段（20世纪40—50年代）

第二次世界大战初期，由于战争的需要，美国许多民用生产企业转为军用品生产。由于事先无法控制产品质量，造成废品量很大，耽误了交货期，甚至因军火质量差而发生事故。同时，军需品的质量检验大多属于破坏性检验，不可能进行事后的检验。于是，人们采用了休哈特的"预防缺陷"理论。美国国防部请休哈特等人研究制定了一套美国战争时代的质量管理方法，强制生产企业执行。这套方法主要采用统计质量控制图，了解质量变动的先兆，进行预防，使不合格产品率大为下降，对保证产品质量收到了较好的效果。这种用数理统计方法来控制生产过程影响质量的因素，将单纯的质量检验变成了过程管理，使质量管理从"事后"转到了"事中"，较单纯的质量检验前进了一大步。第二次世界大战后，许多工业发达国家的生产企业也纷纷采用和效仿这种质量管理工作模式。但因为对数理统计知识的掌握有一定的要求，在过分强调的情况下，给人们以统计质量管理是少数数理统计人员责任的错觉，而忽略了广大生产与管理人员的作用，结果既没有充分发挥数理统计方法的作用，又影响了管理功能的发展，将数理统计在质量管理中的应用推向了极端。到了 20 世纪 50 年代，人们认识到统计质量管理方法并不能全面地保证产品质量，进而导致了"全面质量管理"新阶段的出现。

3. 全面质量管理阶段(20 世纪 60 年代以后)

20 世纪 60 年代以后，随着社会生产力的发展和科学技术的进步，经济上的竞争也日趋激烈，特别是一大批高安全性、高可靠性、高科技和高价值的技术密集型产品和大型复杂产品的质量，在很大程度上依靠对各种影响质量的因素加以控制，才能达到设计标准和使用要求。人们对控制质量的认识有了深化，意识到单纯靠统计检验手段已不能满足要求，大规模的工业化生产，质量保证除与设备、工艺、材料、环境等因素有关之外，还与职工的思想意识和技术素质，以及企业的生产技术管理等息息相关。同时，检验质量的标准与用户中所需求的功能标准之间也存在时差，必须及时地收集反馈信息，修改制定满足用户需要的质量标准，使产品更具竞争性。美国的菲根鲍姆首先提出了较系统的"全面质量管理"概念。其中心思想是：数理统计方法是重要的，但不能单纯依靠它，只有将它和企业管理结合起来，才能保证产品质量。这一理论很快被应用于不同行业生产企业(包括服务行业和其他行业)的质量工作。此后，这一概念通过不断完善，便形成了今天的"全面质量管理"。

全面质量管理阶段的特点是针对不同企业的生产条件、工作环境及工作状态等多方面因素的变化，把组织管理、数理统计方法以及现代科学技术、社会心理学、行为科学等综合运用于质量管理，建立适用和完善的质量工作体系，对每一个生产环节加以管理，做到全面运行和控制。通过改善和提高工作质量来保证产品质量；通过对产品的形成和使用全过程的管理，全面保证产品质量；通过形成生产(服务)企业全员、全企业、全过程的质量工作系统，建立质量体系以保证产品质量始终满足用户需要，使企业用最少的投入获取最佳的效益。

任务二　工程质量管理的概念

一、质量与建筑工程质量

质量是指反映实体满足明确或隐含需要能力的特性的总和。质量的主体是"实体"，实体可以是活动或过程的有形产品(如建成的厂房、装修后的住宅及无形产品)，也可以是某个组织体系或人，以及上述各项的组合。"需要"一般指的是用户的需要，也可以指社会及第三方的需要。"明确需要"一般是指甲乙双方以合同契约等方式予以规定的需要；而"隐含需要"则是指虽然没有以任何形式给予明确规定，但却是人们普遍认同的、无须事先声明的需要。

特性是区分他物的特征，可以是固有的或赋予的，也可以是定性的或定量的。固有的特性是在某事或某物中本来就有的，是产品、过程或体系的一部分，尤其是那种永久的特性。赋予的特性(如某一产品的价格)并非是产品、过程或体系本来就有的。质量特性是固有的特性，并通过产品、过程或体系设计、开发及开发后的实现过程而形成。

工程质量除具有上述普遍的质量的含义外，还具有自身的一些特点。在工程质量中，还需考虑业主需要的，符合国家法律、法规、技术规范、标准、设计文件及合同规定的特性综合。

建筑工程质量的特性主要表现在以下几个方面：

(1)适用性。适用性即功能，是指工程满足使用目的的各种性能。包括理化性能，如尺寸、规格、保温、隔热、隔声等物理性能；耐酸、耐碱、耐腐蚀、防火、防风化、防尘等化学性能；结构性能指地基基础的牢固程度，结构的足够强度、刚度和稳定性；使用性能，如民用住宅工程要能使居住者安居，工业厂房要能满足生产活动的需要，道路、桥梁、铁路、航道要能通达便捷等，建筑工程的组成部件、配件及水、暖、电、卫器具、设备也要能满足其使用功能；外观性能指建筑物的造型、布置、室内装饰效果、色彩等美观大方和协调等。

(2)耐久性。耐久性即寿命，是指工程在规定的条件下，满足规定功能要求使用的年限，也就是工程竣工后的合理使用寿命周期。建筑物本身结构具有类型不同、质量要求不同、施工方法不同及使用性能不同的个性特点，如民用建筑主体结构的耐用年限分为四级(15～30年、30～50年、50～100年、100年以上)，公路工程设计年限一般按等级控制在10～20年，城市道路工程设计年限，视不同道路构成和所用的材料，其设计的使用年限也会有所不同。

(3)安全性。安全性是指工程建成后在使用过程中保证结构安全、保证人身和环境免受危害的程度。建筑工程产品的结构安全度、抗震、耐火及防火能力，人民防空的抗辐射、抗核污染、抗爆炸波等能力是否能达到特定的要求，都是安全性的重要标志。工程交付使用后，必须保证人身财产、工程整体都能免遭工程结构破坏及外来危害的伤害。工程组成部件，如阳台栏杆、楼梯扶手、电气产品漏电保护、电梯及各类设备等，也要保证使用者的安全。

(4)可靠性。可靠性是指工程在规定的时间和规定的条件下完成规定功能的能力，即建筑工程不仅在交工验收时要达到规定的指标，而且在一定使用时期内要保证应有的正常功能。

(5)经济性。经济性是指工程从规划、勘察、设计、施工到整个产品使用寿命周期内的成本和消耗的费用。工程经济性具体表现为设计成本、施工成本、使用成本三者之和，包括从征地、拆迁、勘察、设计、采购(材料、设备)、施工、配套设施等建设全过程的总投资和工程使用阶段的能耗、水耗、维护、保养乃至改建更新的使用维修费用。

(6)与环境的协调性。与环境的协调性是指工程与其周围生态环境相协调，与所在地区经济环境协调及与周围已建工程相协调，以适应环境可持续发展的要求。

上述6个方面的质量特性彼此之间是相互依存的。总体而言，适用性、耐久性、安全性、可靠性、经济性及与环境的协调性都是必须达到的基本要求，缺一不可。

二、质量管理与工程质量管理

质量管理是指在质量方面指挥和控制组织的协调的活动。质量管理的首要任务是确定质量方针、目标和职责，核心是建立有效的质量管理体系，通过具体的四项活动，即质量策划、质量控制、质量保证和质量改进，确保质量方针、目标的实施和实现。

1. 质量策划

质量策划是质量管理的一部分，其致力于制定质量目标并规定行动过程和相关资料以实现质量目标。质量策划的目的在于制定并采取措施实现质量目标。质量策划是一种活动，其结果形成的文件可以是质量计划。

2. 质量控制

质量控制是质量管理的重要组成部分，其目的是使产品、体系或过程的固有特性达到规定的要求，即满足顾客、法律、法规等方面所提出的质量要求（如适用性、安全性等）。所以，质量控制是通过采取一系列的作业技术和活动对各个过程实施控制，如质量方针控制、文件和记录控制、设计和开发控制、采购控制、不合格控制等。

3. 质量保证

质量保证是指为了提供足够的信任，表明工程项目能够满足质量要求，而在质量体系中实施并根据需要进行证实的有计划、有系统的全部活动。质量保证定义的关键是信任，由一方向另一方提供信任。由于两方的具体情况不同，质量保证分为内部和外部两部分。内部质量保证是企业向自己的管理者提供信任；外部质量保证是企业向顾客或第三方认证机构提供信任。

4. 质量改进

质量改进是指企业及建设单位为获得更多收益而采取的旨在提高活动与过程的效益和效率的各项措施。

工程质量管理就是在工程的全生命周期内，对工程质量进行的监督和管理。针对具体的工程项目，就是项目质量管理。

项目小结

本项目主要介绍了建筑工程质量管理的重要性和发展阶段及工程质量管理的有关概念等内容。通过本项目的学习，学生应充分地认识建筑工程质量管理的重要性，树立"工程质量第一"的思想意识。

思考与练习

一、填空题

1. 工程项目的_____是项目建设的核心，是决定工程建设成败的关键。
2. 建筑工程的_____是指工程在规定的时间和规定的条件下完成规定功能的能力。
3. _____是指在质量方面指挥和控制组织的协调的活动。
4. 通过_____、_____、_____和_____确保质量方针、目标的实施和实现。
5. 民用建筑主体结构耐用年限分为_____。
6. 工程经济性具体表现为_____、_____、_____三者之和。
7. _____的目的是使产品、体系或过程的固有特性达到规定的要求，即满足顾客、法律、法规等方面所提出的质量要求。
8. _____是指在工程的全生命周期内，对工程质量进行的监督和管理。

二、简答题

1. 简述工程质量管理的重要性。
2. 建筑工程质量的特性主要表现在哪几个方面？

项目二 质量管理体系

知识目标

1. 了解质量管理、质量控制、质量保证的概念；了解全面质量管理的思想。
2. 熟悉质量管理的 PDCA 循环及质量管理组织机构。
3. 掌握产品质量认证、质量管理体系认证。

能力目标

1. 能够进行质量体系文件的编制和使用。
2. 能够正确地对工程施工过程实施管理。

任务一　全面质量管理思想和方法的应用

一、质量管理、质量控制、质量保证的概念

1. 与质量有关的术语

(1)产品。产品是指活动或过程的结果。

(2)过程。过程是指将输入转化为输出的一组彼此相关的资源和活动。

(3)质量体系。质量体系是指为实施质量管理所需的组织结构、程序、过程和资源。

(4)质量控制。质量控制是指为达到质量要求所采取的作业技术和活动。

(5)质量保证。质量保证是指为了提供足够的信任，表明实体能够满足质量要求，而在质量体系中实施并根据需要进行证实的活动。

(6)质量管理。质量管理是指确定质量方针、目标和职责，并在质量体系中通过如质量策划、质量控制、质量保证和质量改进，使其实施的全部管理职能的所有活动。

(7)全面质量管理。全面质量管理是指一个组织以质量为中心，以全员参与为基础，目的在于通过让顾客满意和本组织所有成员及社会受益而达到长期成功的管理途径。

2. 质量管理、质量体系、质量控制、质量保证之间的关系

质量管理(QM)、质量控制(QC)、质量保证(QA)，在理解和应用中都存在不同程度的混乱状态。在这 3 个概念中，两两之间(QM 与 QC、QC 与 QA 及 QM 与 QA)也往往混淆不清。质量

管理、质量体系、质量控制、质量保证之间的关系，如图 2-1 所示。

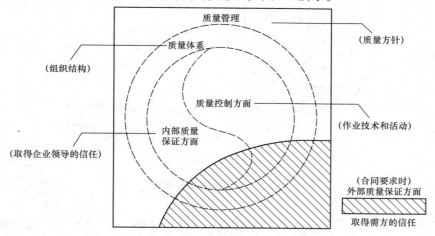

图 2-1　质量管理、质量体系、质量控制、质量保证之间的关系图

从图 2-1 中可以看出，质量管理是指企业的全部质量工作，即质量方针的制定和实施。为了实施质量方针和质量目标，必须建立质量体系。在建立质量体系时，首先要建立有关的组织机构，明确各质量职能部门的责任和权限，配备所需的各种资源，制定工作程序，然后才能运用管理和专业技术进行质量控制，并开展质量保证活动。

图 2-1 中的整个正方形代表质量管理工作。在质量管理中，首先要制定质量方针，然后建立质量体系，所以，将质量方针（由大圆外的面积代表）画在质量体系这个大圆外。在质量体系中又要首先确定组织结构，建立有关机构及其职责，然后才能开展质量控制和质量保证活动，所以，将组织结构画在小圆外。小圆部分包括质量控制和质量保证两类活动，在它们中间用"S"分开，其用意是表示两者之间的界限有时不易划分。在有些活动里，两者是相互不能分离的，如对某项过程的评价、监督和验证，既是质量控制的内容，也是质量保证的内容。质量保证就要求实施质量控制，两者只是目的不同而已，前者是为了预防不符合要求的情况或缺陷，后者则要向某一方进行"证实"（提供证据）。一般来说，质量保证总是和信任结合在一起的。在对图 2-1 的理解上，不能简单地认为质量管理就是质量方针，质量体系就是组织结构，而是应该理解为质量管理除制定质量方针外，还需建立质量体系，而质量体系则除了建立组织结构外，还包括质量控制和质量保证两项内容，其间用虚线划分，表示其是一个整体，只是为了便于理解其间的关系才用虚线表示。图 2-1 中的斜线部分是外部质量保证的内容，即合同环境中企业为满足需方要求而建立的质量保证体系。质量保证体系还包括质量方针、组织结构、质量控制和质量保证的要求。

对一个企业来讲，质量保证体系（合同环境中）是其整个质量管理体系中的一个部分，两者并不矛盾，且不可分割，你中有我、我中有你。质量保证体系是建立在质量管理体系的基础之上的。因此，外国大公司在选择其供应厂商时，首先要看对方的质量手册，也就是看其质量管理体系是否能基本满足质量保证方面的要求，然后才能确定是否与之签订合作合同。当然，供方的质量体系往往不能满足其全部要求，此时，则应在合同中补充某些要求，即增加某些质量体系要素，如质量计划、质量审核计划等。

图 2-1 中的斜线部分只是另一个图形的一个部分，这里没有画出来。画出来则为图 2-2 所示的需方质量管理体系。

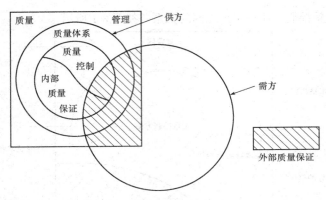

图 2-2　需方质量管理体系

由图 2-2 中可以看出，一个企业往往同时处在两种环境中，其一部分产品在一般市场中出售，另一部分产品则按合同出售给需方。同样，它在采购某些材料或零部件进行技术合作时，有些可以在市场上购买，有些则需要与协作厂签订合同，并附上质量保证要求。

综上所述，对一个企业，在非合同环境中，其质量管理工作包括质量控制和内部的质量保证。而在合同环境下，作为供方，其质量保证体系又包括质量管理、质量控制和内外部的质量保证活动。

二、质量认证

质量认证是指第三方依据程序对产品、过程或服务符合规定的要求给予书面保证(合格证书)的活动。质量认证分为产品质量认证和质量管理体系认证两种。

1. 产品质量认证

产品质量认证是认证机构证明产品符合相关技术规范的强制性要求或者标准的合格评定活动，即由一个公正的第三方认证机构，对工厂的产品抽样，按规定的技术规范、技术规范中的强制性要求或者标准进行检验，并对工厂的质量管理保证体系进行评审，以作出产品是否符合有关技术规范、技术规范中的强制性要求或者标准，工厂能否稳定地生产合格产品的结论。如检验或评审通过，则发给合格证书，允许在被认证的产品及其包装上使用特定的认证标志。

认证标志是由认证机构设计并公布的一种专用标志，其用以证明某项产品或服务符合特定标准或规范。经认证机构批准，使用在每台(件)合格出厂的认证产品上。认证标志是质量标志，通过标志可以向购买者传递正确可靠的质量信息，帮助购买者区别认证的产品与非认证的产品，指导购买者购买自己满意的产品。

认证标志图案的构成，许多国家是以国家标准的代码、标准机构或国家机构名称的缩写字母为基础进行艺术创作而形成的。产品认证的标志可印在包装或产品上，认证标志分为方圆标志、长城标志和 PRC 标志，如图 2-3 所示。方圆标志分为合格认证标志[图 2-3(a)]和安全认证标志[图 2-3(b)]；长城标志[图 2-3(c)]为电工产品专用标志；PRC 标志[图 2-3(d)]为电子元器件专用标志。

2. 质量管理体系认证

质量管理体系认证是指根据有关的质量保证模式标准，由第三方机构对供方(承包方)的质量管理体系进行评定和注册的活动。这里的第三方机构指的是经国家质量监督检验检疫总局质量体系认可委员会认可的质量管理体系认证机构。质量管理体系认证机构是个专职机构，各认

(a) (b) (c) (d)

图 2-3 认证标志

(a)、(b)方圆标志；(c)长城标志；(d)PRC 标志

证机构具有自己的认证章程、程序、注册证书和认证合格标志，国家质量监督检验检疫总局对质量认证工作实行统一管理。

(1)认证的特点。

1)由具有第三方公正地位的认证机构进行客观的评价，并作出结论。若通过，则颁发认证证书。审核人员须具有独立性和公正性，以确保认证工作客观、公正地进行。

2)认证的依据是质量管理体系标准，即《质量管理体系　要求》(GB/T 19001—2016)，而不能依据《质量管理　组织的质量　实现持续成功指南》(GB/T 19004—2020)来进行，更不能依据具体的产品质量标准。

3)认证过程中的审核是围绕企业的质量管理体系要求的符合性和满足质量要求及目标方面的有效性来进行的。

4)认证的结论不是证明具体的产品是否符合有关的技术标准，而是质量管理体系是否符合ISO 9001，即质量管理体系的要求标准是否具有按照规范要求保证产品质量的能力。

(2)认证的意义。

1)促使企业认真按 GB/T 19000 系列标准去建立健全质量管理体系，提高企业的质量管理水平，保证施工项目质量。由于认证是第三方权威性的公正机构对质量管理体系的评审，企业达不到认证的基本条件不可能通过认证，这就可以避免形式主义地去"贯标"，或用其他不正当手段获取认证。

2)提高企业的信誉和竞争能力。企业通过质量管理体系认证机构的认证，就能获得权威性机构的认可，证明其具有保证工程实体质量的能力。因此，获得认证的企业信誉度得到了提高，大大地增强了其市场竞争能力。

3)加快双方的经济技术合作。在工程招投标中，不同业主对同一个承包单位的质量管理体系的评审中，80%以上的评审内容和质量管理体系要素是重复的。若投标单位的质量管理体系通过了认证，对其评定的工作量就会大大减小，省时、省钱，避免了不同业主对同一承包单位进行重复的评定，加快了合作的进展，有利于选择合格的承包方。

4)有利于保护业主和承包单位双方的利益。企业通过认证，证明了它具有保证工程实体质量的能力，保护了业主的利益。同时，一旦发生了质量争议，承包单位就会具有自我保护的措施。

"产品质量认证"和"质量管理体系认证"的比较见表 2-1。

表 2-1 "产品质量认证"和"质量管理体系认证"的比较

项目	产品认证	质量管理体系认证
对象	特定产品	组织的质量管理体系
认证依据	具体的产品质量标准	《质量管理体系　要求》(GB/T 19001—2016)(ISO 9001)的标准
证明方式	产品认证证书、产品认证标志	质量管理体系认证证书和认证标志

项目	产品认证	质量管理体系认证
证书和标志的使用	证书不能用于产品、标志可用于获准认证的产品	证书和标志都不能用在产品上
性质	强制认证或自愿认证	组织自愿

3. GB/T 19000—ISO 9000 族标准

1979 年，国际标准化组织（ISO）成立了第 176 技术委员会（ISO/TC 176），负责制定质量管理和质量保证标准。ISO/TC 176 的目标是"要让全世界都接受和使用 ISO 9000 标准，为提高组织的动作能力提供有效的方法；增进国际贸易，促进全球的繁荣和发展；使任何机构和个人都可以有信心地从世界各地得到任何期望的产品，以及将自己的产品顺利地销到世界各地"。

1986 年，ISO/TC 176 发布了《质量管理和质量保证术语》（ISO 8402：1986）；1987 年发布了《质量管理和质量保证选择和使用指南》（ISO 9000：1987）、《质量体系设计、开发、生产、安装和服务的质量保证模式》（ISO 9001：1986）、《质量体系生产、安装和服务的质量保证模式》（ISO 9002：1987）、《质量体系最终检验和试验的质量保证模式》（ISO 9003：1987）及《质量管理和质量体系要素指南》（ISO 9004：1987）。这 6 项国际标准统称为 1987 版 ISO 9000 系列国际标准。1990 年，ISO/TC 176 技术委员会开始对 ISO 9000 系列标准进行修订，并于 1994 年发布了 ISO 8402：1994、ISO 9000—1：1994、ISO 9001：1994、ISO 9002：1994、ISO 9003：1994、ISO 9004—1：1994 6 项国际标准，统称为 1994 版 ISO 9000 族标准，这些标准分别取代 1987 版 6 项 ISO 9000 系列标准。随后，ISO 9000 族标准进一步扩充到包含 27 个标准和技术文件的庞大标准"家族"之中。

ISO 9001：2000 标准自 2000 年发布之后，ISO/TC 176/SC2 一直在关注跟踪标准的使用情况，不断地收集来自各方面的反馈信息。这些反馈多数集中在两个方面：一是 ISO 9001：2000 标准部分条款的含义不够明确，不同行业和规模的组织在使用标准时容易产生歧义；二是与其他标准的兼容性不够。到了 2004 年，ISO/TC 176/SC2 在其成员中就 ISO 9001：2000 标准组织了一次正式的系统评审，以便决定 ISO 9001：2000 标准是应该撤销、维持不变还是进行修订或换版，最后大多数意见是修订。与此同时，ISO/TC 176/SC2 还就 ISO 9001：2000 和 ISO 9001：2004 的使用情况进行了广泛的用户反馈调查。之后，基于系统评审和用户反馈调查结果，ISO/TC 176/SC2 依据 ISO/Guide72：2001 的要求对 ISO 9001 标准的修订要求进行了充分的合理性研究（Justification Study），并于 2004 年向 ISO/TC 176 提出了启动修订程序的要求，并制定了 ISO 9001 标准修订规范草案。该草案在 2007 年 6 月作了最后一次修订。修订规范规定了 ISO 9001 标准修订的原则、程序、修订意见收集时限和评价方法及工具等，是 ISO 9001 标准修订的指导文件。目前，《质量管理体系要求》（ISO 9001：2008）国际标准已于 2008 年 11 月 15 日正式发布。2008 版的 ISO 9000 族标准包括以下密切相关的质量管理体系核心标准：

（1）ISO 9000《质量管理体系——基础和术语》。其表述质量管理体系基础知识，并规定质量管理体系术语。

（2）ISO 9001《质量管理体系——要求》。其规定质量管理体系要求，用于证实组织具有提供满足顾客要求和适用法规要求的产品的能力，目的在于增进顾客的满意度。

（3）ISO 9004《质量管理体系——业绩改进指南》。其提供考虑质量管理体系的有效性和改进两个方面的指南。该标准的目的是促进组织业绩改进和使顾客及其他相关方满意。

（4）ISO 19011《质量和（或）环境管理体系审核指南》。其提供审核质量和环境管理体系的指南。

4. ISO 质量管理体系的建立与实施

按照《质量管理体系基础和术语》(GB/T 19000—2000)族标准建立或更新完善质量管理体系的程序，通常包括质量管理体系的策划与总体设计、质量管理体系的文件编制、质量管理体系的实施运行 3 个阶段。

(1)质量管理体系的策划与总体设计。最高管理者应确保质量管理体系的策划满足组织确定的质量目标要求及质量管理体系的总体要求，在对质量管理体系变更进行策划和实施时，应保证管理体系的完整性。通过对质量管理体系的策划，确定建立质量管理体系所采用的过程方法模式，从组织的实际出发进行体系的策划和实施，明确是否有剪裁的需求并确保其合理性。ISO 9001 标准引言中指出"一个组织质量管理体系的设计和实施受各种需求、具体目标、所提供产品、所采用的过程，以及该组织的规模和结构的影响，统一质量管理体系的结构或文件不是本标准的目的"。

(2)质量管理体系文件的编制。质量管理体系文件的编制应在满足标准要求、确保控制质量、提高组织全面管理水平的情况下，建立一套高效、简单、实用的质量管理体系文件。质量管理体系文件由质量手册、质量管理体系程序文件、质量记录等部分组成。

1)质量手册。

①质量手册的性质和作用。质量手册是组织质量工作的"基本法"，是组织最重要的质量法规性文件，且具有强制性。质量手册应阐述组织的质量方针，概述质量管理体系的文件结构并能反映组织质量管理体系的总貌，起到总体规划和加强各职能部门间协调的作用。对组织内部，质量手册起着确立各项质量活动及其指导方针和原则的重要作用，一切质量活动都应遵循质量手册；对组织外部，质量手册既能证实符合标准要求的质量管理体系的存在，又能向顾客或认证机构描述清楚质量管理体系的状况，同时，质量手册是使员工明确各类人员职责的良好管理工具和培训教材。质量手册便于克服因员工流动而对工作产生的连续性的影响。质量手册对外提供了质量保证能力的说明，是销售广告有益的补充，也是许多招标项目所要求的投标必备文件。

②质量手册的编制要求。质量手册的编制应遵循《质量管理体系文件指南》(ISO/TR 10013：2001)要求，应说明质量管理体系覆盖哪些过程和条款，每个过程和条款应开展哪些控制活动，对每个活动需要控制到什么程度，能提供什么样的质量保证等。

③质量手册的构成。质量手册一般由以下几个部分构成，各组织可以根据实际需要，对质量手册的下述部分做必要的删减。

目次

批准页

前言

1 范围

2 引用标准

3 术语和定义

4 质量管理体系

5 管理职责

6 资源管理

7 产品实现

8 测量、分析和改进

2)质量管理体系程序文件。

①概述。质量管理体系程序文件是质量管理体系的重要组成部分，也是质量手册的具体展开和有力支撑。质量管理体系程序可以是质量管理手册的一部分，也可以是质量手册的具体展开。质量管理体系程序文件的范围和详略程度取决于组织的规模、产品的类型、过程的复杂程度、方法和相互作用及人员素质等因素。对每个质量管理程序来说，都应视需要明确何时、何地、何人、做什么、为什么、怎么做(即5W1H)，应保留什么记录。

②质量管理体系程序的内容。按ISO 9001：2008标准的规定，质量管理程序应至少包括文件控制程序、质量记录控制程序、内部质量审核程序、不合格控制程序、纠正措施程序、预防措施程序6项程序。

③质量计划。质量计划是对特定的项目、产品、过程或合同，规定由谁及何时应使用哪些程序相关资源的文件。质量手册和质量管理体系程序所规定的是各种产品都适用的通用要求和方法，但各种特定产品都有其特殊性，质量计划是一种工具，可将某产品、项目或合同的特定要求与现行的通用的质量管理体系程序相连接。

质量计划在企业内部作为一种管理方法，使产品的特殊质量要求能通过有效的措施得以满足。在合同情况下，组织使用质量计划向顾客证明其如何满足特定合同的特殊质量要求，并作为顾客实施质量监督的依据。产品(或项目)的质量计划是针对具体产品(或项目)的特殊要求，以及应重点控制的环节所编制的对设计、采购、制造、检验、包装、运输等的质量控制方案。

④质量记录。质量记录是阐明所取得的结果或提供所完成活动的证据文件，质量记录是产品质量水平和企业质量管理体系中各项质量活动结果的客观反映，应如实加以记录，用以证明达到合同所要求的产品质量，并证明对合同中提出的质量保证要求予以满足的程度。如果出现偏差，则质量记录应反映出针对不足之处采取了哪些纠正措施。质量记录应字迹清晰、内容完整，并按照所记录的产品和项目进行标识，记录应注明日期并经授权人员签字、盖章或做其他审定后方能生效。

质量体系文件编写流程图如图2-4所示。

3)ISO质量管理体系认证。质量管理体系认证是根据有关的质量管理体系标准，由第三方机构对供方(承包方)的质量管理体系进行评定和注册的活动。质量管理体系认证具有以下特征：

①认证的对象是质量体系而不是具体产品。

②认证的依据是质量管理体系标准(即GB/T 19001 idt ISO 9001)，而不是具体的产品质量标准。

③认证是第三方从事的活动，通常将产品的生产企业称为第一方，如施工、建筑材料等生产企业；而将产品的购买使用者称为第二方，如业主、顾客等；在质量认证活动中，第三方是独立、公正的机构，第三方与第一方、第二方在行政上无隶属关系，且在经济上无利害关系，从而可确保认证工作的公正性。

④认证的结论不是证明产品是否符合有关的技术标准，而是证明质量体系是否符合标准，是否具有按照标准要求、保证产品质量的能力。

⑤取得质量管理体系认证资格的证明方式是认证机

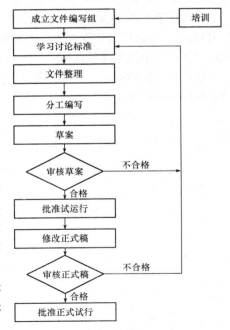

图2-4 质量体系文件编写流程图

构向企业颁发质量管理体系认证证书和认证标志。这种体系认证标志不同于产品认证标志，不能用于具体产品上，不保证具体产品的质量。

（3）质量管理体系认证的实施阶段。质量管理体系认证过程总体上可分为以下 4 个阶段：

1）认证申请。组织向其自愿选择的某个体系认证机构提出申请，并按该机构的要求提交申请文件，包括企业质量手册等。体系认证机构根据企业提交的申请文件，决定是否受理申请，并通知企业。

2）体系审核。体系认证机构指派数名国家注册审核人员实施审核工作，包括审查企业的质量手册、到企业现场查证实际执行情况等，并提交审核报告。

3）审批与注册发证。体系认证机构根据审核报告，经审查决定是否批准认证。对批准认证的企业颁发体系认证证书，并将企业的有关情况注册公布，准予企业以一定方式使用体系认证标志。

4）监督。在证书有效期内，体系认证机构每年对企业进行至少一次的监督检查，一旦发现企业有违反有关规定的证据，即对该企业采取相应措施，暂停或撤销该企业的体系认证。

任务二　认知全面质量管理

一、全面质量管理（TQC）的思想

TQC 即全面质量管理，是 20 世纪中期开始在欧美和日本广泛应用的质量管理理念与方法。我国从 20 世纪 80 年代开始推广全面质量管理，其基本原理是强调在企业或组织最高管理者的质量方针指引下，实行全面、全过程和全员参与的质量管理。

TQC 的主要特征是以顾客满意为宗旨，领导参与质量方针和目标的制定，提倡预防为主、科学管理、用数据说话等。在当今世界标准化组织颁布的 ISO 9000 质量管理体系标准中，处处都体现了这些重要特点和思想。建设工程项目的质量管理，同样应贯彻"三全"管理的思想和方法。

（1）全面质量管理。建筑工程项目的全面质量管理，是指项目参与各方所进行的工程项目质量管理的总称。其中包括工程（产品）质量和工作质量的全面管理。工程质量是产品质量的保证，工作质量直接影响产品质量的形成。建设单位、监理单位、勘察单位、设计单位、施工总承包单位、施工分包单位、材料设备供应商等，任何一方、任何环节的怠慢疏忽或质量责任不落实都会造成对建设工程质量的不利影响。

（2）全过程质量管理。全过程质量管理，是指根据工程的形成规律，从源头抓起，全过程推进。《质量管理体系　基础和术语》（GB/T 19000—2016）强调质量管理的"过程方法"管理原则，要求应用"过程方法"进行全过程质量控制。要控制的主要过程有：项目策划与决策过程；勘察设计过程；设备材料采购过程；施工组织与实施过程；监测设施控制与计量过程；施工生产的检验试验过程；工程质量的评定过程；工程竣工验收与交付过程；工程回访维修服务过程等。

（3）全员参与质量管理。按照全面质量管理的思想，组织内部的每个部门和工作岗位都承担相应的质量职能，组织的最高管理者确定了质量方针和目标，就应组织和动员全体员工参与到实施质量方针的系统活动中去，发挥自己角色的作用。开展全员参与质量管理的重要手段就是运用目标管理方法，将组织的质量总目标逐级进行分解，使之形成自上而下的质量目标分解体系和自下而上的质量目标保证体系，发挥组织系统内部每个工作岗位、部门或团队在实现质量总目标过程中的作用。

二、质量管理的 PDCA 循环

在长期的生产实践和理论研究中形成的 PDCA 循环，是建立质量管理体系和进行质量管理的基本方法。PDCA 循环示意如图 2-5 所示。

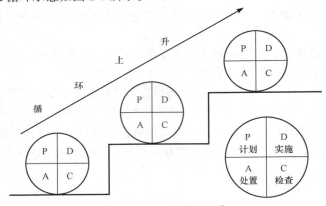

图 2-5　PDCA 循环示意

从某种意义上说，管理就是确定任务目标，并通过 PDCA 循环来实现预期目标。每一循环都围绕着实现预期的目标，进行计划、实施、检查和处置活动，随着对存在问题的解决与改进，在一次次的滚动循环中不断上升，不断增强质量管理能力，不断增加质量水平。PDCA 循环分为四个阶段八个步骤。其基本内容见表 2-2。

表 2-2　PDCA 管理循环的内容

序号	阶段、任务	步骤	内容
1	计划阶段（Plan）：主要工作任务是制定质量管理目标、活动计划和管理项目的具体实施措施	第一步，分析现状，找出存在的质量问题	这一步要有重点地进行。首先，要分析企业范围内的质量通病，也就是工程质量的常见病和多发病。其次，要特别注意工程中的一些技术复杂、难度大、质量要求高的项目，以及新工艺、新结构、新材料等项目的质量分析。要依据大量数据和情报资料，用数据说话，用数理统计方法来分析，反映问题
		第二步，分析产生质量问题的原因和影响因素	召开有关人员和有关问题的分析会议，绘制因果分析图
		第三步，从各种原因和影响因素中找出影响质量的主要原因或影响因素	其方法有两种：一是利用数理统计的方法和图表；二是由有关工程技术人员、生产管理人员和工人讨论确定，或对影响质量的主要原因用投票的方式确定
		第四步，针对影响质量的主要原因或因素，制定改善质量的技术组织措施，提出执行措施的计划，并预计效果	在进行这一步时要反复考虑，明确回答以下 5W1H 的问题：①为什么要提出这样的计划、采取这样的措施？为什么要这样改进？回答采取措施的原因（Why）；②改进后要达到什么目的？有什么效果（What）？③改进措施在何处（哪道工序、哪个环节、哪个过程）执行（Where）？④计划和措施在什么时间执行和完成（When）？⑤由谁来执行和完成（Who）？⑥用什么方法，以及怎样完成（How）

序号	阶段、任务	步骤	内容
2	实施阶段（Do）：主要工作任务是按照第一阶段制定的计划措施，组织各方面的力量分头去认真贯彻执行	第五步，即执行措施和计划	首先要做好计划措施的交底和落实。落实包括组织落实、技术落实和物资落实。有关人员还要经过训练、实习、考核达到要求后再执行计划。其次，要依靠质量体系，来保证质量计划的执行
3	检查阶段（Check）：主要工作任务是将实施效果与预期目标对比	第六步，检查效果、发现问题	检查执行的情况，看是否达到了预期效果，并提出哪些做对了、哪些还没达到要求、哪些有效果、哪些还没有效果，再进一步找出问题
4	处理阶段（Action）：主要工作任务是对检查结果进行总结和处理	第七步，总结经验、纳入标准	经过上一步检查后，明确有效果的措施，通过修订相应的工作文件、工艺规程，以及各种质量管理的规章制度，将好的经验总结起来，把成绩巩固下来，防止问题再次发生
		第八步，将遗留问题转入下一个管理循环	为下一期计划提供数据资料和依据

三、质量管理组织机构

1. 质量管理组织机构

建筑工程项目一般建立由公司总部宏观控制、项目经理领导、项目总工程师策划实施、现场经理和安装经理中间控制、专业责任工程师检查的管理系统，形成从项目经理部到各分承包方、各专业化公司和作业班组的质量管理架构，如图 2-6 所示。

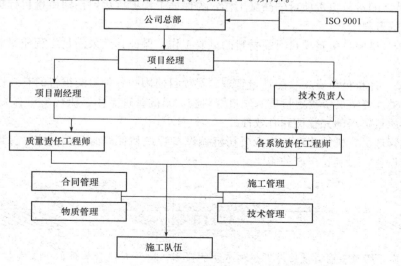

图 2-6　质量管理体系框架图

对各个目标进行分解，以加强施工过程中的质量控制，确保分部、分项工程优良率、合格率的目标，从而顺利实现工程的质量目标。以先进的技术，程序化、规范化、标准化的管理，严谨的工作作风，精心组织施工，以 ISO 9001 质量标准体系为管理依托，按照《建筑工程质量验收统一标准》(GB 50300—2013)标准达标。

2. 施工项目质量管理人员职责

建立健全技术质量责任制，把质量管理全过程中的每项具体任务落实到每个管理部门和个人身上，使质量工作事事有人管，人人有岗位，办事有标准，工作有考核，形成一个完整的质量保证体系，保证工程质量达到预期目标。

工程项目部现场质量管理班组由项目部经理、副经理、项目总工程师、施工员、技术员、质量员、材料员、测量员、试验员、计量员、资料员等组成，现场质量管理班组主要管理人员的职责如下。

(1)项目经理。项目经理受企业法人委托，全面负责履行施工合同，是项目质量的第一负责人，负责组织项目管理部全体人员，保证企业质量体系在本项目中的有效运行；协调各项质量活动；组织项目质量计划的编制，确保质量体系进行时资源的落实；保证项目质量达到企业规定的目标。

(2)项目总工程师。项目总工程师全面负责项目技术工作，组织图样会审，组织编制施工组织设计，审定现场质量、安全措施，以及对设计变更等交底工作。

(3)施工员。施工员落实项目经理布置的质量职能，有效地对施工过程的质量进行控制，按公司质量文件的有关规定组织指挥生产。

(4)技术员。技术员协助项目经理进行项目质量管理，参加质量计划和施工组织设计的编制，做好设计变更和技术核定工作，负责技术复核工作，解决施工中出现的技术问题，负责隐蔽工程验收的自检和申请工作等，督促施工员、质量员及时做好自检和复检工作，负责工程质量资料的积累和汇总工作。

(5)质量员。质量员组织各项质量活动，参与施工过程的质量管理工作，在授权范围内对产品进行检验，控制不合格品的产生。采取各种措施，确保项目质量达到规定要求。

(6)材料员。材料员负责落实项目的材料质量管理工作，执行物资采购，为顾客提供产品、物资的检验和试验等文件的有效规定。

(7)测量员。测量员负责项目的测量工作，为保证工程项目达到预期质量目标提供有效的服务和积累有关的资料。

(8)试验员。试验员负责项目所需材料的试验工作，保证其结果满足工程质量管理需要，并积累有关资料。

(9)计量员。计量员负责项目的计量管理，对项目使用的各种检测报告的有效性进行控制。

(10)资料员。资料员负责项目技术质量资料和记录的管理工作，执行公司有关文件的规定，保证项目技术质量资料的完整性和有效性。

(11)机械管理员。机械管理员执行公司机械设备管理和保养的有关规定，保证施工项目使用合格的机械设备，以满足生产的需要。

项目小结

本项目主要介绍了全面质量管理思想和方法的应用，以及对质量管理的 PDCA 循环和质量管理组织机构的认识。通过本项目的学习，学生应具备建立或评审一个质量管理体系的实际操作能力。

一、填空题

1. _____是指为实施质量管理所需的组织结构、程序、过程和资源。

2. _____是指为达到质量要求所采取的作业技术和活动。

3. 质量认证分为_____和_____两种。

4. 质量管理体系文件由_____、_____、_____等部分组成。

5. 质量记录应_____、_____，并按所记录的产品和项目进行标识，记录应注明日期并经_____签字、盖章或做其他审定后方能生效。

二、单项选择题

1. 关于认证的特点，下列叙述错误的是（　　）。

A. 由具有第三方公正地位的认证机构进行客观的评价，并作出结论，若通过，则颁发认证证书。审核人员要具有独立性和公正性，以确保认证工作客观、公正地进行

B. 认证的依据是质量管理体系标准，即《质量管理体系要求》(GB/T 19001—2016)

C. 认证过程中的审核是围绕企业的质量管理体系要求的符合性和满足质量要求及目标方面的有效性来进行的

D. 认证的结论不是证明具体的产品是否符合有关的技术标准，而是质量管理体系是否符合 ISO 9001，即质量管理体系的要求标准是否具有按照规范要求保证产品质量的能力

2. 按照《质量管理体系　基础和术语》(GB/T 19000—2016)标准建立或更新完善质量管理体系的程序，通常不包括（　　）。

A. 局部策划与总体设计 　　　　　B. 质量管理体系的文件编制

C. 质量管理体系的实施运行 　　　D. 质量管理体系业绩改进指南

三、简答题

1. 什么是全面质量管理？

2. 简述质量管理、质量体系、质量控制、质量保证之间的关系。

3. 什么是质量管理体系认证？

4. 企业质量体系认证的意义有哪些？

5. 质量管理体系的认证过程总体上可分为哪几个阶段？

6. 施工项目质量管理人员的职责有哪些？

项目三 施工项目质量控制

知识目标

1. 了解施工项目质量控制的概念、质量控制的依据及基本环节。
2. 熟悉施工生产要素的质量控制、施工准备的质量控制、施工过程的质量控制。
3. 掌握现场质量检查的方法、质量控制统计法、施工项目质量控制的手段。

能力目标

能够应用相关知识实施对施工项目质量的控制。

任务一 施工项目质量控制概述

一、施工项目质量控制的概念

施工项目质量控制是指为了达到施工项目质量要求所采取的作业技术和活动。施工企业应为业主提供满意的建筑产品，对建筑施工过程实行全方位的控制，防止不合格的建筑产品产生。

(1)工程项目质量要求主要表现为工程合同、设计文件、技术规范规定的质量标准。因此，工程项目质量控制就是为了保证达到工程合同设计文件和标准规范规定的质量标准而采取的一系列措施、手段和方法。

(2)建设工程项目质量控制按其实施者的不同，包括以下三个方面：一是业主方面的质量控制；二是政府方面的质量控制；三是承建商方面的质量控制。这里的质量控制主要指承建商方面内部的、自身的控制。

(3)质量控制的工作内容包括作业技术和活动，也就是专业技术和管理技术两个方面。围绕产品质量形成全过程的各个环节，对影响工作质量的人、机、料、法、环五大因素进行控制，并对质量活动的成果进行分阶段验证，以便及时发现问题，采取相应措施，防止不合格质量重复发生，尽可能地减少损失。因此，质量控制应贯彻以预防为主并与检验把关相结合的原则。

二、施工质量控制的依据及基本环节

1. 施工质量控制的依据

(1)共同性依据。共同性依据是指适用于施工质量管理有关的、通用的、具有普遍指导意义

和必须遵守的基本法规。其主要是国家和政府有关部门颁布的与工程质量管理有关的法律法规性文件，如《中华人民共和国建筑法》《中华人民共和国招标投标法》和《建筑工程质量管理条例》等。

（2）专业技术性依据。专业技术性依据是指针对不同的行业、不同质量控制对象制定的专业技术规范文件，包括规范、规程、标准、规定等，如工程建设项目质量检验评定标准，有关建筑材料、半成品和构配件质量方面的专门技术法规性文件，有关材料验收、包装和标志等方面的技术标志与规定，有关施工工艺质量等方面的技术法规性文件，有关新工艺、新技术、新材料、新设备的质量规定和鉴定意见等。

（3）项目专用性依据。项目专用性依据是指本项目的工程建设合同、勘察设计文件、设计交底及图纸会审记录、设计修改和技术变更通知，以及相关会议记录和工程联系单等。

2. 施工质量控制的基本环节

施工质量控制应贯彻全面、全员、全过程质量管理的思想，运用动态控制原理，进行质量的事前控制、事中控制和事后控制。

（1）事前控制。事前控制是在各工程对象正式施工活动开始前，对各项准备工作及影响质量的各因素进行控制，这是确保施工质量的先决条件。其具体内容包括以下几个方面：

1）审查各承包单位的技术资质。

2）对工程所需材料、构件、配件的质量进行检查和控制。

3）对永久性生产设备和装置，按审批同意的设计图纸组织采购或订货。

4）施工方案和施工组织设计中应含有保证工程质量的可靠措施。

5）对工程中采用的新材料、新工艺、新结构、新技术，应审查其技术鉴定书。

6）检查施工现场的测量标桩、建筑物的定位放线和高程水准点。

7）完善质量保证体系。

8）完善现场质量管理制度。

9）组织设计交底和图纸会审。

（2）事中控制。事中控制是在施工过程中对实际投入的生产要素质量及作业技术活动的实施状态和结果所进行的控制，包括作业者发挥技术能力过程的自控行为和来自有关管理者的监控行为。其具体内容有以下几个方面：

1）完善的工序控制。

2）严格工序之间的交接检查工作。

3）重点检查重要部位和专业过程。

4）对完成的分部、分项工程按照相应的质量评定标准和办法进行检查、验收。

5）审查设计图纸变更和图纸修改。

6）组织现场质量会议，及时分析通报质量情况。

（3）事后控制。事后控制是对通过施工过程所完成的具有独立的功能和使用价值的最终产品及有关方面的质量进行控制，其具体内容包括以下几个方面：

1）按规定质量评定标准和办法对已完成的分项分部工程、单位工程进行检查验收。

2）组织联动试车。

3）审核质量检验报告及有关技术性文件。

4）审核竣工图。

5）整理有关工程项目质量的技术文件，并编目、建档。

上述 3 个环节的质量控制系统过程及其所涉及的主要方面如图 3-1 所示。

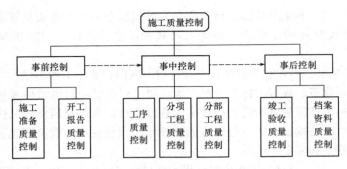

图 3-1　施工质量控制系统过程

三、施工生产要素的质量控制

施工生产要素是施工质量形成的物质基础，其质量的含义包括：作为劳动主体的施工人员，即直接参与施工的管理者、作业者的素质及其组织效果；作为劳动对象的建筑材料、半成品、工程用品、设备等的质量；作为劳动方法的施工工艺及技术措施的水平；作为劳动手段的施工机械、设备、工具、模具等的技术性能；施工环境——现场水文、地质、气象等自然环境，通风、照明、安全等作业环境及协调配合的管理环境。

1. 施工人员的质量控制

施工人员的质量包括参与工程施工各类人员的施工技能、文化素养、生理体能、心理行为等方面的个体素质，以及经过合理组织和激励发挥个体潜能综合形成的群体素质。因此，企业应通过择优录用、加强思想教育及技能方面的教育培训，合理组织、严格考核，并辅以必要的激励机制，使企业员工的潜在能力得到充分的发挥和最好的组合，使施工人员在质量控制系统中发挥主体自控作用。

施工企业必须坚持执业资格注册制度和作业人员持证上岗制度；对所选派的施工项目领导者、组织者进行教育和培训，使其所拥有的质量意识和组织管理能力能满足施工质量控制的要求；对所属施工队伍进行全员培训，加强质量意识的教育和技术训练，提高每个作业者的质量活动能力和自控能力；对分包单位进行严格的资质考核和施工人员的资格考核，其资质、资格必须符合相关法规的规定，与其分包的工程相适应。

2. 材料设备的质量控制

原材料、半成品及工程设备是工程实体的构成部分，其质量是项目工程实体质量的基础。加强原材料、半成品及工程设备的质量控制，不仅是提高工程质量的必要条件，也是实现工程项目投资目标和进度目标的前提。

对原材料、半成品及工程设备进行质量控制的主要内容包括：控制材料设备的性能、标准、技术参数与设计文件的相符性；控制材料、设备各项技术性能指标、检验测试指标与标准规范要求的相符性；控制材料、设备进场验收程序的正确性及质量文件资料的完备性；控制优先采用节能低碳的新型建筑材料和设备，禁止使用国家明令禁用或淘汰的建筑材料和设备等。

施工单位应在施工过程中贯彻执行企业质量程序文件中关于材料和设备封样、采购、进场检验、抽样检测及质保资料提交等方面明确规定的一系列控制标准。

3. 工艺方案的质量控制

施工工艺的先进合理性是直接影响工程质量、工程进度及工程造价的关键因素，施工工艺的合理可靠性也直接影响到工程施工安全。因此，在工程项目质量控制系统中，制定和采用技术先进、经济合理、安全可靠的施工技术工艺方案，是工程质量控制的重要环节。施工工艺方案的质量控制主要包括以下内容：

（1）深入、正确地分析工程特征、技术关键及环境条件等资料，明确质量目标、验收标准、控制的重点和难点。

（2）制定合理有效的、有针对性的施工技术方案和组织方案。前者包括施工工艺、施工方法；后者包括施工区段划分、施工流向及劳动组织等。

（3）合理选用施工机械设备与设置施工临时设施，合理布置施工总平面图和各阶段施工平面图。

（4）选用和设计保证质量与安全的模具、脚手架等施工设备。

（5）编制工程所采用的新材料、新技术、新工艺的专项技术方案和质量管理方案。

（6）针对工程具体情况，分析气象、地质等环境因素对施工的影响，制定应对措施。

4. 施工机械的质量控制

施工机械是指施工过程中使用的各类机械设备，包括起重运输设备、人货两用电梯、加工机械、操作工具、测量仪器、计量器具及专用工具和施工安全设施等。施工机械设备是所有施工方案和工法得以实施的重要物质基础，合理选择和正确使用施工机械设备是保证施工质量的重要措施。

（1）对施工所用的机械设备，应根据工程需要从设备选型、主要性能参数及使用操作要求等方面加以控制，并应符合安全、适用、经济、可靠、节能和环保等方面的要求。

（2）对施工中使用的模具、脚手架等施工设备，除可按适用的标准定型选用外，一般需按设计及施工要求进行专项设计，对其设计方案和制作质量的控制及验收应进行重点控制。

（3）按现行施工管理制度要求，工程所用的施工机械、模板、脚手架，特别是危险性较大的现场安装的起重机械设备，不仅要对其设计安装方案进行审批，而且安装完毕交付使用前必须经专业管理部门的验收，合格后方可使用。同时在使用过程中，还需落实相应的管理制度，以确保其安全、正常使用。

5. 施工环境因素的控制

环境的因素主要包括施工现场自然环境因素、施工质量管理环境因素和施工作业环境因素。环境因素对工程质量的影响，具有复杂多变和不确定性的特点，具有明显的风险特性。要减少其对施工质量的不利影响，主要是采取预测预防的风险控制方法。

（1）对施工现场自然环境因素的控制。对地质、水文等方面影响因素，应根据设计要求，分析工程岩土地质资料，预测不利因素，并会同设计等方面制定相应的措施，采取如基坑降水、排水、加固围护等技术控制方案。

对天气气象方面的影响因素，应在施工方案中制定专项紧急预案，明确在不利条件下的施工措施，落实人员、器材等方面的准备，加强施工过程中的监控与预警。

（2）对施工质量管理环境因素的控制。施工质量管理环境因素主要是指施工单位质量保证体系、质量管理制度和各参建施工单位之间的协调等因素。要根据工程承发包的合同结构，理顺管理关系，建立统一的现场施工组织系统和质量管理的综合运行机制，以确保质量保证体系处于良好的状态，创造良好的质量管理环境和氛围，使施工得以顺利进行，保证施工质量。

（3）对施工作业环境因素的控制。施工作业环境因素主要是指施工现场的给水排水条件，各种能源介质供应，施工照明、通风、安全防护设施，施工场地空间条件和通道，以及交通运输和道路条件等因素。

要认真实施经过审批的施工组织设计和施工方案，落实保证措施，严格执行相关管理制度和施工纪律，保证上述环境条件良好，使施工得以顺利进行，更使施工质量得到保证。

四、施工准备的质量控制

1. 施工技术准备工作的质量控制

施工技术准备是指在正式开展施工作业活动前进行的技术准备工作。这类工作内容繁多，主要在室内进行，例如，熟悉施工图纸，组织设计交底和图纸审查；进行工程项目检查验收的项目划分和编号；审核相关质量文件，细化施工技术方案和施工人员、机具的配置方案，编制施工作业技术指导书，绘制各种施工详图（如测量放线图、大样图及配筋、配板、配线图表等），进行必要的技术交底和技术培训。如果施工准备工作出错，必然影响施工进度和作业质量，甚至直接导致质量事故的发生。

技术准备工作的质量控制包括：对上述技术准备工作成果的复核审查，检查这些成果是否符合设计图纸和施工技术标准的要求；依据经过审批的质量计划审查、完善施工质量控制措施；针对质量控制点，明确质量控制的重点对象和控制方法；尽可能地提高上述工作成果对施工质量的保证程度等。

2. 现场施工准备工作的质量控制

（1）计量控制。计量控制是施工质量控制的一项重要基础工作。施工过程中的计量，包括施工生产时的投料计量、施工测量、监测计量，以及对项目、产品或过程的测试、检验、分析计量等。开工前要建立和完善施工现场计量管理的规章制度；明确计量控制责任者和配置必要的计量人员；严格按规定对计量器具进行维修和校验；统一计量单位，组织量值传递，保证量值统一，从而保证施工过程中计量的准确。

（2）测量控制。工程测量放线是建设工程产品由设计转化为实物的第一步。施工测量质量的好坏，直接决定工程的定位和标高是否正确，并且制约施工过程有关工序的质量。因此，在开工前，施工单位应编制测量控制方案，经项目技术负责人批准后实施。要对建设单位提供的原始坐标点、基准线和水准点等测量控制点进行复核，并将复测结果上报监理工程师审核并批准后，施工单位才能建立施工测量控制网，进行工程定位和标高基准的控制。

（3）施工平面图控制。建设单位应按照合同约定并充分考虑施工的实际需要，事先划定并提供施工用地和现场临时设施用地的范围，协调平衡和审查批准各施工单位的施工平面设计。施工单位要严格按照批准的施工平面布置图，科学合理地使用施工场地，正确安装设置施工机械设备和其他临时设施，维护现场施工道路畅通无阻和通信设施完好，合理控制材料的进场与堆放，保持良好的防洪排水能力，保证充分的给水和供电。建设（监理）单位应会同施工单位制定严格的施工场地管理制度、施工纪律和相应的奖惩措施，严禁乱占场地和擅自断水、断电、断路，及时制止和处理各种违纪行为，并做好施工现场的质量检查记录。

五、施工过程的质量控制

1. 进场材料构配件的质量控制

运到施工现场的原材料、半成品或构配件，进场前应向项目监理机构提交的文件包括《工程材料/构配件/设备报审表》、产品出厂合格证及技术说明书、由施工单位按规定要求进行检验或试验的报告。

经监理工程师审查并确认其质量合格后，方准进场。凡是没有产品出厂合格证明及检验不合格者，不得进场。如果监理工程师认为承包单位提交的有关产品合格证明的文件及施工承包单位提交的检验和试验报告，仍不足以说明到场产品的质量符合要求时，监理工程师可以再组织复检或见证取样试验，确认其质量合格后方允许进场。

(1)环境状态的控制。

1)施工作业环境的控制。作业环境条件包括水、电或动力供应、施工照明、安全防护设备、施工场地空间条件和通道及交通运输和道路条件等。监理工程师应事先检查承包单位是否已做好安排和准备妥当；在确认其准备可靠、有效后，方准许进行施工。

2)施工质量管理环境的控制。施工质量管理环境主要是指：施工承包单位的质量管理体系和质量控制自检系统是否处于良好的状态；系统的组织结构、管理制度、检测制度、检测标准、人员配备等方面是否完善和明确；质量责任制是否落实。监理工程师做好承包单位施工质量管理环境的检查并督促其落实，是保证作业效果的重要前提。

3)现场自然环境条件的控制。监理工程师应检查施工承包单位，对于未来的施工期间，自然、环境条件可能出现对施工作业质量的不利影响时，是否事先已有充分的认识并已做好充足的准备和采取了有效措施与对策以保证工程质量。

(2)进场施工机械设备性能及工作状态的控制。

1)进场检查。进场前施工单位报送进场设备清单。清单包括机械设备规格、数量、技术性能、设备状况、进场时间。进场后，监理工程师现场核对其是否和施工组织设计中所列的内容相符。

2)工作状态的检查。审查机械使用、保养记录，检查工作状态。

3)特殊设备安全运行的审核。对于现场使用的塔式起重机及有特殊安全要求的设备，进入现场后在使用前，必须经当地劳动安全部门鉴定，符合要求并办理好相关手续后方允许承包单位投入使用。

4)大型临时设备的检查。设备使用前，承包单位必须取得本单位上级安全主管部门的审查批准，办理好相关手续后，监理工程师方可批准投入使用。

(3)施工测量及计量器具性能、精度的控制。

1)试验室。承包单位应建立试验室，不能建立时，应委托有资质的专门试验室作为试验室。新建的试验室，要经计量部门认证，取得资质；如是中心试验室派出部分应有委托书。

2)监理工程师对试验室的检查。工程作业开始前，承包单位应向监理机构报送试验室（或外委试验室）的资质证明文件，列出本试验室所开展的试验、检测项目、主要仪器、设备；法定计量部门对计量器具的标定证明文件；试验检测人员上岗资质证明；试验室管理制度等。监理工程师应检查试验室资质证明文件、试验设备、检测仪器能否满足工程质量检查要求，是否处于良好的可用状态；精度是否符合需要；法定计量部门标定资料、合格证、率定表是否在标定的有效期内；试验室管理制度是否齐全、符合实际；试验、检测人员的上岗资质等。经检查，确认能满足工程质量检验要求，则予以批准，同意使用；否则，承包单位应进一步完善、补充，在没得到监理工程师同意之前，试验室不得使用。

3)工地测量仪器的检查。施工测量开始前，承包单位应向项目监理机构提交测量仪器的型号、技术指标、精度等级、法定计量部门的标定证明、测量工的上岗证明，经监理工程师审核确认后，方可进行正式测量作业。在作业过程中监理工程师也应经常检查了解计量仪器、测量设备的性能、精度状况，使其处于良好的状态之中。

(4)施工现场劳动组织及作业人员上岗资格的控制。

1)现场劳动组织的控制。劳动组织涉及从事作业活动的操作者及管理者，以及相应的各种管理制度。

①操作人员。主要技术工人必须持有相关职业资格证书。

②管理人员到位。作业活动的直接负责人（包括技术负责人）、专职质检人员、安全员、与

作业活动有关的测量人员、材料员、试验员必须在岗。

③相关制度健全。

2)作业人员上岗资格。从事特殊作业的人员(如电焊工、电工、起重工、架子工、爆破工)必须持证上岗。监理工程师要对此进行检查与核实。

2. 作业技术活动运行过程的控制

保证作业活动的效果与质量是施工过程质量控制的基础。

(1)承包单位自检与专检工作的监控。

1)承包单位的自检系统。承包单位的自检体系表现在以下几点:

①作业者——自检;

②不同工序交接、转换——交接检查;

③专职质检员——专检。

承包单位的自检系统的保证措施:

①承包单位必须有整套的制度及工作程序;

②具有相应的试验设备及检测仪器;

③配备数量满足需要的专职质检人员及试验检测人员。

2)监理工程师的检查。监理工程师的质量监督与控制就是使承包单位建立起完善的质量自检体系并运转有效。

(2)技术复核工作监控。凡涉及施工作业技术活动基准和依据的技术工作,都应该严格进行专人负责的复核性检查。技术复核是承包单位应履行的技术工作责任,其复核结果应报送监理工程师复验确认后,才能进行后续相关的施工。

(3)见证取样送检工作的监控。

1)见证取样的工作程序包括以下4点:

①施工开始前,项目监理机构要督促承包单位尽快落实见证取样的送检。对于承包单位提出的试验室,监理工程师要进行实地考察。试验室一般是和承包单位没有行政隶属关系的第三方。

②项目监理机构要将选定的试验室报送负责本项目的质量监督机构备案并得到认可。要将项目监理机构中负责见证取样的监理工程师在该质量监督机构备案。

③承包单位实施见证取样前,通知见证取样的监理工程师,在该监理工程师现场监督下,承包单位完成取样过程。

④完成取样后,承包单位将送检样品装入木箱,由监理工程师加封,并贴上专用加封标志,然后送往试验室。不能装入箱中的试件有钢筋样品、钢筋接头等。

2)实施见证取样的要求。

①见证试验室要具有相应的资质并进行备案、认可。

②负责见证取样的监理工程师要具有材料、试验等方面的专业知识,且要取得从事监理工作的上岗资格(一般由专业监理工程师负责从事此项工作)。

③承包单位从事取样的人员一般应是试验室人员,或由专职质检人员担任。

④送往见证试验室的样品,要填写送验单,送验单要盖有"见证取样"专用章,并有见证取样监理工程师的签字。

⑤试验室出具的报告一式两份,分别由承包单位和项目监理机构保存,并作为归档材料,以及工序产品的质量评定的重要依据。

⑥见证取样的频率,国家或地方主管部门有规定的,执行相关规定;施工承包合同中如有

明确规定的,执行施工承包合同的规定。见证取样的频率和数量,包括在承包单位自检范围内,一般所占比例为30%。

⑦见证取样的试验费用按合同要求支付。

⑧实行见证取样,绝不代替承包单位应对材料、构配件进场时必须进行的自检。自检频率和数量要按相关规范要求执行。

(4)工程变更的监控。工程变更的要求可能来自建设单位、设计单位或施工承包单位。为确保工程质量,不同情况下,工程变更的实施,设计图纸的澄清、修改,都应具有不同的工作程序。

1)施工承包单位的要求及处理。在施工过程中,承包单位提出的工程变更要求是做某些技术修改或要求做设计变更。

①对技术修改要求的处理。技术修改是在不改变原设计图纸和技术文件的前提下,提出的对设计图纸和技术文件的某些技术上的修改要求。例如,对某种规格的钢筋采用替代规格的钢筋、对基坑开挖边坡的修改等。

承包单位向项目监理机构提交《工程变更单》,在该表中应说明要求修改的内容及原因或理由,并有附图和相关文件说明。

技术修改问题一般由专业监理工程师组织承包单位和现场设计代表参加,经各方同意后签字并形成纪要,作为工程变更单附件,经总监批准后实施。

②对设计变更的要求。设计变更是施工期间,对于设计单位在设计图纸和设计文件中所表达的设计标准状态的改变与修改。

承包单位应按照要求变更的问题填写《工程变更单》,送交项目监理机构。总监理工程师根据承包单位的申请,经与设计、建设、承包单位研究并作出变更的决定后,签发《工程变更单》,并附有设计单位提出的变更设计图纸。承包单位签收后,则应按照变更后的图纸施工。这种变更,一般均会涉及设计单位重新出图的问题。如果变更涉及结构主体及安全,该工程变更还要按照有关规定报送施工图原审查单位进行审批,否则变更不能施工。

2)设计单位提出变更的处理。

①设计单位将《设计变更通知》及有关附件报送建设单位。

②建设单位会同监理、施工承包单位对设计单位提交的《设计变更通知》进行研究,必要时设计单位还需提供进一步的资料,以便对变更作出决定。

③总监理工程师签发《工程变更单》,并将设计单位发出的《设计变更通知》作为该《工程变更单》的附件,施工承包单位按新的变更图施工。

3)建设单位(监理工程师)要求变更的处理。

①建设单位(监理工程师)将变更的要求通知设计单位,如果在要求中包括相应的方案或建议,则应一并报送设计单位。否则,变更要求由设计单位研究解决。在提供审查的变更要求中,应列出所有受该变更影响的图纸、文件清单。

②设计单位对《工程变更单》进行研究。

③根据建设单位的授权,监理工程师研究设计单位所提交的建议设计变更方案或其对变更要求所附方案的意见,必要时会同有关的承包单位和设计单位一起进行研究,也可进一步提供资料,以便对变更作出决定。

④建设单位作出变更的决定后由总监理工程师签发《工程变更单》,指示承包单位按变更的决定组织施工。

需要注意的是,在工程施工过程中,无论是建设单位还是施工及设计单位提出的工程变更或图纸修改,都应通过监理工程师审查并经有关方面研究,确认其必要性,由总监理工程师发布变更指令后,方能生效并予以实施。

(5)见证点的实施控制。见证点是国际上对于重要程度不同及监督控制要求不同的质量控制点的一种区分方式。实际上其是质量控制点,只是由于它的重要性或其质量后果影响程度不同于一般质量控制点,所以,在实施监督控制的运作程序和监督要求上与一般质量控制点有区别。

(6)级配管理质量监控。

(7)计量工作质量监控。

1)施工过程中使用的计量仪器、检测设备、称重衡器的质量控制。

2)从事计量作业人员技术水平资格的审核,尤其是现场从事施工测量的测量工,从事试验、检测的试验工。

3)现场计量操作的质量控制。作业者的实际作业质量直接影响到作业效果,计量作业现场的质量控制主要是检查其操作方法是否得当。

(8)质量记录资料的监控。

1)施工现场质量管理检查记录资料:现场管理制度、上岗证、图纸审查记录、施工方案。

2)工程材料质量记录:进场材料质量证明资料、试验检验报告、各种合格证。

3)施工过程作业活动质量记录资料:质量自检资料、验收资料、各工序作业的原始施工记录。

(9)工地例会的管理。

(10)停、复工指令的实施。

1)工程暂停指令的下达。

①施工作业活动存在重大隐患,可能造成质量事故或已经造成质量事故。

②承包单位未经许可擅自施工或拒绝项目监理机构管理。

③在出现下列情况下,总监理工程师有权行使质量控制权,下达停工指令,及时进行质量控制。

a. 施工中出现质量异常情况,经发现并提出后,承包单位未采取有效措施,或措施不力未能扭转异常情况者。

b. 隐蔽作业未经依法查验确认合格,而擅自封闭者。

c. 已发生质量问题迟迟未按监理工程师要求进行处理,或是已发生质量缺陷或问题,如不停工则质量缺陷或问题将继续发展的情况下。

d. 未经监理工程师审查同意,而擅自变更设计或修改图纸进行施工者。

e. 未经技术资质审查或审查不合格人员进入现场施工。

f. 使用的原材料、构配件不合格或未经检查确认者;或擅自采用未经审查认可的代用材料者。

g. 擅自使未经过项目监理机构审查、认可的分包单位进场施工。

总监理工程师在签发工程暂停令时,应根据停工原因的影响范围和影响程度,确定工程项目停工范围。

2)恢复施工指令的下达。承包单位经过整改具备恢复施工条件时,承包单位向项目监理机构报送复工申请及有关材料,证明造成停工的原因已消失。经监理工程师现场复查,认为已符合继续施工的条件,造成停工的原因确已消失,总监理工程师应及时签署工程复工报审表,指令承包单位继续施工。

3)总监下达停工指令和复工指令,应事先向建设单位报告。

3. 作业技术活动结果的控制

(1)作业技术活动结果的控制内容。作业技术活动结果的控制是施工过程中间产品及最终产品质量控制的方式，只有作业活动的中间产品质量都符合要求，才能保证最终单位工程产品的质量。其主要内容如下：

1）基槽（基坑）验收。

2）隐蔽工程验收。

3）工序交接验收。

4）检验批、分项、分部工程的验收。

5）联动试车或设备的试运转。

6）单位工程或整个工程项目的竣工验收。

7）不合格的处理有以下内容：

①上道工序不合格——不准进入下道工序施工；

②不合格的材料、构配件、半成品——不准进入施工现场且不允许使用，已经进场的不合格品应及时作出标识、记录，指定专人看管，避免用错，并限期清除出现场；

③不合格的工序或工程产品——不予计价。

（2）作业技术活动结构检验程序。作业技术活动结果检验程序是：施工承包单位竣工自检——《工程竣工报验单》——总监理工程师组织专业监理工程师——竣工初验——初验合格，报建设单位——建设单位组织正式验收。

任务二　工程质量控制的方法

一、审核有关技术文件、报告或报表

对技术文件、报告、报表的审核，是项目经理对工程质量进行全面控制的重要手段，具体内容如下：

（1）审核有关技术资质证明文件。

（2）审核开工报告并经现场核实。

（3）审核施工方案、施工组织设计和技术措施。

（4）审核有关材料、半成品的质量检验报告。

（5）审核反映工序质量动态的统计资料或控制图表。

（6）审核设计变更、修改图纸和技术核定书。

（7）审核有关质量问题的处理报告。

（8）审核有关应用新工艺、新材料、新技术、新结构的技术核定书。

（9）审核有关工序的交接检查及分项、分部工程的质量检查报告。

（10）审核并签署现场有关技术签证、文件等。

二、现场质量检验

1. 现场质量检查的内容

（1）开工前检查。开工前检查的目的是检查其是否具备开工条件，开工后能否连续、正常施工，能否保证工程质量。

（2）工序交接检查。对于重要的工序或对工程质量有重大影响的工序，在自检、互检的基础上，还要组织专职人员进行工序交接检查。

（3）隐蔽工程检查。凡是隐蔽工程均应检查认证后再掩盖。

（4）停工后复工前的检查。因处理质量问题或某种原因停工后需要复工时，也应经检查认可后方能复工。

（5）分项、分部工程完工后，应经检查认可，签署验收记录后才能进行下一工程项目施工。

（6）成品保护检查。检查成品有无保护措施，或保护措施是否可靠。

另外，还应经常深入现场，对施工操作质量进行巡视检查；必要时，还应进行跟班或追踪检查。

2. 现场质量检验工作的作用

（1）质量检验工作。质量检验就是根据一定的质量标准，借助一定的检测手段估价工程产品、材料或设备等的性能特征或质量状况的工作。

在检验每种质量特征时，质量检验工作一般包括以下几项：

1）明确某种质量特性的标准。

2）量度工程产品或材料的质量特征数值或状况。

3）记录与整理有关的检验数据。

4）将量度的结果与标准进行比较。

5）对质量进行判断和估价。

6）对符合质量要求的作出安排。

7）对不符合质量要求的进行处理。

（2）质量检验的作用。要保证和提高施工质量，质量检验是必不可少的手段，其主要作用如下：

1）质量检验是质量保证与质量控制的重要手段。为了保证工程质量，在质量控制中，需要将工程产品或材料、半成品等的实际质量状况（质量特性等）与规定的某一标准进行比较，以便判断其质量状况是否符合所要求的标准，这就需要通过质量检验手段来检测实际情况。

2）质量检验为质量分析与质量控制提供了所需依据的有关技术数据和信息，所以，质量检验是质量分析、质量控制与质量保证的基础。

3）通过对进场和使用的材料、半成品、构配件及其他器材、物资进行全面的质量检验工作，可以避免因材料、物资的质量问题而导致工程质量事故的发生。

4）在施工过程中，通过对施工工序的检验取得数据，可以及时判断质量，采取措施，防止质量问题的延续与积累。

三、现场质量检查的方法

现场进行质量检查的方法有目测法、实测法和试验法3种。

1. 目测法

目测法的手段可归纳为"看、摸、敲、照"四个字。

（1）看，就是根据质量标准进行外观目测。如墙纸裱糊质量应是：纸面无斑痕、空鼓、气泡、折皱；每一墙面纸的颜色、花纹一致；斜视无胶痕，纹理无压平、起光现象；对缝无离缝、搭缝、张嘴；对缝处图案、花纹完整；裁纸的一边不能对缝，只能搭接；墙纸只能在阴角处搭接，阳角应采用包角等。又如，清水墙面是否洁净，喷涂是否密实，以及颜色是否均匀，内墙抹灰大面及口角是否平直，地面是否光洁平整，油漆浆活表面观感是否符合要求，施工顺序是否合理，工人操作是否正确等，均须通过目测检查、评价。观察检验方法的使用人需要其有丰富的经验，经过反复实践才能掌握标准、统一口径。所以，这种方法虽然简单，但是难度最大，应给予充分重视，加强训练。

（2）摸，就是手感检查，主要用于装饰工程的某些检查项目，如水刷石、干粘石黏结牢固程度，油漆的光滑度，浆活是否掉粉，地面有无起砂等，均可通过手摸加以鉴别。

（3）敲，是运用工具进行声感检查。对地面工程、装饰工程中的水磨石、面砖、马赛克和大理石贴面等，均应进行敲击检查，通过声音的虚实确定有无空鼓，还可根据声音的清脆和沉闷，判定其属于面层空鼓或底层空鼓。另外，用手敲玻璃，如发出颤动声响，一般是底灰不满或压条不实。

（4）照，对于难以看到或光线较暗的部位，则可采用镜子反射或灯光照射的方法进行检查。

2. 实测法

实测法就是通过实测数据与施工规范及质量标准所规定的允许偏差对照，来判别质量是否合格。实测检查法的手段，也可归纳为"靠、吊、量、套"四个字。

（1）靠，是用直尺、塞尺检查墙面、地面、屋面的平整度。如对墙面、地面等要求平整的项目都利用这种方法检验。

（2）吊，是用托线板以线坠吊线检查垂直度。可在托线板上系以线坠吊线，紧贴墙面或在托板上下两端粘以凸出小块，以触点触及受检面进行检验。板上线坠的位置可压托线板的刻度，示出垂直度。

（3）量，是用测量工具和计量仪表等检查断面尺寸、轴线、标高、湿度、温度等的偏差。这种方法用得最多，主要是检查容许偏差项目，如外墙砌砖上、下窗口偏移用经纬仪或吊线检查，钢结构焊缝余高用量规检查，管道保温厚度用钢针刺入保温层和尺量检查等。

（4）套，是以方尺套方，辅以塞尺检查。如对阴阳角的方正、踢脚线的垂直度、预制构件的方正等项目的检查。对门窗口及构配的对角线（窜角）进行检查，也是套方的特殊手段。

3. 试验法

试验法是指必须通过试验手段才能对质量进行判断的检查方法。如对桩或地基的静载试验，确定其承载力；对钢结构的稳定性试验，确定其是否产生失稳现象；对钢筋对焊接头进行拉力试验，检验焊接的质量等。

四、质量控制统计法

（1）排列图法。排列图法又称为主次因素分析图法，它是用来分析影响工程质量主要因素的一种方法。

（2）因果分析图法。因果分析图法又称树枝图或鱼刺图，它是用来寻找某种质量问题的所有可能原因的有效方法。在工程实践中，任何一种质量问题的产生，往往都是由多种原因所造成的。这些原因有大有小，将这些原因依照大小次序分别用主干、大枝、中枝和小枝图形表示出来，以便一目了然地观察出产生质量问题的原因。运用因果分析图法可以帮助我们制定对策，解决工程质量问题，从而达到控制质量的目的。

（3）直方图法。直方图法又称频数（或频率）分布直方图，它是把从生产工序搜集来的产品质量数据，按数量整理分成若干级，画出以组距为底边，以根数为高度的一系列矩形图。通过直方图可以从大量统计数据中找出质量分布规律，分析判断工序质量状态，进一步推算工序总体的合格率，并能鉴定工序能力。

（4）控制图法。控制图法又称管理图，它是反映生产随时间变化而发生的质量变动状态，即反映生产过程中各阶段质量波动状态的图形，是用样本数据分析判断工序（总体）是否处在稳定状态的有效工具。它的主要作用有两个：一是分析生产过程是否稳定，为此，应随机地连续收集数据，绘制控制图，观察数据点子分布情况并评定工序状态；二是控制工序质量，为此，要定时抽样取得数据，将其描在图上，随时进行观察，以发现并及时消除生产过程中的失调现象，预防不合格产品出现。

（5）散布图法。散布图法是用来分析两个质量特性之间的是否存在相关关系。即根据影响质量特性因素的各对数据，用点子表示在直角坐标图上，以观察判断两个质量特性之间的关系。

（6）分层法。分层法又称分类法，它是将收集的不同数据，按其性质、来源、影响因素等进行分类和分层研究的方法。它可以使杂乱的数据和错综复杂的因素系统化、条理化，从而找出主要原因，采取相应措施。

（7）统计分析表法。统计分析表法是用来统计整理数据和分析质量问题的各种表格，一般根据调查项目，可设计出不同表格格式的统计分析表，对影响质量的原因作出粗略分析和判断。

任务三　工程质量控制的手段

一、施工阶段质量控制点的设置

质量控制点是指为了保证工序质量而确定的重点控制对象、关键部位或薄弱环节。设置质量控制点是保证达到工序质量要求的必要前提，监理工程师在拟订质量控制工作计划时，应予以详细的考虑，并以制度来保证其落实。对于质量控制点，一般要事先分析可能造成质量问题的原因，再针对原因制定对策和措施以进行预控。

（一）质量控制点设置的原则

质量控制点设置的原则，是根据工程的重要程度，即质量特性值对整个工程质量的影响程度来确定的。为此，在设置质量控制点时，首先要对施工的工程对象进行全面分析、比较，以明确质量控制点；然后进一步分析所设置的质量控制点在施工中可能出现的质量问题或造成质量隐患的原因，针对隐患的原因，相应地提出对策、措施予以预防。由此可见，设置质量控制点，是对工程质量进行预控的有力措施。

质量控制点的涉及面较广，应根据工程特点，视其重要性、复杂性、精确性、质量标准和要求进行判定，可能是结构复杂的某一工程项目，也可能是技术要求高、施工难度大的某一结构构件或分项、分部工程，还可能是影响质量关键的某一环节中的某一工序或若干工序。总之，无论是操作、材料、机械设备、施工顺序、技术参数，还是自然条件、工程环境等，均可作为质量控制点来设置，主要是视其对质量特征影响的大小及危害程度而定的。

（二）质量控制点的设置部位

（1）重要的和关键性的施工环节和部位。

（2）质量不稳定、施工质量没有把握的施工工序和环节。

（3）施工技术难度大、施工条件困难的部位或环节。

(4)质量标准或质量精度要求高的施工内容和项目。

(5)对后续施工或后续工序质量或安全有重要影响的施工工序或部位。

(6)采用新技术、新工艺、新材料施工的部位或环节。

(三)质量控制点的实施要点

(1)将控制点的"控制措施设计"向操作班组进行认真交底，必须使工人真正了解操作要点，这是保证"制造质量"，实现"以预防为主"思想的关键一环。

(2)质量控制人员在现场进行重点指导、检查、验收，对重要的质量控制点，质量管理人员应当进行旁站指导、检查和验收。

(3)工人按作业指导书进行认真操作，保证操作中每个环节的质量。

(4)按规定做好检查并认真记录检查结果，取得第一手数据。

(5)运用数理统计方法不断进行分析与改进(实施 PDCA 循环)，直至质量控制点验收合格。

(四)见证点与停止点

1. 见证点

见证点是指重要性一般的质量控制点。在这种质量控制点施工之前，施工单位应提前(如 24 h 之前)通知监理单位派监理人员在约定的时间到现场进行见证，对该质量控制点的施工进行监督和检查，并在见证表上详细记录该质量控制点所在的建筑部位、施工内容、数量、施工质量和工时，并签字作为凭证。如果在规定的时间监理人员未能到达现场进行见证和监督，施工单位可以认为已取得监理单位的同意(默认)，有权进行该见证点的施工。

2. 停止点

停止点是指重要性较高、其质量无法通过施工以后的检验来得到证实的质量控制点。例如，无法依靠事后检验来证实其内在质量或无法事后把关的特殊工序或特殊过程。对于这种质量控制点，在施工之前，施工单位应提前通知监理单位，并约定施工时间，由监理单位派出监理人员到现场进行监督控制，如果在约定的时间监理人员未到现场进行监督和检查，则施工单位应停止该质量控制点的施工，并按合同规定，等待监理人员，或另行约定该质量控制点的施工时间。在实际工程实施质量控制时，通常是由工程承包单位在分项工程施工前制订施工计划时，就选定设置的质量控制点，并在相应的质量计划中再进一步明确哪些是见证点，哪些是停止点，施工单位应将该施工计划及质量计划提交监理工程师审批。如监理工程师对上述计划及见证点与停止点的设置有不同的意见，应书面通知施工单位，要求予以修改，修改后再上报监理工程师审批后执行。

二、施工项目质量控制的手段

1. 检查检测手段

(1)日常性的检查。日常性的检查是在现场施工过程中，质量控制人员(专业工长、质检员、技术人员)对操作人员进行操作情况及结果的检查和抽查，及时发现质量问题或质量隐患，以便及时进行控制。

(2)测量和检测。测量和检测是利用测量仪器和检测设备对建筑物水平与竖向轴线、标高、几何尺寸、方位进行控制，对建筑结构施工的有关砂浆或混凝土强度进行检测，严格控制工程质量，发现偏差及时纠正。

(3)试验及见证取样。各种材料及施工试验应符合相应规范和标准的要求，如原材料的性能、混凝土搅拌的配合比和计量、坍落度的检查和成品强度等物理力学性能及打桩的承载能力等，均须通过试验的手段进行控制。

（4）实行质量否决制度。质量检查人员和技术人员对施工中存有的问题，有权以口头方式或书面方式要求施工操作人员停工或返工，纠正违章行为，责令不合格的产品重做。

（5）按规定的工作程序控制。预检、隐检应有专人负责并按规定检查，作出记录，第一次使用的配合比要进行开盘鉴定，混凝土浇筑应经申请和批准，完成的分项工程质量要进行实测实量的检验评定等。

（6）对使用安全与功能的项目实行竣工抽查检测。对于施工项目质量影响的因素，归纳起来主要有人、材料、机械、施工方法和环境五大方面的因素。

2. 成品保护及成品保护措施

在施工过程中，有些分项、分部工程已经完成，其他工程还在施工；或某些部位已经完成，而其他部位正在施工。如果对成品不采取妥善的措施加以保护，就会造成损伤，影响质量。这样，不仅会增加修补工作量，浪费工料，拖延工期；更严重的是有的损伤难以恢复到原样，可能成为永久性的缺陷。因此，做好成品保护，是一个关系到工程质量、降低工程成本、按期竣工的重要环节。

加强成品保护，首先要教育全体参建人员树立质量观念，对国家、人民负责，自觉爱护公物，尊重他人和自己的劳动成果，施工操作时要珍惜已完成的成品和部分完成的半成品。其次要合理安排施工顺序，采取行之有效的成品保护措施。

（1）施工顺序与成品保护。合理地安排施工顺序，按正确的施工流程组织施工，是进行成品保护的有效途径之一。

1）遵循"先地下后地上""先深后浅"的施工顺序，就不至于破坏地下管网和道路路面。

2）地下管道与基础工程相配合进行施工，可避免基础完工后再打洞挖槽、安装管道，影响质量和进度。

3）先在房心回填土后再做基础防潮层，可保护防潮层不致受填土夯实损伤。

4）装饰工程采取自上而下的流水顺序，可以使房屋主体工程完成后，有一定的沉降期；先做好的屋面防水层，可防止雨水渗漏。这些措施都有利于保护装饰工程质量。

5）先做地面，后做顶棚、墙面抹灰，可以保护下层顶棚、墙面抹灰不致受渗水污染。在已做好的地面上施工，需对地面加以保护。若先做顶棚、墙面抹灰，后做地面时，则要求楼板灌缝密实，以免漏水污染墙面。

6）楼梯间和踏步饰面宜在整个饰面工程完成后，再自上而下地进行；门窗扇的安装通常在抹灰后进行；一般先安装门窗框，后安装门窗扇玻璃。这些施工顺序均有利于成品保护。

7）当采用单排外脚手砌墙时，由于砖墙上面有脚手洞眼，故一般情况下内墙抹灰需待同一层外粉刷完成、脚手架拆除、洞眼填补后才能进行，以免影响内墙抹灰的质量。

8）先喷浆而后安装灯具，可避免安装灯具后又修理浆活，从而污染灯具。

9）当铺贴连续多跨的卷材防水屋面时，应按先高跨后低跨，先远（离交通进出口）后近，先天窗后铺贴卷材屋面的顺序进行。这样可以避免在铺好的卷材屋面上行走和堆放材料、工具等物，有利于保护屋面。

以上示例说明，只要合理安排施工顺序，便可有效地提高成品的质量，也可有效地防止后道工序损伤或污染前道工序。

（2）成品保护的措施。成品保护主要有护、包、盖、封四种措施。

1）护。护就是提前保护，以防止成品可能发生的损伤和污染。如为了防止清水墙面污染，在脚手架、安全网横杆、进料口四周及临近水刷石墙面上，提前钉上塑料布或纸板；清水墙楼梯踏步采用护棱角铁上下连通固定；门口在推车易碰部位，在推车轴的高度钉上防护条或槽形盖铁；进出口台阶应垫砖或方木，搭脚手板过人；外檐水刷石大角或柱子要立板固定保护；门扇安装好后要加楔固定等。

2）包。包就是进行包裹，以防止成品被损伤或污染。例如，大理石或高级水磨石块柱子贴好后，应用立板包裹捆扎；楼梯扶手易污染变色，油漆前应裹纸保护；铝合金门窗应用塑料布包扎；炉片、管道污染后不好清理，应包纸保护；电气开关、插座、灯具等设备也应包裹，防止喷浆时污染等。

3）盖。盖就是表面覆盖，防止堵塞、损伤。如预制水磨石、大理石楼梯应用木板、加气板等覆盖，以防操作人员踩踏和物体磕碰；水泥地面、现浇或预制水磨石地面，应铺干锯末保护；高级水磨石地面或大理石地面，应用苫布或棉毡覆盖；落水口、排水管安装好后要加覆盖，以防堵塞；散水交活后，为保水养护并防止磕碰，可盖一层土或沙子；其他需要防晒、防冻、保温养护的项目，也要采取适当的覆盖措施。

4）封。封就是局部封闭。如预制水磨石楼梯、水泥抹面楼梯施工后，应将楼梯口暂时封闭，待达到上人强度并采取保护措施后再开放；室内塑料墙纸、木地板油漆完成后，均应立即锁门；做完屋面防水后，应封闭上屋面的楼梯门或出入口；室内抹灰或浆活交活后，为调节室内温/湿度，应有专人开关外窗等。

总之，在工程项目施工中，必须充分重视成品保护工作。道理很简单，即使生产出来的产品是优质品、上等品，若保护不好，遭受损伤或污染，那也会成为次品、废品、不合格品。所以，成品保护，除合理安排施工顺序，采取有效的对策、措施外，还必须加强对成品保护工作的检查。

项目小结

本项目主要介绍了施工项目质量控制概述、工程质量控制的方法、工程质量控制的手段。通过本项目的学习，学生应对施工项目质量控制有一个整体了解，掌握工程质量控制的方法和手段。

思考与练习

一、填空题

1. 施工质量控制的基本环节包括_____、_____和_____。

2. 施工人员的质量包括参与工程施工各类人员的_____、_____、_____、_____等方面的个体素质。

3. 施工企业必须坚持_____制度和_____制度。

4. 环境的因素主要包括_____、_____和_____。

5. _____是施工期间，对于设计单位在设计图纸和设计文件中所表达的设计标准状态的改变与修改。

6. 现场进行质量检查的方法有_____、_____和_____3种。

7. _____是指重要性较高、其质量无法通过施工以后的检验来得到证实的质量控制点。

二、多项选择题

1. 按其实施者的不同，建设工程项目质量控制包括( )。
   A. 业主方面的质量控制
   B. 政府方面的质量控制
   C. 承建商方面的质量控制
   D. 监理方面的质量控制

2. 事中控制的内容包括( )。
   A. 完善的工序控制，严格工序之间的交接检查工作
   B. 完善质量保证体系，完善现场质量管理制度
   C. 重点检查重要部位和专业过程，对完成的分部、分项工程按照相应的质量评定标准和办法进行检查、验收
   D. 审查设计图纸变更和图纸修改，组织现场质量会议，及时分析通报质量情况

3. 现场施工准备工作的质量控制包括( )。
   A. 计量控制
   B. 测量控制
   C. 施工平面图控制
   D. 场地平整控制

4. 现场质量检查的内容包括( )。
   A. 开工前检查，工序交接检查，隐蔽工程检查
   B. 停工后复工前的检查。因处理质量问题或某种原因停工后需复工时，应经检查认可
   C. 分项、分部工程完工后，应经检查认可，签署验收记录后才能进行下一工程项目施工
   D. 成品保护检查。检查成品有无保护措施，或保护措施是否可靠

5. 质量控制点一般设置的部位有( )。
   A. 所有的施工环节和部位
   B. 质量不稳定、施工质量没有把握的施工工序和环节
   C. 施工技术难度大、施工条件困难的部位或环节
   D. 质量标准或质量精度要求高的施工内容和项目

三、简答题

1. 施工质量控制的依据包括哪些？
2. 对施工工艺方案的质量控制主要包括哪些内容？
3. 施工现场劳动组织及作业人员上岗资格的控制包括哪些？
4. 对技术文件、报告、报表的审核，具体内容包括哪些？
5. 施工项目检查的检测手段包括哪些？

项目四 建筑工程施工质量验收

知识目标

1. 了解施工质量验收的依据、层次、基本规定。
2. 熟悉施工验收层次划分的目的，施工质量验收的作用、划分。
3. 熟悉检验批及分项工程的验收程序和组织、分部(子分部)工程的验收程序和组织、单位(子单位)工程的质量验收程序和组织。
4. 掌握建筑工程质量验收相关规定、检验批质量验收规定、分项工程质量验收规定、检验批与分项工程质量验收记录及填写说明、分部(子分部)工程质量验收规定、单位(子单位)工程质量验收规定。

能力目标

1. 具有对一般工程进行质量验收划分的能力。
2. 能够规范填写有关质量验收表格。
3. 能够根据施工质量检验标准对所验工程的工程质量作出正确评价。

任务一 施工质量验收基本知识

一、施工质量验收的依据

1. 工程施工承包合同

工程施工承包合同所规定的有关施工质量方面的条款，既是发包方所要求的施工质量目标，也是承包方对施工质量责任的明确承诺，理所当然成为施工质量验收的重要依据。

2. 工程施工图纸

由发包方确认并提供的工程施工图纸，以及按规定程序和手续实施变更的设计与施工变更图纸，是工程施工合同文件的组成部分，也是直接指导施工和进行施工质量验收的重要依据。

3. 工程施工质量验收统一标准(简称"统一标准")

工程施工质量验收统一标准是国家标准，如由住房和城乡建设部、国家质量监督检验检疫总局联合发布的《建筑工程施工质量验收统一标准》(GB 50300—2013)，规范了全国建筑工程施工质量验收的基本规定、验收的划分、验收的标准及验收的组织和程序。根据我国现行的工程建设管理体制，国务院各工业交通部门负责对全国专业建设工程质量进行监督管理，因此，其相应的专业建设工程施工质量验收统一标准，是各专业工程建设施工质量验收的依据。

4. 专业工程施工质量验收规范(简称"验收规范")

专业工程施工质量验收规范是在工程施工质量验收统一标准的指导下，结合专业工程的特点和要求进行编制的，它是施工质量验收统一标准的进一步深化和具体化，作为专业工程施工质量验收的依据，"验收规范"和"统一标准"必须配合使用。

5. 建设法律法规、管理标准和技术标准

现行的建设法律法规、管理标准和相关的技术标准是制定施工质量验收"统一标准"和"验收规范"的依据，而且其中强调了相应的强制性条文。因此，也是组织和指导施工质量验收、评判工程质量责任行为的重要依据。

二、施工质量验收的层次

建筑工程项目往往体型较大，需要的材料种类和数量也较多，施工工序和工程项目多，如何使验收工作具有科学性、经济性及可操作性，合理确定验收层次十分必要。根据《建筑工程施工质量验收统一标准》(GB 50300—2013)的规定，一般将工程项目按照独立使用功能划分为若干单位(子单位)工程；每一个单位工程按照专业、建筑部位划分为地基基础、主体等若干个分部工程；每一个分部工程按照主要工种、材料、施工工艺、设备类别划分为若干个分项工程；每一个分项工程按照楼层、施工段、变形缝等划分为若干检验批。

上述过程逆向就构成了工程施工质量验收层次，即检验批、分项工程、分部(子分部)工程、单位(子单位)工程4个验收层次。其中，检验批是工程验收的最小单位，是分项工程乃至整个建筑工程质量验收的基础。另外，建筑工程采用的主要材料、半成品、成品、建筑构配件、器具和设备应进行现场验收；隐蔽工程要求在隐蔽前由施工单位通知相关单位进行隐蔽工程验收。

单位(子单位)工程质量验收即为该项目的竣工验收，是项目建设程序的最后一个环节，也是全面考核项目建设成果、检查设计与施工质量、确认项目能否投入使用的重要步骤。

三、施工质量验收的基本规定

1. 施工质量验收规范体系

为加强建筑工程质量管理，保证工程质量，约束和规范建筑工程质量验收方法、程序和质量标准。我国现行的《建筑工程施工质量验收统一标准》(GB 50300—2013)和15个专业工程施工质量验收规范组成了完整的工程质量验收规范体系。

(1)《建筑工程施工质量验收统一标准》(GB 50300—2013)。

1)提出了工程施工质量管理和质量控制的要求。

2)提出了检验批质量检验的抽样方案要求。

3)确定了建筑工程施工质量验收项目划分、判定的依据及验收程序的原则。

4)规定了各专业验收规范编制的统一原则。

5)对单位工程质量验收的内容、方法和程序等作出了具体规定。

(2)15个建筑工程专业施工质量验收规范。

1)《建筑地基基础工程施工质量验收标准》(GB 50202—2018)。

建筑工程施工质量
验收统一标准

2)《砌体结构工程施工质量验收规范》(GB 50203—2011)。

3)《混凝土结构工程施工质量验收规范》(GB 50204—2015)。

4)《钢结构工程施工质量验收标准》(GB 50205—2020)。

5)《木结构工程施工质量验收规范》(GB 50206—2012)。

6)《屋面工程质量验收规范》(GB 50207—2012)。

7)《地下防水工程质量验收规范》(GB 50208—2011)。

8)《建筑地面工程施工质量验收规范》(GB 50209—2010)。

9)《建筑装饰装修工程质量验收标准》(GB 50210—2018)。

10)《建筑给水排水及采暖工程施工质量验收规范》(GB 50242—2002)。

11)《通风与空调工程施工质量验收规范》(GB 50243—2016)。

12)《建筑电气工程施工质量验收规范》(GB 50303—2015)。

13)《电梯工程施工质量验收规范》(GB 50310—2002)。

14)《智能建筑工程质量验收规范》(GB 50339—2013)。

15)《建筑节能工程施工质量验收标准》(GB 50411—2019)。

(3)现行建筑工程施工质量验收规范体系的特点。

1)体现了"验评分离、完善手段、过程控制"的指导思想。

2)同一对象只有一个标准,避免了交叉干扰,便于执行。

3)自 2001 版规范开始,验收结论只设"合格"一个质量等级,取消了"优良"等级。

2. 建筑工程施工质量验收的基本规定

(1)建筑工程施工质量验收的要求。

1)工程质量验收均应在施工单位自行检查评定的基础上进行。

2)参加工程施工质量验收的各方人员应该具备规定的资格。

3)检验批的质量应按主控项目和一般项目验收。

4)对涉及结构安全、节能、环境保护和主要使用功能的试块、试块及材料,应在进场时或施工中按规定进行见证检验。

5)隐蔽工程应在隐蔽前由施工单位通知监理单位进行验收,并应形成验收文件,验收合格后方可继续施工。

6)对涉及结构安全、节能、环境保护和使用功能的重要分部工程应按在验收前按规定进行抽样检验。

7)工程外观质量应由验收人员通过现场检查后共同确认。

(2)对专项验收要求的规定。专项验收按相应专业验收规范的要求进行。为适应建筑工程行业的发展,鼓励新技术的推广应用,保证建筑工程验收的顺利进行,当专业验收规范对工程中的验收项目未作出相应规定时,应由建设单位组织监理、设计、施工等相关单位制定专项验收要求。涉及结构安全、节能、环境保护等项目的专项验收要求应由建设单位组织专家论证。

(3)特殊情况下调整抽样复验、试验数量的规定。符合下列条件之一时,可按相关专业验收规范的规定适当调整抽样复验、试验数量,调整后的抽样复验、试验方案应由施工单位编制,并报监理单位审核确定。

1)同一项目中由相同施工单位施工的多个单位工程,使用同一生产厂家的同品种、同规格和同批次的材料、构配件、设备等,如果按每一个单位工程分别进行复验,势必造成重复而浪费人力、物力,因此,可适当调整抽样复检、试验的数量。

2)当同一施工单位在现场加工的成品、半成品、构配件用于同一项目中的多个单位工程时,可适当调整其抽样复验、试验的数量。但对施工安装后的工程质量应按分部工程的要求进行检测试验，不能减少抽样数量。

3)在同一项目中，针对同一抽样对象的已有检验成果可以重复利用。如混凝土结构的隐蔽工程检验批和钢筋工程检验批，就有很多相同之处，可以重复利用检验成果，但须分别填写验收资料。

任务二　建筑工程施工质量验收的划分

一、施工质量验收层次划分的目的

建筑工程施工质量验收涉及建筑工程施工过程控制和竣工验收控制，是工程施工质量控制的重要环节，故合理划分建筑工程施工质量验收层次是非常必要的。特别是不同专业工程的验收批如何确定，将直接影响到质量验收工作的科学性、经济性、实用性及可操作性。因此，有必要建立统一的工程施工质量验收的层次划分。通过验收批和中间验收层次及最终验收单位的确定，实施对工程施工质量的过程控制和终端把关，确保工程施工质量达到工程项目决策阶段所确定的质量目标和水平。

二、施工质量验收的作用

质量验收的作用，一是保证作用，即通过质量验收，保证前一道工序各项工程的质量达到合格标准之后，才转入下一道工序各项工程的施工；二是信息反馈作用，通过质量验收，可以积累大量的信息，定期对这些信息进行分析、研究，进而提出合理的质量改进措施，使工程质量处于受控状态，从而预防施工过程中出现的质量问题。

三、施工质量验收的划分

根据《建筑工程施工质量验收统一标准》(GB 50300—2013)的要求，建筑工程质量验收应划分为单位(子单位)工程、分部(子分部)工程、分项工程和检验批，见表4-1～表4-4。

表4-1　单位(子单位)、分部(子分部)及分项工程的划分原则

名称	划分原则及要求
单位工程	单位工程的划分应按照下列原则确定： (1)具备独立施工条件并能形成独立使用功能的建筑物及构筑物为一个单位工程； (2)对于建筑规模较大的单位工程，可将其能形成独立使用功能的部分划分为一个子单位工程
分部工程	分部工程的划分应按下列原则确定： (1)分部工程的划分应按专业性质、建筑部位确定； (2)当分部工程较大或较复杂时，可按材料种类、施工特点、施工程序、专业系统及类别等划分为若干子分部工程
分项工程	分项工程应按主要工种、材料、施工工艺、设备类别等进行划分
注：建筑工程的分部(子分部)、分项工程的划分见表4-2。	

表 4-2　建筑工程的分部工程、分项工程划分

序号	分部工程	子分部工程	分项工程
1	地基与基础	地基	素土、灰土地基，砂和砂石地基，土工合成材料地基，粉煤灰地基，强夯地基，注浆地基，预压地基，砂石桩复合地基，高压旋喷注浆地基，水泥土搅拌桩地基，土和灰土挤密桩复合地基，水泥粉煤灰碎石桩复合地基，夯实水泥土桩复合地基
		基础	无筋扩展基础，钢筋混凝土扩展基础，筏形与箱形基础，钢结构基础，钢管混凝土结构基础，型钢混凝土结构基础，钢筋混凝土预制桩基础，泥浆护壁成孔灌注桩基础，干作业成孔桩基础，长螺旋钻孔压灌桩基础，沉管灌注桩基础，钢桩基础，锚杆静压桩基础，岩石锚杆基础，沉井与沉箱基础
		基坑支护	灌注桩排桩围护墙，板桩围护墙，咬合桩围护墙，型钢水泥土搅拌墙，土钉墙，地下连续墙，水泥土重力式挡墙，内支撑，锚杆，与主体结构相结合的基坑支护
		地下水控制	降水与排水，回灌
		土方	土方开挖，土方回填，场地平整
		边坡	喷锚支护，挡土墙，边坡开挖
		地下防水	主体结构防水，细部构造防水，特殊施工法结构防水，排水，注浆
2	主体结构	混凝土结构	模板，钢筋，混凝土，预应力，现浇结构，装配式结构
		砌体结构	砖砌体，混凝土小型空心砌块砌体，石砌体，配筋砌体，填充墙砌体
		钢结构	钢结构焊接，紧固件连接，钢零部件加工，钢构件组装及预拼装，单层钢结构安装，多层及高层钢结构安装，钢管结构安装，预应力钢索和膜结构，压型金属板，防腐涂料涂装，防火涂料涂装
		钢管混凝土结构	构件现场拼装，构件安装，钢管焊接，构件连接，钢管内钢筋骨架，混凝土
		型钢混凝土结构	型钢焊接，紧固件连接，型钢与钢筋连接，型钢构件组装及预拼装，型钢安装，模板，混凝土
		铝合金结构	铝合金焊接，紧固件连接，铝合金零部件加工，铝合金构件组装，铝合金构件预拼装，铝合金框架结构安装，铝合金空间网格结构安装，铝合金面板，铝合金幕墙结构安装，防腐处理
		木结构	方木与原木结构，胶合木结构，轻型木结构，木结构的防护
3	建筑装饰装修	建筑地面	基层铺设，整体面层铺设，板块面层铺设，木、竹面层铺设
		抹灰	一般抹灰，保温层薄抹灰，装饰抹灰，清水砌体勾缝
		外墙防水	外墙砂浆防水，涂膜防水，透气膜防水
		门窗	木门窗安装，金属门窗安装，塑料门窗安装，特种门安装，门窗玻璃安装
		吊顶	整体面层吊顶，板块面层吊顶，格栅吊顶

序号	分部工程	子分部工程	分项工程
3	建筑装饰装修	轻质隔板	板材隔墙，骨架隔墙，活动隔墙，玻璃隔墙
		饰面板	石板安装，陶瓷板安装，木板安装，金属板安装，塑料板安装
		饰面砖	外墙饰面板粘贴，内墙饰面砖粘贴
		幕墙	玻璃幕墙安装，金属幕墙安装，石材幕墙安装，陶板幕墙安装
		涂饰	水性涂料涂饰，溶剂型涂料涂饰，美术涂饰
		裱糊与软包	裱糊，软包
		细部	橱柜制作与安装，窗帘盒和窗台板制作与安装，门窗套制作与安装，护栏和扶手制作与安装，花饰制作与安装
4	屋面	基层与保护	找坡层和找平层，隔汽层，隔离层，保护层
		保温与隔热	板状材料保温层，纤维材料保温层，喷涂硬泡聚氨酯保温层，现浇泡沫混凝土保温层，种植隔热，架空隔热层，蓄水隔热层
		防水与密封	卷材防水层，涂膜防水层，复合防水层，接缝密封防水
		瓦面与板面	烧结瓦和混凝土瓦铺装，沥青瓦铺装，金属板铺装，玻璃采光顶铺装
		细部构造	檐口，檐沟和天沟，女儿墙和山墙，水落口，变形缝，伸出屋面管道，屋面出入口，反梁过水孔，设施基座，屋脊，屋顶窗
5	建筑给水排水及供暖	室内给水系统	给水管道及配件安装，给水设备安装、室内消火栓系统安装，消防喷淋系统安装，防腐，绝热，管道冲洗、消毒，试验与调试
		室内排水系统	排水管道及配件安装，雨水管道及配件安装，防腐，试验与调试
		室内热水系统	管道及配件安装，辅助设备安装，防腐，绝热，试验与调试
		卫生器具	卫生器具安装，卫生器具给水配件安装，卫生器具排水管道安装，试验与调试
		室内供暖系统	管道及配件安装，辅助设备安装，散热器安装，低温热水地板辐射供暖系统安装，电加热供暖系统安装，燃气红外辐射供暖系统安装，热风供暖系统安装，热计量及调控装置安装，试验与调试，防腐，绝热
		室外给水管网	给水管道安装，室外消火栓系统安装，试验与调试
		室外排水管网	排水管道安装，排水管沟与井池，试验与调试
		室外供热管网	管道及配件安装，系统水压试验，土建结构，防腐，绝热，试验与调试
		建筑饮用水供应系统	管道及配件安装，水处理设备及控制设施安装，防腐，绝热，试验与调试
		建筑中水系统及雨水利用系统	建筑中水系统、雨水利用系统管道及配件安装，水处理设备及控制设施安装，防腐，绝热，试验与调试
		游泳池及公共浴池水系统	管道及配件系统安装，水处理设备及控制设施安装，防腐，绝热，试验与调试
		水景喷泉系统	管道系统及配件安装，防腐，绝热，试验与调试
		热源及辅助设备	锅炉安装，辅助设备及设备安装，安全附件安装，换热站安装，防腐，绝热，试验与调试
		监测与控制仪表	检测仪器及仪表安装，试验与调试

序号	分部工程	子分部工程	分项工程
6	通风与空调	送风系统	风管与配件制作，部件制作，风管系统安装，风机与空气处理设备安装，风管与设备防腐，旋流风口、岗位送风口、织物（布）风管安装，系统调试
		排风系统	风管与配件制作，部件制作，风管系统安装，风机与空气处理设备安装，风管与设备防腐，吸风罩及其他空气处理设备安装，厨房、卫生间排风系统安装，系统调试
		防排烟系统	风管与配件制作，部件制作，风管系统安装，风机与空气处理设备安装，风管与设备防腐，排烟风阀（口）、常闭正压风口、防火风管安装，系统调试
		除尘系统	风管与配件制作，部件制作，风管系统安装，风机与空气处理设备安装，风管与设备防腐，除尘器与排污设备安装，吸尘罩安装，高温风管绝热，系统调试
		舒适性空调系统	风管与配件制作，部件制作，风管系统安装，风机与空气处理设备安装，风管与设备防腐，组合式空调机组安装，消声器、静电除尘器、换热器、紫外线灭菌器等设备安装，风机盘管、变风量与定风量送风装置、射流喷口等末端设备安装，风管与设备绝热，系统调试
		恒温恒湿空调系统	风管与配件制作，部件制作，风管系统安装，风机与空气处理设备安装，风管与设备防腐，组合式空调机组安装，电加热器、加湿器等设备安装，精密空调机组安装，风管与设备绝热，系统调试
		净化空调系统	风管与配件制作，部件制作，风管系统安装，风机与空气处理设备安装，风管与设备防腐，净化空调机组安装，消声器、静电除尘器、换热器、紫外线灭菌器等设备安装，中、高效过滤器及风机过滤器单元等末端设备清洗与安装，洁净度测试，风管与设备绝热，系统调试
		地下人防通风系统	风管与配件制作，部件制作，风管系统安装，风机与空气处理设备安装，风管与设备防腐，过滤吸收器、防爆波活门、防爆超压排气活门等专用设备安装，系统调试
		真空吸尘系统	风管与配件制作，部件制作，风管系统安装，风机与空气处理设备安装，风管与设备防腐，管道安装，快速接口安装，风机与滤尘设备安装，系统压力试验及调试
		冷凝水系统	管道系统及部件安装，水泵及附属设备安装，管道冲洗，管道、设备防腐，板式热交换器，辐射板及辐射供热、供冷地埋管，热泵机组设备安装，管道、设备绝热，系统压力试验及调试
		空调（冷、热）水系统	管道系统及部件安装，水泵及附属设备安装，管道冲洗，管道、设备防腐，冷却塔与水处理设备安装，防冻伴热设备安装，管道、设备绝热，系统压力试验及调试

序号	分部工程	子分部工程	分项工程
6	通风与空调	冷却水系统	管道系统及部件安装，水泵及附属设备安装，管道冲洗，管道、设备防腐，系统灌水渗漏及排放试验，管道、设备绝热
		土壤源热泵换热系统	管道系统及部件安装，水泵及附属设备安装，管道冲洗，管道、设备防腐，埋地换热系统与管网安装，管道、设备绝热，系统压力试验及调试
		水源热泵换热系统	管道系统及部件安装，水泵及附属设备安装，管道冲洗，管道、设备防腐，地表水源换热管及管网安装，除垢设备安装，管道、设备绝热，系统压力试验及调试
		蓄能系统	管道系统及部件安装，水泵及附属设备安装，管道冲洗，管道、设备防腐，蓄水罐与蓄冰槽、罐安装，管道、设备绝热，系统压力试验及调试
		压缩式制冷（热）设备系统	制冷机组及附属设备安装，管道、设备防腐，制冷剂管道及部件安装，制冷剂灌注，管道、设备绝热，系统压力试验及调试
		吸收式制冷设备系统	制冷机组及附属设备安装，管道、设备防腐，系统真空试验，溴化锂溶液加灌，蒸汽管道系统安装，燃气或燃油设备安装，管道、设备绝热，试验及调试
		多联机（热泵）空调系统	室外机组安装，室内机组安装，制冷剂管路连接及控制开关安装，风管安装，冷凝水管道安装，制冷剂灌注，系统压力试验及调试
		太阳能供暖空调系统	太阳能集热器安装，其他辅助能源、换热设备安装，蓄能水箱、管道及配件安装，防腐，绝热，低温热水地板辐射采暖系统安装，系统压力试验及调试
		设备自控系统	温度、压力与流量传感器安装，执行机构安装调试，防排烟系统功能测试，自动控制及系统智能控制软件调试
7	建筑电气	室外电气	变压器、箱式变电所安装，成套配电柜、控制柜（屏、台）和动力、照明配电箱（盘）及控制柜安装，梯架、支架、托盘和槽盒安装，导管敷设，电缆敷设，管内穿线和槽盒内敷线，电缆头制作、导线连接和线路绝缘测试，普通灯具安装，专用灯具安装，建筑照明通电试运行，接地装置安装
		变配电室	变压器、箱式变电所安装，成套配电柜、控制柜（屏、台）和动力、照明配电箱（盘）安装，母线槽安装，梯架、支架、托盘和槽盒安装，电缆敷设，电缆头制作、导线连接和线路绝缘测试，接地装置安装，接地干线敷设
		供电干线	电气设备试验和试运行，母线槽安装，梯架、支架、托盘和槽盒安装，导管敷设，电缆敷设，管内穿线和槽盒内敷线，电缆头制作、导线连接和线路绝缘测试，接地干线敷设
		电气动力	成套配电柜、控制柜（屏、台）和动力配电箱（盘）安装，电动机、电加热器及电动执行机构检查接线，电气设备试验和试运行，梯架、支架、托盘和槽盒安装，导管敷设，电缆敷设，管内穿线和槽盒内敷线，电缆头制作、导线连接和线路绝缘测试

序号	分部工程	子分部工程	分项工程
7	建筑电气	电气照明	成套配电柜、控制柜(屏、台)和照明配电箱(盘)安装，梯架、支架、托盘和槽盒安装，导管敷设，管内穿线和槽盒内敷线，塑料护套线直敷布线，钢索配线，电缆头制作、导线连接和线路绝缘测试，普通灯具安装，专用灯具安装，开关、插座、风扇安装，建筑照明通电试运行
		备用和不间断电源	成套配电柜、控制柜(屏、台)和动力、照明配电箱(盘)安装，柴油发电机组安装，不间断电源装置及应急电源装置安装，母线槽安装，导管敷设，电缆敷设，管内穿线和槽盒内敷线，电缆头制作、导线连接和线路绝缘测试，接地装置安装
		防雷及接地	接地装置安装，防雷引下线及接闪器安装，建筑物等电位连接，浪涌保护器安装
8	智能建筑	智能化集成系统	设备安装，软件安装，接口及系统调试，试运行
		信息接入系统	安装场地检查
		用户电话交换系统	线缆敷设，设备安装，软件安装，接口及系统调试，试运行
		信息网络系统	计算机网络设备安装，计算机网络软件安装，网络安全设备安装，网络安全软件安装，系统调试，试运行
		综合布线系统	梯架、托盘、槽盒和导管安装，线缆敷设，机柜、机架、配线架安装，信息插座安装，链路或信道测试，软件安装，系统调试，试运行
		移动通信室内信号覆盖系统	安装场地检查
		卫星通行系统	安装场地检查
		有线电视机卫星电视接收系统	梯架、托盘、槽盒和导管安装，线缆敷设，设备安装，软件安装，系统调试，试运行
		公共广播系统	梯架、托盘、槽盒和导管安装，线缆敷设，设备安装，软件安装，系统调试，试运行
		会议系统	梯架、托盘、槽盒和导管安装，线缆敷设，设备安装，软件安装，系统调试，试运行
		信息导引及发布系统	梯架、托盘、槽盒和导管安装，线缆敷设，显示设备安装，机房设备安装，软件安装，系统调试，试运行
		时钟系统	梯架、托盘、槽盒和导管安装，线缆敷设，设备安装，软件安装，系统调试，试运行
		信息化应用系统	梯架、托盘、槽盒和导管安装，线缆敷设，设备安装，软件安装，系统调试，试运行
		建筑设备监控系统	梯架、托盘、槽盒和导管安装，线缆敷设，传感器安装，执行器安装，控制器、箱安装，中央管理工作站和操作分站设备安装，软件安装，系统调试，试运行
		火灾自动报警系统	梯架、托盘、槽盒和导管安装，线缆敷设，探测器类设备安装，控制器类设备安装，其他设备安装，软件安装，系统调试，试运行

序号	分部工程	子分部工程	分项工程
8	智能建筑	安全技术防范系统	梯架、托盘、槽盒和导管安装，线缆敷设，设备安装，软件安装，系统调试，试运行
		应急响应系统	设备安装，软件安装，系统调试，试运行
		机房	供配电系统，防雷与接地系统，空气调节系统，给水排水系统，综合布线系统，监控与安全防范系统，消防系统，室内装饰装修，电磁屏蔽，系统调试，试运行
		防雷与接地	接地装置，接地线，等电位连接，屏蔽设施，电涌保护器，线缆敷设，系统调试，试运行
9	建筑节能	围护系统节能	墙体节能，幕墙节能，门窗节能，屋面节能，地面节能
		供暖空调设备及管网节能	供暖节能，通风与空调设备节能，空调与供暖系统冷热源节能，空调与供暖系统管网节能
		电气动力节能	配电节能，照明节能
		监控系统节能	监测系统节能，控制系统节能
		可再生能源	地源热泵系统节能，太阳能光热系统节能，太阳能光伏节能
10	电梯	电力驱动的曳引式或强制式电梯	设备进场验收，土建交接检验，驱动主机，导轨，门系统，轿厢，对重，安全部件，悬挂装置，随行电缆，补偿装置，电气装置，整机安装验收
		液压电梯	设备进场验收，土建交接检验，液压系统，导轨，门系统，轿厢，对重，安全部件，悬挂装置，随行电缆，电气装置，整机安装验收
		自动扶梯、自动人行道	设备进场验收，土建交接检验，整机安装验收

表 4-3 检验批的划分

类别	内容及要求
检验批的概念	检验批是工程验收的最小单位，是分项工程乃至整个建筑工程质量验收的基础。检验批是施工过程中条件相同并有一定数量的材料、构配件或安装项目，由于其质量基本均匀一致，因此，可以作为检验的基础单位，并按批验收
分项工程检验批的划分	分项工程可由一个或若干检验批组成，检验批可根据施工及质量控制和专业验收需要按楼层、施工段、变形缝等进行划分。 分项工程划分成检验批进行验收有助于及时纠正施工中出现的质量问题，确保工程质量，也符合施工实际需要。多层及高层建筑工程中主体分部的分项工程可按楼层或施工段来划分检验批，单层建筑工程中的分项工程可按变形缝等划分检验批；地基基础分部工程中的分项工程一般划分为一个检验批，有地下层的基础工程可按不同地下层划分检验批；屋面分部工程中的分项工程不同楼层屋面可划分为不同的检验批，其他分部工程中的分项工程，一般按楼层划分检验批；对于工程量较少的分项工程可统一划分为一个检验批。安装工程一般按一个设计系统或设备组别划分为一个检验批。室外工程统一划分为一个检验批。散水、台阶、明沟等含在地面检验批中

类别	内容及要求
说明	对于地基基础中的土石方、基坑支护子分部工程及混凝土工程中的模板工程，虽不构成建筑工程实体，但它是建筑工程施工不可缺少的重要环节和必要条件，其施工质量如何，不仅关系到能否施工和施工安全，也关系到建筑工程的质量，因此将其列入施工验收内容是应该的
注意事项	不论如何划分检验批、分项工程，都要有利于质量控制，能取得较完整的技术数据；而且要防止造成检验批、分项工程的大小过于悬殊，由于抽样方法按一定的比例抽样，从而影响质量验收结果的可比性

表 4-4　室外工程的划分

单位工程	子单位工程	分部工程
室外设施	道路	路基、基层、面层、广场与停车场、人行道、人行地道、挡土墙、附属构筑物
	边坡	土石方、挡土墙、支护
附属建筑及室外环境	附属建筑	车棚，围墙，大门，挡土墙
	室外环境	建筑小品，亭台，水景，连廊，花坛，场坪绿化，景观桥

四、建筑工程质量验收相关规定

1. 建筑工程质量验收合格规定

建筑工程检验批、分项工程、分部（子分部）工程、单位（子单位）工程质量验收合格规定见表 4-5。

表 4-5　建筑工程质量验收合格规定

类别	内容及要求
检验批	检验批质量验收合格应符合下列规定： (1)主控项目的质量经抽样检验均应合格； (2)一般项目的质量经抽样检验合格。当采用计数抽样时，合格点率应符合有关专业验收规范的规定，且不得存在严重缺陷。对于计数抽样的一般项目，正常检验一次、二次抽样可按《建筑工程施工质量验收统一标准》(GB 50300—2013)附录 D 判定；具有完整的施工操作依据、质量验收记录
分项工程	分项工程质量验收合格应符合下列规定： (1)所含检验批的质量均应验收合格； (2)所含检验批的质量验收记录均应完整
分部工程	分部工程质量验收合格应符合下列规定： (1)所含分项工程的质量均应验收合格； (2)质量控制资料均应完整； (3)有关安全、节能、环境保护和主要使用功能的抽样检验结果应符合相应规定； (4)观感质量应符合要求

类别	内容及要求
单位工程	单位工程质量验收合格应符合下列规定： (1)所含分部工程的质量均应验收合格； (2)质量控制资料应完整； (3)所含分部工程中有关安全、节能、环境保护和主要使用功能的检验资料应完整； (4)主要使用功能的抽查结果应符合相关专业验收规范的规定； (5)观感质量应符合要求

2. 建筑工程质量验收记录合格规定

建筑工程检验批、分项工程、分部(子分部)工程、单位(子单位)工程质量验收记录合格规定见表4-6。

表4-6　建筑工程质量验收记录合格规定

类别	内容及要求
检验批	检验批质量验收记录可按《建筑工程施工质量验收统一标准》(GB 50300—2013)附录 E 填写，填写时应具有现场验收检查原始记录
分项工程	分项工程质量验收记录可按《建筑工程施工质量验收统一标准》(GB 50300—2013)附录 F 填写
分部工程	分部工程质量验收记录可按《建筑工程施工质量验收统一标准》(GB 50300—2013)附录 G 填写
单位工程	单位工程质量竣工验收记录、质量控制资料核查记录、安全和功能检验资料核查及主要功能抽查记录、观感质量检查记录应按《建筑工程施工质量验收统一标准》(GB 50300—2013)附录 H 填写

3. 建筑工程的非正常验收规定

《建筑工程施工质量验收统一标准》(GB 50300—2013)列入了有关非正常验收的内容。对第一次验收未能符合规范要求的情况作出了具体规定。在保证最终质量的前提下，给出了非正常验收的 4 种形式，见表4-7。

表4-7　建筑工程非正常验收的形式

形式	验收规定	理解及说明
返工更换验收	第 5.0.6 条第 1 款规定："经返工或返修的检验批，应重新进行验收"	这种情况，是指在检验批验收时，其主控项目不能满足验收规范规定或一般项目超过偏差限值的子项不符合检验规定的要求时，应及时进行处理的检验批。其中，严重的缺陷应推倒重来，如某住宅楼一层砌砖，验收时发现砖的强度等级为 MU5，达不到设计要求的 MU10，推倒后重新使用 MU10 砖砌筑，其砖砌体工程的质量，应重新按程序进行验收。若一般的缺陷通过翻修或更换器具、设备能够予以解决，应允许施工单位在采取相应的措施后重新验收。如能够符合相应的专业工程质量验收规范，则应认为该检验批合格。 重新验收质量时，要对检验批重新抽样、检查和验收，并重新填写检验批质量验收记录表
检测鉴定验收	第 5.0.6 条第 2 款规定："经有资质的检测机构检测鉴定能够达到设计要求的检验批，应予以验收"	这种情况，是指个别检验批发现试块强度等不满足要求等问题，难以确定是否验收时，应请具有资质的法定检测单位检测。当鉴定结果能够达到设计要求时，该检验批仍应认为通过验收

形式	验收规定	理解及说明
设计复核验收	第5.0.6条第3款规定："经有资质的检测机构检测鉴定达不到设计要求、但经原设计单位核算认为能够满足安全和使用功能的检验批，可予以验收"	这种情况，如经检测鉴定达不到设计要求，但经原设计单位核算，仍能满足结构安全和使用功能的情况，该检验批可以予以验收。一般情况下，规范标准给出了满足结构安全和使用功能的最低限度要求，而设计往往在此基础上留有一些余量。不满足设计要求和符合相应规范标准的要求，两者并不矛盾
加固处理验收	第5.0.6条第4款规定："经返修或加固处理的分项、分部工程，满足安全及使用功能要求时，可按技术处理方案和协商文件的要求予以验收"	这种情况是出现更为严重的缺陷或者超过检验批的更大范围内的缺陷，可能影响结构的安全性和使用功能。若经法定检测单位检测鉴定以后认为达不到规范标准的相应要求，即不能满足最低限度的安全储备和使用功能，则必须按一定的技术方案进行加固处理，使之能保证其满足安全使用的基本要求。这样会造成一些永久性的缺陷，如改变结构外形尺寸，影响一些次要的使用功能等。为了避免社会财富更大的损失，在不影响安全和主要使用功能条件下可按处理技术方案和协商文件进行验收，责任方应承担经济责任，但不能作为轻视质量而回避责任的一种出路，这是应该特别注意的

任务三　建筑工程施工质量验收规定

建筑工程质量验收时，一个单位工程最多可划分为单位工程、子单位工程、分部工程、子分部工程、分项工程和检验批6个层次。对于每一个验收层次的验收，国家标准只给出了合格条件，没有给出优良标准，也就是说现行国家质量验收标准为强制性标准对于工程质量验收只设一个"合格"质量等级，工程质量在被评定合格的基础上，希望有更高质量等级评定的，可按照另外制定的推荐性标准执行。

一、检验批质量验收规定

（一）主控项目和一般项目的质量经抽样检验合格

1. 主控项目

主控项目的条文是必须达到的要求，是保证工程安全和使用功能的重要检验项目，是对安全、卫生、环境保护和公众利益起决定性作用的检验项目，也是确定该检验批主要性能的检验项目。主控项目中所有子项目必须全部符合各专业验收规范规定的质量指标，方能判定该主控项目质量合格。反之，只要其中某一子项甚至某一抽查样本经检验后达不到要求，即可判定该检验批质量为不合格，则该检验批拒收。换而言之，主控项目中某一子项甚至某一抽查样本的检查结果若为不合格时，即行使对检验批质量的否决权。主控项目的主要内容如下：

（1）重要材料、构件及配件、成品及半成品、设备性能及附件的材质、技术性能等。检查出厂证明及试验数据，如水泥、钢材的质量，预制楼板、墙板、门窗等构配件的质量，风机等设备的质量等。检查出厂证明，其技术数据、项目应符合有关技术标准的规定。

（2）结构的强度、刚度和稳定性等检验数据、工程性能的检测。如混凝土、砂浆的强度，钢结构的焊缝强度，管道的压力试验，风管的系统测定与调整，电气的绝缘、接地测试，电梯的安全保护、试运转结果等。检查测试记录，其数据及项目应符合设计要求和相关验收规范规定。

（3）一些重要的允许偏差项目，必须控制在允许偏差限值之内。

2. 一般项目

一般项目是指除主控项目外，对检验批质量有影响的检验项目。当其中缺陷（指超过规定质量指标的缺陷）的数量超过规定的比例，或样本的缺陷程度超过规定的限度后，对检验批质量会产生影响。一般项目的主要内容如下：

（1）允许有一定偏差的项目，而放在一般项目中，用数据规定的标准，可以有个别偏差范围，最多不超过20%的检查点可以超过允许偏差值，但也不能超过允许值的150%。

（2）对不能确定偏差值而又允许出现一定缺陷的项目，则以缺陷的数量来区分。如砖砌体预埋拉结筋留置间距的偏差、混凝土钢筋露筋等。

（3）一些无法定量而采用定性的项目。如碎拼大理石地面颜色协调，无明显裂缝和坑洼；卫生器具给水配件安装项目，接口严密，启闭部分灵活；管道接口项目，无外露油麻等。

（二）具有完整的施工操作依据、质量检查记录

质量控制资料反映了检验批从原材料到最终验收的各施工工序的操作依据、检查情况及保证质量所必需的管理制度等。对其完整性的检查，实际是对过程控制的确认，这是检验批合格的前提。

二、分项工程质量验收规定

（一）分项工程所含的检验批均应符合合格质量的规定

分项工程是由所含性质、内容一样的检验批汇集而成的，分项工程质量的验收则是在检验批验收的基础上进行的，这是一个统计过程，有时也会有一些直接的验收内容，所以，在验收分项工程时应注意以下几项：

（1）核对检验批的部位、区段是否全部覆盖分项工程的范围，有无缺漏的部位没有验收到。

（2）一些在检验批中无法检验的项目，在分项工程中直接验收。如砖砌体工程中的全高垂直度、砂浆强度的评定等。

（3）检验批验收记录的内容及签字人是否正确、齐全。

（二）分项工程所含的检验批的质量验收记录应完整

分项工程质量合格的条件比较简单，只要构成分项工程各检验批的验收资料文件完整，并且均已验收合格，则分项工程验收合格。

三、检验批与分项工程质量验收记录及填写说明

1. 检验批质量验收记录及填写说明

检验批的质量验收记录由施工项目专业质量检查员填写，监理工程师（建设单位项目专业技术负责人）组织项目专业质量检查员等进行验收，并按表4-8记录。

表 4-8 _____检验批质量验收记录　　　　　　　　　编号：_____

单位(子单位) 工程名称		分部(子分部) 工程名称		分项工程 名称	
施工单位		项目负责人		检验批容量	
分包单位		分包单位项目负责人		检验批部位	
施工依据			验收依据		

		验收项目	设计要求及 规范规定	最小/实际 抽样数量	检查记录	检查结果
主控项目	1					
	2					
	3					
	4					
	5					
	6					
	7					
	8					
	9					
	10					
一般项目	1					
	2					
	3					
	4					
	5					
	6					
施工单位 检查结果	专业工长： 项目专业质量检查员： 　　　　　　　　　　　　　　　　年　月　日					
监理单位 验收结论	专业监理工程师： 　　　　　　　　　　　　　　　　年　月　日					

检验批质量验收记录填表说明：在实际工程中，对于每一个检验批的检查验收，按各分部工程质量验收规范的规定，施工单位应填写上述的验收表格，先进行自行检查，并将检查

的结果填与在"施工单位检查评定记录"内，然后报给监理工程师申请验收，监理工程师依然采用同样的表格按规定的数量抽测，如果符合要求，就在"监理（建设）单位验收记录"内填写验收结果，这是一种形式。另外还有一种做法，即某分项工程检验批完成后，监理工程师和施工单位进行平行检验，由施工单位填写验收记录中的实测结果，则由监理单位填写验收结论。

2. 分项工程质量验收记录及填写说明

分项工程质量应由监理工程师（建设单位项目专业技术负责人）组织项目专业技术负责人等进行验收，并按表4-9记录。

表 4-9 _____分项工程质量验收记录 编号：_____

单位（子单位）工程名称			分部（子分部）工程名称			
分项工程数量			检验批数量			
施工单位			项目负责人		项目技术负责人	
分包单位			分包单位项目负责人		分包内容	
序号	检验批名称	检验批容量	部位、区段	施工单位检查结果		监理单位验收结论
1						
2						
3						
4						
5						
6						
7						
8						
说明：						
施工单位检查结果	项目专业技术负责人： 年 月 日					
监理单位验收结论	专业监理工程师： 年 月 日					

分项工程质量验收记录填写说明：

(1)表名填写所验收分项工程的名称。

(2)表头及"检验批部位、区段""施工单位检查评定结果"均由施工单位专业质量检查员填写，由施工单位的项目专业技术负责人检查后给出评价并签字，交监理单位或建设单位验收。

(3)监理单位的专业监理工程师(或建设单位的专业负责人)应逐项审查，同意项填写"合格"或"符合要求"，不同意项暂不填写，待处理后再验收，但应做标记，注明验收和不验收的意见。如同意验收应签字确认，不同意验收要指出存在的问题，明确处理意见和完成时间。

四、分部(子分部)工程质量验收规定

(一)分部(子分部)工程所含分项工程的质量均应验收合格

分部(子分部)工程所含分项工程的质量均应验收合格。在实际验收中，这项内容也是一项统计工作。在做这项工作时应注意以下3点：

(1)检查每个分项工程验收是否正确。

(2)注意查对所含分项工程，有没有漏、缺的分项工程没有进行归纳，或是没有进行验收。

(3)注意检查分项工程的资料是否完整，每个验收资料的内容是否有缺漏项，以及各分项工程验收人员的签字是否齐全与符合规定。

(二)质量控制资料应完整

质量控制资料完整是工程质量合格的重要条件，在分部工程质量验收时，应根据各专业工程质量验收规范的规定，对质量控制资料进行系统的检查，着重检查资料的齐全、项目的完整、内容的准确和签署的规范。

质量控制资料检查实际也是统计、归纳工作，主要包括以下三个方面的资料：

(1)核查和归纳各检验批的验收记录资料，查对其是否完整。有些龄期要求较长的检测资料，在分项工程验收时，若不能及时提供，应在分部(子分部)工程验收时进行补查。

(2)检验批验收时，要求检验批资料准确完整后，方能对其开展验收。对在施工中质量不符合要求的检验批、分项工程按有关规定进行处理后的资料归档审核。

(3)注意核对各种资料的内容、数据及验收人员签字的规范性。对于建筑材料的复验范围，各专业验收规范都做了具体规定，检验时按产品标准规定的组批规则、抽样数量、检验项目进行，但有的规范另有不同要求，这一点在质量控制资料核查时须引起注意。

(三)分部工程有关安全及功能的检验和抽样检测结果应符合有关规定

这项验收内容包括安全检测资料与功能检测资料两个部分。涉及结构安全及使用功能检验(检测)的要求，应按设计文件及各专业工程质量验收规范中所做的具体规定执行。抽测其检测项目在各专业质量验收规范中已有明确规定，在验收时应注意以下三个方面的工作：

(1)检查各规范中规定的检测的项目是否都进行了验收，不能进行检测的项目应该说明原因。

(2)检查各项检测记录(报告)的内容、数据是否符合要求，包括检测项目的内容，所遵循的检测方法标准、检测结果的数据是否达到了规定的标准。

(3)核查资料的检测程序、有关取样人、检测人、审核人、试验负责人，以及公章签字是否齐全等。

(四)观感质量验收应符合要求

观感质量验收是指在分部工程所含的分项工程完成后，在前三项检查的基础上，对已完工部分工程的质量，采用目测、触摸和简单量测等方法所进行的一种宏观检查方式。

分部(子分部)工程观感质量验收,其检查的内容和质量指标已包含在各个分项工程内。对分部工程进行观感质量检查和验收,并不增加新的项目,只不过是转换视角而已,采用一种更直观、便捷、快速的方法,对工程质量从外观上做一次重复的、扩大的、全面的检查,这是由建筑施工特点所决定的。

在进行质量检查时,注意一定要在现场将工程的各个部位全部看到,能操作的应实地操作,观察其方便性、灵活性或有效性等;能打开观察的应打开观察,全面检查分部(子分部)工程的质量。

观感质量验收并不给出"合格"或"不合格"的结论,而是给出"好、一般、差"的总体评价。所谓"一般",是指经观感质量检验能符合验收规范的要求;所谓"好",是指在质量符合验收规范的基础上,能达到精致、流畅、匀净的要求,精度控制好;所谓"差",是指勉强达到验收规范的要求,但质量不够稳定,离散性较大,给人以粗疏的印象。

观感质量验收中若发现有影响安全、功能的缺陷,有超过偏差限值,或明显影响观感效果的缺陷,不能评价,应处理后再进行验收。

评价时,施工企业应先自行检查合格后,由监理单位来验收,参加评价的人员应具有相应的资格,由总监理工程师组织,不少于3位监理工程师来检查,在听取其他参加人员的意见后,共同作出评价,但总监理工程师的意见应为主导意见。在作评价时,可分项目逐点评价,也可按项目进行大的方面的综合评价,最后对分部(子分部)作出评价。

(五)分部(子分部)工程质量验收记录及填写说明

分部(子分部)工程质量应由总监理工程师(建设单位项目专业负责人)组织施工项目经理和有关勘察、设计单位项目负责人进行验收,并按表 4-10 记录。

分部(子分部)工程质量验收记录填写说明如下。

1. 表名及表头部分

(1)表名。分部(子分部)工程的名称填写要具体,填写在分部(子分部)工程的前边,并分别划掉分部或子分部。

(2)表头部分的工程名称填写工程全称,与检验批、分项工程、单位工程验收表的工程名称一致。

2. 验收内容

(1)分项工程。应按分项工程第一个检验批施工先后的顺序,将分项工程名称填上,在第二栏内分别填写各项工程实际的检验批数量,并将各分项工程评定表按顺序附在表后。

(2)质量控制资料。

1)按《建筑工程施工质量验收统一标准》(GB 50300—2013)附表 H.0.1-2"单位工程质量控制资料核查记录"中的相关内容来确定所验收的分部(子分部)工程的质量控制资料项目,并按资料检查的要求,逐项进行核查。

2)能基本反映工程质量情况,达到保证结构安全和使用功能的要求,可通过验收。全部项目都通过,可在施工单位检查评定栏内打"√"标注检查合格,并送监理单位或建设单位验收。监理单位总监理工程师组织审查,符合要求后,在验收意见栏内签注"同意验收"。

(3)安全和功能检验(检测)报告。

1)本项目指竣工抽样检测的项目,能在分部(子分部)工程中检测的,尽量放在分部(子分部)工程中检测。

2)每个检测项目都通过审查,即可在施工单位检查评定栏内打"√"标注检查合格。由项目经理送监理单位或建设单位验收,监理单位总监理工程师或建设单位项目专业负责人组织审查,符合要求后,在验收意见栏内签注"同意验收"。

表 4-10 _____**分部工程质量验收记录** 编号：_____

单位(子单位) 工程名称			子分部工 程数量		分项工程数量	
施工单位			项目负责人		技术（质量） 负责人	
分包单位			分包单位 负责人		分包内容	

序号	子分部 工程名称	分项工程名称	检验批数量	施工单位检查结果	监理单位验收结论
1					
2					
3					
4					
5					
6					
7					
8					
质量控制资料					
安全和功能检验结果					
观感质量检验结果					
综合验收结论					

施工单位： 项目负责人： 年 月 日	勘察单位： 项目负责人： 年 月 日	建设单位： 项目负责人： 年 月 日	监理单位： 总监理工程师： 年 月 日

注：1. 地基与基础分部工程的验收应由施工、勘察、设计单位项目负责人和总监理工程师参加并签字。
　　2. 主体结构、节能分部工程的验收应由施工、设计单位项目负责人和总监理工程师参加并签字。

(4)观感质量验收。由施工单位项目经理组织进行现场检查，经检查合格后，将施工单位填写的内容填写好后，由项目经理签字后交监理单位或建设单位验收。

3. 验收单位签字认可

按表列参与工程建设责任单位的有关人员应亲自签名，以示负责，并方便追查质量责任。

五、单位(子单位)工程质量验收规定

1. 单位(子单位)工程质量验收合格条件

单位工程质量验收也称为质量竣工验收，是建筑工程投入使用前的最后一次验收，也是最重要的一次验收。验收合格的条件包括以下五个方面：

(1)单位(子单位)工程所含分部(子分部)工程的质量均应验收合格。这项工作，总承包单位应事先进行认真准备，将所有分部、子分部工程质量验收的记录表及时进行收集整理，并列出目次表，依序将其装订成册。在核查及整理过程中，应注意以下三点：

1)核查各分部工程中所含的子分部工程是否齐全。

2)核查各分部、子分部工程质量验收记录表的质量评价是否完善。如分部、子分部工程质量的综合评价，质量控制资料的评价，地基与基础、主体结构和设备安装分部、子分部工程的有关安全及功能的检测和抽测项目的检测记录，以及分部、子分部观感质量的评价等。

3)核查分部、子分部工程质量验收记录表的验收人员是否是规定的具有相应资质的技术人员，并进行评价和签认。

(2)质量控制资料应完整。

1)建筑工程质量控制资料是反映建筑工程施工过程中各个环节工程质量状况的基本数据和原始记录，反映完工项目的测试结果和记录。这些资料是反映工程质量的客观见证，是评价工程质量的主要依据。工程质量资料是工程的"合格证"和技术"证明书"。

2)单位(子单位)工程质量验收，质量控制资料应完整，总承包单位应将各分部(子分部)工程应有的质量控制资料进行核查。图纸会审及变更记录，定位测量放线记录，施工操作依据，原材料、构配件等质量证书，按规定进行检验的检测报告，隐蔽工程验收记录，施工中的有关施工试验、测试、检验等，以及抽样检测项目的检测报告等，由总监理工程师进行核查确认，可按单位工程所包含的分部、子分部分别核查，也可综合抽查。其目的是强调对建筑结构、设备性能、使用功能方面等主要技术性能的检验。

3)由于每个工程的具体情况不同，因此，资料是否完整要视工程特点和已有资料的情况而定。总之，看其是否可以反映工程的结构安全和使用功能，以及是否达到设计要求是验收人员应掌握的。如果资料能保证该工程结构安全和使用功能，能达到设计要求，则可认为是完整的；否则，不能判定为完整。

(3)单位(子单位)工程所含分部工程有关安全和功能的检测资料应完整。

1)在分部、子分部工程中提出了一些检测项目，在分部、子分部工程检查和验收时，应进行检测来保证和验证工程的综合质量与最终质量。这种检测(检验)应由施工单位来进行，检测过程中可请监理工程师或建设单位有关负责人参加监督检测工作，达到要求后，形成检测记录并签字认可。在单位工程、子单位工程验收时，监理工程师应对各分部、子分部工程应检测的项目进行核对，对检测资料的数量、数据及使用的检测方法、检测标准、检测程序进行核查并核查有关人员的签认情况等。

2)这种对涉及安全和使用功能的分部工程检验资料的复查，不仅要全面检查其完整性(不得

有漏检缺项），而且对分部工程验收时补充进行的见证抽样检验报告也要复核。这种强化验收的手段体现了对安全和主要使用功能的重视。

（4）主要功能项目的抽查结果应符合相关专业质量验收规范的规定。

1）使用功能的检查是对建筑工程和设备安装工程最终质量的综合检验，也是用户最为关心的内容。因此，在分项、分部工程验收合格的基础上，竣工验收时再做全面检查。通常，主要功能抽测项目应为有关项目最终的综合性的使用功能，如室内环境检测、屋面淋水检测、照明全负荷试验检测、智能建筑系统运行等。

2）抽查项目是在检查资料文件的基础上由参加验收的各方人员商定，并用计量、计数的抽样方法确定检查部位。检查按有关专业工程施工质量验收标准的要求进行。

（5）观感质量验收应符合要求。单位工程观感质量的验收方法和内容与分部、子分部工程的观感质量评价相同，只是分部、子分部工程的范围小一些而已，一些分部、子分部工程的观感质量，可能在单位工程检查时已经看不到了。所以，单位工程的观感质量更宏观一些。其内容按各有关检验批的主控项目、一般项目有关内容综合掌握，给出"好""一般""差"的评价。

2. 单位（子单位）工程质量验收记录及填写说明

单位（子单位）工程质量验收应按表4-11记录，与表4-10和表4-12、表4-13配合使用。

表4-11验收记录由施工单位填写，验收结论由监理（建设）单位填写。综合验收结论由参加验收各方共同商定，建设单位填写，应对工程质量是否符合设计和规范要求及总体质量水平作出评价。

表 4-11　单位工程质量竣工验收记录

工程名称		结构类型		层数/ 建筑面积	
施工单位		技术负责人		开工日期	
项目负责人		项目技术 负责人		完工日期	
序号	项目	验收记录		验收结论	
1	分部工程验收	共　　分部，经查符合设计及标准规定 　　分部			
2	质量控制资料核查	共　　项，经审查符合规定　　项			
3	安全和使用功能 核查及抽查结果	共核查　　项，符合规定　　项， 共抽查　　项，符合规定　　项， 经返工处理符合规定　　项			
4	观感质量验收	共抽查　　项，达到"好"和"一般"的　　项， 经返修处理符合要求的　　项			
综合验收结论					
参 加 验 收 单 位	建设单位	监理单位	施工单位	设计单位	勘察单位
	（公章） 项目负责人： 　年　月　日	（公章） 总监理工程师： 　年　月　日	（公章） 项目负责人： 　年　月　日	（公章） 项目负责人： 　年　月　日	（公章） 项目负责人： 　年　月　日
注：单位工程验收时，验收签字人员应由相应单位的法人代表书面授权。					

表 4-12　单位工程质量控制资料核查记录

工程名称				施工单位				
序号	项目	资料名称	份数	施工单位		监理单位		
				检查意见	核查人	检查意见	核查人	
1	建筑与结构	图纸会审记录、设计变更通知单、工程洽商记录						
2		工程定位测量、放线记录						
3		原材料出厂合格证书及进场检验、试验报告						
4		施工试验报告及见证检测报告						
5		隐蔽工程验收记录						
6		施工记录						
7		地基、基础、主体结构检验及抽样检测资料						
8		分项、分部工程质量验收记录						
9		工程质量事故调查处理资料						
10		新技术论证、备案及施工记录						
1	给水排水与供暖	图纸会审记录、设计变更通知单、工程洽商记录						
2		原材料出厂合格证书及进场检验、试验报告						
3		管道、设备强度试验、严密性试验记录						
4		隐蔽工程验收记录						
5		系统清洗、灌水、通水、通球试验记录						
6		施工记录						
7		分项、分部工程质量验收记录						
8		新技术论证、备案及施工记录						
1	通风与空调	图纸会审记录、设计变更通知单、工程洽商记录						
2		原材料出厂合格证书及进场检(试)验报告						
3		制冷、空调、水管道强度试验、严密性试验记录						
4		隐蔽工程验收记录						
5		制冷设备运行调试记录						
6		通风、空调系统调试记录						
7		施工记录						
8		分项、分部工程质量验收记录						
9		新技术论证、备案及施工记录						
1	建筑电气	图纸会审记录、设计变更通知单、工程洽商记录						
2		原材料出厂合格证书及进场检验、试验报告						
3		设备调试记录						
4		接地、绝缘电阻测试记录						
5		隐蔽工程验收记录						

工程名称				施工单位				
序号	项目	资料名称	份数	施工单位		监理单位		
				检查意见	核查人	检查意见	核查人	
6	建筑电气	施工记录						
7		分项、分部工程质量验收记录						
8		新技术论证、备案及施工记录						
1	智能建筑	图纸会审记录、设计变更通知单、工程洽商记录						
2		原材料出厂合格证书及进场检验、试验报告						
3		隐蔽工程验收记录						
4		施工记录						
5		系统功能测定及设备调试记录						
6		系统技术、操作和维护手册						
7		系统管理、操作人员培训记录						
8		系统检测报告						
9		分项、分部工程质量验收记录						
10		新技术论证、备案及施工记录						
1	建筑节能	图纸会审记录、设计变更通知单、工程洽商记录						
2		原材料出厂合格证书及进场检验、试验报告						
3		隐蔽工程验收记录						
4		施工记录						
5		外墙、外窗节能检验报告						
6		设备系统节能检测报告						
7		分项、分部工程质量验收记录						
8		新技术论证、备案及施工记录						
1	电梯	图纸会审记录、设计变更通知单、工程洽商记录						
2		设备出厂合格证书及开箱检验记录						
3		隐蔽工程验收记录						
4		施工记录						
5		接地、绝缘电阻试验记录						
6		负荷试验、安全装置检查记录						
7		分项、分部工程质量验收记录						
8		新技术论证、备案及施工记录						

结论：

施工单位项目负责人：
　　　　　　年 月 日

总监理工程师：
　　　　　　年 月 日

表 4-13　单位工程安全和功能检验资料核查及主要功能抽查记录

工程名称		施工单位				
序号	项目	安全和功能检查项目	份数	核查意见	抽查结果	核查（抽查）人
1	建筑与结构	地基承转力检验报告				
2		桩基承载力检验报告				
3		混凝土强度试验报告				
4		砂浆强度试验报告				
5		主体结构尺寸、位置抽查记录				
6		建筑物垂直度、标高、全高测量记录				
7		屋面淋水或蓄水试验记录				
8		地下室渗漏水检测记录				
9		有防水要求的地面蓄水试验记录				
10		抽气（风）道检查记录				
11		外窗气密性、水密性、耐风压检测报告				
12		幕墙气密性、水密性、耐风压检测报告				
13		建筑物沉降观测测量记录				
14		节能、保温测试记录				
15		室内环境检测报告				
16		土壤氡气浓度检测报告				
1	给水排水与供暖	给水管道通水试验记录				
2		暖气管道、散热器压力试验记录				
3		卫生器具满水试验记录				
4		消防管道、燃气管道压力试验记录				
5		排水干管通球试验记录				
6		锅炉试运行、安全阀及报警联动测试记录				
1	通风与空调	通风、空调系统试运行记录				
2		风量、温度测试记录				
3		空气能量回收装置测试记录				
4		洁净室洁净度测试记录				
5		制冷机组试运行调试记录				
1	建筑电气	建筑照明通电试运行记录				
2		灯具固定装置及悬吊装置的载荷强度试验记录				
3		绝缘电阻测试记录				
4		剩余电流动作保护器测试记录				
5		应急电源装置应急持续供电记录				
6		接地电阻测试记录				
7		接地故障回路阻抗测试记录				

工程名称			施工单位				
序号	项目	安全和功能检查项目	份数	核查意见		抽查结果	核查（抽查）人
1	智能建筑	系统试运行记录					
2		系统电源及接地检测报告					
3		系统接地检测报告					
1	建筑节能	外墙节能构造检查记录或热工性能检验报告					
2		设备系统节能性能检查记录					
1	电梯	运行记录					
2		安全装置检测报告					

结论：

施工单位项目负责人：　　　　　　　　　　　　　　总监理工程师：

　　　　　　　年　月　日　　　　　　　　　　　　　　　　　年　月　日

任务四　建筑工程质量验收的程序和组织

一、检验批及分项工程的验收程序和组织

检验批及分项工程应由监理工程师（建设单位项目技术负责人）组织施工单位项目专业质量（技术）负责人等进行验收。

验收前，施工单位先填写好检验批和分项工程的验收记录表（有关监理记录和结论不填写），并由项目专业质量检验员和项目专业技术负责人分别在检验批与分项工程质量检验记录的相关栏目中签字，然后由监理工程师组织，严格按照规定程序进行验收。

二、分部工程的验收程序和组织

分部工程应由总监理工程师(建设单位项目负责人)组织施工单位项目负责人和技术、质量负责人等进行验收。由于地基基础、主体结构技术性能要求严格，技术性强，关系到整个工程的安全。因此，地基与基础、主体结构分部工程的验收由勘察、设计单位工程项目负责人和施工单位技术、质量部门负责人参加相关分部工程验收。

三、单位工程质量验收程序与组织

1. 工程预验收

(1)单位(子单位)工程完工后，施工单位首先要依据施工合同、质量标准、设计图纸等组织有关人员进行自检，并对检查结果进行评定。符合要求的单位(子单位)工程可填写"单位工程竣工验收报审表"，以及"质量竣工验收记录""质量控制资料核查记录""安全和功能检验资料核查及观感质量检查记录"等资料，并将"单位工程竣工验收报审表"及有关竣工资料报送项目监理机构申请工程预验收。

(2)项目监理机构收到预验收申请后，总监理工程师应组织各专业监理工程师审查工单位提交的"单位工程竣工验收报审表"及其他有关竣工资料，并对工程质量进行竣工预验收。存在质量问题时，应由施工单位及时整改，整改合格后总监理工程师签认"单位工程竣工验收报审表"及有关资料。

(3)单位工程竣工资料应提前报请城建档案馆验收并获得预验收许可。

2. 竣工验收

(1)施工单位向建设单位提交工程竣工验收报告和完整的工程资料，申请工程竣工验收。

(2)建设单位收到施工单位提交的工程竣工报告后，应由建设单位项目负责人组织监理、设计、施工、勘察等单位项目负责人进行单位(子单位)工程验收。

(3)在整个单位工程进行验收时，已验收的子单位工程的验收资料应作为单位工程验收的附件。

(4)单位工程中的分包工程完工后，分包单位应对所承包的工程项目进行自检并按验收统一标准的程序进行验收。验收时，总包单位应派人参加。分包单位应将所分包工程的质量控制资料整理完整，并移交给总包单位。在竣工验收时，分包单位负责人也应参加验收。

(5)参建各方当验收意见一致时，验收人员应分别在单位工程质量验收记录表上签字确认。当参建各方对工程质量验收意见不一致时，可请当地住房城乡建设主管部门或工程质量监督机构(也可以是其委托的部门、单位或各方认可的咨询单位)协调处理。

(6)单位工程质量验收合格后，建设单位应在规定时间内将工程竣工验收报告和竣工资料报县级以上人民政府住房城乡建设主管部门或其他有关部门备案。

项目小结

本项目主要介绍了建筑工程施工质量验收基本知识、建筑工程施工质量验收的划分、建筑工程施工质量验收的规定，建筑工程施工质量验收的程序和组织，通过本项目的学习，学生应具有对一般工程进行质量验收划分的能力。

一、填空题

1. 建筑工程施工质量验收均应在_____的基础上进行。

2. 建筑工程检验批的质量应按_____和_____验收。

3. 隐蔽工程应在隐蔽前由_____通知_____进行验收，并应形成验收文件，验收合格后方可继续施工。

二、多项选择题

1. 检验批主控项目包括的内容主要有（　　）。

　　A. 重要材料、构件及配件、成品及半成品、设备性能及附件的材质、技术性能等

　　B. 结构的强度、刚度和稳定性等检验数据、工程性能的检测

　　C. 一些重要的允许偏差项目，必须控制在允许偏差限值之内

　　D. 对不能确定偏差值而又允许出现一定缺陷的项目

2. 分部（子分部）工程质量控制资料检查主要包括（　　）方面的资料。

　　A. 核查和归纳各检验批的验收记录资料，查对其是否完整

　　B. 检验批验收时，要求检验批资料准确完整后，方能对其开展验收

　　C. 对在施工中质量不符合要求的检验批、分项工程不进行归档审核

　　D. 注意核对各种资料的内容、数据及验收人员签字的规范性

3. 观感质量验收给出（　　）的总体评价。

　　A. 合格　　　　　B. 好　　　　　　C. 一般

　　D. 差　　　　　　E. 不合格

4. 工程质量验收时的意见分歧主要包括（　　）。

　　A. 对质量合格与否的分歧　　　　B. 对于非正常验收存有疑问

　　C. 经费负担和经济纠纷　　　　　D. 对施工过程存有疑问

三、简答题

1. 施工质量验收的依据包括哪些？

2. 施工质量验收层次划分的目的是什么？

项目五　地基与基础工程质量管理

知识目标

1. 了解土方工程、地基及基础处理工程、桩基工程、地下防水工程的质量控制要点。
2. 了解土方工程、地基及基础处理工程、桩基工程、地下防水工程的质量验收标准。
3. 掌握土方工程、地基及基础处理工程、桩基工程、地下防水工程的验收方法及质量通病的防治。

能力目标

1. 能够正确运用工程中常用的质量检测器具对施工工程实体成品进行检验和质量记录。
2. 具有参与分项、分部及单位工程检查验收的能力，并能规范填写相应的验收表格。
3. 能够防范质量通病。

任务一　土方工程

土方工程是建筑工程施工中主要的分部工程之一，土方工程具有量大面广、劳动繁重和施工条件复杂等特点，受气候、水文、地质、地下障碍等因素影响较大，不确定因素较多，存在较大的危险性。因此，在施工前必须做好调查研究，选择合理的施工方案，采用先进的施工方法和施工机械，以保证工程的质量和安全。对于无支护的土方工程可以划分为土方开挖和土方回填两个分项工程。

一、土方开挖

1. 土方工程施工前的准备工作

土方工程施工前的准备工作是一项非常重要的基础性工作，准备工作充分与否，对土方工程施工能否顺利进行起着决定性作用。土方工程施工前的准备工作概括起来主要包括以下几个方面：

土石方工程施工
质量验收要求

（1）场地清理。场地清理包括清理地面及地下各种障碍。在施工前应拆除旧建筑；拆迁或改建通信、电力设备，上、下水道及地下建（构）筑物；迁移树木并去除耕植土及河塘淤泥等。此项工作由业主委托有资质的拆卸公司或建筑施工公司完成，发生费用由业主承担。

(2)排除地面水。场地内低洼地区的积水必须排除，同时应注意雨水的排除，使场地保持干燥，以利于土方施工。地面水的排除一般采用排水沟、截水沟、挡水土坝等措施。

(3)修筑临时设施。修筑好临时道路及供水、供电等临时设施，做好材料、机具及土方机械的进场工作。

(4)定位放线。土方开挖施工时，应按建筑施工图和测量控制网进行测量放线，开挖前应按设计平面图，认真检查建筑物或构筑物的定位桩或轴线控制桩；按基础平面图和放坡宽度，对基坑的灰线进行轴线和几何尺寸的复核，并认真核查工程的朝向、方位是否符合图样内容；办理工程定位测量记录、基槽验线记录。

2. 土方开挖过程中的质量控制

(1)土方开挖时，应遵循"开槽支撑，先撑后挖，分层开挖，严禁超挖"的原则，检查开挖的顺序为平面位置、水平标高和边坡坡度。

(2)机械开挖时，要配合一定程度的人工清土，将机械所挖不到地方的弃土运到机械作业的半径内，由机械运走。机械开挖到接近槽底时，用水准仪控制标高，预留 200～300 mm 土层进行人工开挖，以防止超挖。

(3)在开挖过程中，应经常测量和校核平面位置、水平标高、边坡坡度，并随时观测周围的环境变化，进行地面排水和降低地下水水位工作情况的检查与监控。

(4)基坑(槽)挖至设计标高后，对原土表面不得扰动，并及时进行地基钎探、垫层等后续工作。

(5)严格控制基底标高。如个别地方发生超挖，严禁用虚土回填，处理方法应征得设计单位的同意。

(6)雨期施工时，要加强对边坡的保护。可适当放缓边坡或设置支护，同时，在坑外侧围挡土堤或开挖水沟，防止地面水流入。冬期施工时，要防止地基受冻。

3. 土方开挖质量检验

(1)施工前应检查支护结构质量、定位放线、排水和地下水控制系统，以及对周边影响范围内地下管线和建(构)筑物保护措施的落实，并应合理安排土方运输车辆的行走路线及弃土场。附近有重要保护设施的基坑，应在土方开挖前对围护体的止水性能通过预降水进行检验。

(2)施工中应检查平面位置、水平标高、边坡坡率、压实度、排水系统、地下水控制系统、预留土墩、分层开挖厚度、支护结构的变形，并随时观测周围环境变化。

(3)施工结束后应检查平面几何尺寸、水平标高、边坡坡率、表面平整度和基底土性等。

(4)临时性挖方工程的边坡坡率允许值应符合表 5-1 的规定或经设计计算确定。

表 5-1　临时性挖方工程的边坡坡率允许值

土的类别		边坡值(高：宽)
砂土(不包括细砂、粉砂)		1：1.25～1：1.50
黏性土	坚硬	1：0.75～1：1.00
	硬塑、可塑	1：1.00～1：1.25
	软塑	1：1.50 或更缓
碎石类土	充填坚硬黏土、硬塑黏性土	1：0.50～1：1.00
	充填砂土	1：1.00～1：1.50

注：1. 本表适用于无支护措施的临时性挖方工程的边坡坡率。

2. 设计有要求时，应符合设计标准。

3. 本表适用于地下水位以上的土层，采用降水或其他加固措施时，可不受本表限制，但应计算复核。

4. 一次开挖深度，软土不应超过 4 m，硬土不应超过 8 m。

(5)土方开挖工程的质量检验标准应符合表5-2～表5-5的规定。

表5-2 柱基、基坑、基槽土方开挖工程的质量检验标准

项	序	项目	允许值或允许偏差		检查方法
			单位	数值	
主控项目	1	标高	mm	0 −50	水准测量
	2	长度、宽度(由设计中心线向两边量)	mm	+200 −50	全站仪或用钢尺量
	3	坡率	设计值		目测法或用坡度尺检查
一般项目	1	表面平整度	mm	±20	用2m靠尺
	2	基底土性	设计要求		目测法或土样分析

表5-3 挖方场地平整土方开挖工程的质量检验标准

项	序	项目	允许值或允许偏差			检查方法
			单位	数值		
主控项目	1	标高	mm	人工	±30	水准测量
				机械	±50	
	2	长度、宽度(由设计中心线向两边量)	mm	人工	+300 −100	全站仪或用钢尺量
				机械	+500 −150	
	3	坡率	设计值			目测法或用坡度尺检查
一般项目	1	表面平整度	mm	人工	±20	用2m靠尺
				机械	±50	目测法或土样分析
	2	基底土性	设计要求			

表5-4 管沟土方开挖工程的质量检验标准

项	序	项目	允许值或允许偏差		检查方法
			单位	数值	
主控项目	1	标高	mm	0 −50	水准测量
	2	长度、宽度(由设计中心线向两边量)	mm	+100 0	全站仪或用钢尺量
	3	坡率	设计值		目测法或用坡度尺检查
一般项目	1	表面平整度	mm	±20	用2m靠尺
	2	基底土性	设计要求		目测法或土样分析

表 5-5　地(路)面基层土方开挖工程的质量检验标准

项	序	项目	允许值或允许偏差		检查方法
			单位	数值	
主控项目	1	标高	mm	0 −50	水准测量
	2	长度、宽度(由设计中心线向两边量)	设计值		全站仪或用钢尺量
	3	坡率	设计值		目测法或用坡度尺检查
一般项目	1	表面平整度	mm	±20	用 2 m 靠尺
	2	基底土性	设计要求		目测法或土样分析

注：地(路)面基层的偏差只适用于直接在挖、填方上做地(路)面的基层。

4. 工程质量通病及防治措施

(1)边坡超挖。

质量通病　边坡面界面不平，出现较大凹陷，造成积水，使边坡坡度加大，影响边坡稳定。

防治措施

1)机械开挖应预留 0.3 m 厚，采用人工修坡。

2)松软土层应避免各种外界机械车辆等的扰动，并采取适当的保护措施。

3)加强测量复测，进行严格定位，在坡顶边脚设置明显标志和边线，并设专人检查。

(2)基土扰动。

质量通病　基坑挖好后，地基土表层局部或大部分出现松动、浸泡等情况，原土结构遭到破坏，造成承载力降低，基土下沉。

防治措施

1)基坑挖好后，立即浇筑混凝土垫层保护地基，不能立即浇筑垫层时，应预留一层 150～200 mm 厚土层不挖，待下一道工序开始后再挖至设计标高。

2)基坑挖好后，避免在基土上行驶施工机械和车辆或堆放大量材料。必要时，应铺路基箱或填道木保护。

3)基坑四周应做好排降水措施，降水工作应持续到基坑回填土完毕。雨期施工时，基坑应挖好一段浇筑一段混凝土垫层。冬期施工时，如基底不能浇筑垫层，应在表面进行适当覆盖保温，或预留一层 200～300 mm 厚土层后挖，以防冻胀。

(3)基底标高或土质不符合要求。

质量通病　基坑(槽)底标高不符合设计规定值；或基底持力土质不符合设计要求，或被人工扰动。前者会导致浅基础埋置深度不足或超挖；后者会导致持力层承载能力降低。其原因为：测量放线错误，导致基底标高不足或过深；或地质勘察资料与实际情况不符，虽已挖至设计规定深度，但土质仍不符合设计要求；或选用的施工机械和施工方法不当，造成超挖等。

防治措施

1)控制桩或标志板被碰撞或移动时，应及时复测纠正，防止标高出现误差。

2)采用机械开挖基坑(槽)，在基底以上应预留一层 200～300 mm 厚土方人工开挖，以防止超挖。

3)基坑(槽)挖至基底标高后应会同设计、监理(或建设)单位检查基底土质是否符合要求，并做隐蔽工程记录。若不符合要求，应一起协商处理。

4)当个别部位超挖时，应用与基土相同的土料填补，并夯至要求的密度，或用碎石类土填补夯实。

(4)基坑(槽)开挖遇流砂。

质量通病 当基坑(槽)开挖深于地下水水位 0.5 m 以下，采取坑内抽水时，坑(槽)底下面的土产生流动状态，随地下水一起涌进坑内，出现边挖边冒，无法挖深的现象。发生流砂时，土会完全失去承载力，不但会使施工条件恶化，严重时还会引起基础边坡塌方，附近建筑物会因地基被掏空而下沉、倾斜，甚至倒塌。

防治措施

1)防治方法主要是减小或平衡动水压力或使动水压力向下，使坑底土粒稳定，不受水压的干扰。

2)安排在全年最低水位季节施工，使基坑内动水压力减小。

3)采取水下挖土(不抽水或少抽水)，使坑内水压与坑外地下水水压相平衡或缩小水头差。

4)采用井点降水，使水位降至距基坑底 0.5 m 以上，使动水压力方向朝下，坑底土面保持无水状态。

5)沿基坑外围四周打板桩，深入坑底面下一定深度，增加地下水从坑外流入坑内的渗流路线和渗水量，减小动水压力；或采用化学压力注浆，固结基坑周围粉砂层，使其形成防渗帷幕。

6)往坑底抛大石块，增加土的压重和减小动水压力，同时组织人员快速施工。当基坑面积较小时，也可在四周设钢板护筒，随着挖土不断加深，直至穿过流砂层。

二、土方回填

(一)施工及材料质量控制

1. 材料质量要求

(1)土料：可采用就地挖出的黏性土及塑性指数大于 4 的粉土，土内不得含有松软杂质和耕植土；土料应过筛，其颗粒不应大于 15 mm；回填土含水量要符合压实要求。

(2)碎石类土、砂土和爆破石渣：可用于表层以下的填料，其最大颗粒不大于 50 mm。

2. 施工过程质量控制

(1)土方回填前应清除基底的垃圾、树根等杂物，基底有积水、淤泥时应将其抽除。

(2)查验回填土方的土质及含水量是否符合要求，填方土料应按设计要求验收后方可填入。

(3)土方在回填过程中，填筑厚度及压实遍数应根据土质、压实系数及所用机具确定。若无试验依据，应符合表 5-6 的规定。

表 5-6 填土施工时的分层厚度及压实遍数

压实机具	分层厚度/mm	每层压实遍数
平碾	250~300	6~8
振动压实机	250~350	3~4
柴油打夯机	200~250	3~4
人工打夯	<200	3~4

(4)基坑(槽)回填时应在相对两侧或四周同时进行回填和夯实。

(二)土方回填质量检验

(1)施工前应检查基底的垃圾、树根等杂物清除情况，测量基底标高、边坡坡率，检查验收基础外墙防水层和保护层等。回填料应符合设计要求，并应确定回填料含水量控制范围、铺土厚度、压实遍数等施工参数。

（2）施工中应检查排水系统、每层填筑厚度、辗迹重叠程度、含水量控制、回填土有机质含量、压实系数等。回填施工的压实系数应满足设计要求。当采用分层回填时，应在下层的压实系数经试验合格后进行上层施工。填筑厚度及压实遍数应根据土质、压实系数及压实机具确定。若无试验依据时，应符合表5-6的规定。

（3）施工结束后，应进行标高及压实系数检验。

（4）填方工程质量检验标准应符合表5-7、表5-8的规定。

表5-7　柱基、基坑、基槽、管沟、地(路)面基础层填方工程质量检验标准

项	序	项目	允许值或允许偏差		检查方法
			单位	数值	
主控项目	1	标高	mm	0 −50	水准测量
	2	分层压实系数	不小于设计值		环刀法、灌水法、灌砂法
一般项目	1	回填土料	设计要求		取样检查或直接鉴别
	2	分层厚度	设计值		水准测量及抽样检查
	3	含水量	最优含水率±2%		烘干法
	4	表面平整度	mm	±20	用2 m靠尺
	5	有机质含量	≤5%		灼烧减量法
	6	辗迹重叠长度	mm	500～1 000	用钢尺量

表5-8　场地平整填方工程质量检验标准

项	序	项目	允许值或允许偏差			检查方法
			单位	数值		
主控项目	1	标高	mm	人工	±30	水准测量
				机械	±50	
	2	分层压实系数	不小于设计值			环刀法、灌水法、灌砂法
一般项目	1	回填土料	设计要求			取样检查或直接鉴别
	2	分层厚度	设计值			水准测量及抽样检查
	3	含水量	最优含水率±4%			烘干法
	4	表面平整度	mm	人工	±20	用2 m靠尺
				机械	±30	
	5	有机质含量	≤5%			灼烧减量法
	6	辗迹重叠长度	mm	500～1 000		用钢尺量

(三)工程质量通病及防治措施

1. 填方基底处理不当

质量通病　填方基底未经处理，局部或大面积填方出现下陷，或发生滑移等现象。

防治措施

（1）回填土方基底上的草皮、淤泥、杂物应清除干净，积水应排除，耕土、松土应先经夯实处理，然后回填。

（2）填土场地周围做好排水措施，防止地表滞水流入基底而浸泡地基，造成基底土下陷。

（3）对于水田、沟渠、池塘和含水量很大的地段回填，基底应根据具体情况采取排水、疏干、挖去淤泥、换土、抛填片石、填砂砾石、翻松、掺石灰压实等处理措施，加固基底土体。

（4）当填方地面陡于 1/5 时，应先将斜坡挖成阶梯形，阶高为 0.2～0.3 m，阶宽大于 1 m 然后分层回填夯实，以利于合并防止滑动。

（5）冬期施工基底土体受冻易胀，应先解冻，夯实处理后再进行回填。

2. 回填土质不符合要求，密实度差

质量通病 基坑（槽）填土出现明显沉陷和不均匀沉陷，导致室内地坪开裂及室外散水坡裂断、空鼓、下陷。

防治措施

（1）填土前，应清除沟槽内的积水和有机杂物。当有地下水或滞水时，应采用相应的排水和降低地下水水位的措施。

（2）基槽回填顺序，应按基底排水方向由高至低分层进行。

（3）回填土料质量应符合设计要求和施工规范的规定。

（4）回填应分层进行，并逐层夯压密实。每层铺填厚度和压实要求应符合施工及验收规范的规定。

3. 基坑（槽）回填土沉陷

质量通病 基坑（槽）回填土局部或大片出现沉陷，造成靠墙地面、室外散水空鼓、下陷、建筑物基础积水，有的甚至引起建筑结构不均匀下沉，而出现裂缝。

防治措施

（1）基坑（槽）回填前，应将槽中积水排净，将淤泥、松土、杂物清理干净，如有地下水或地表滞水，应有排水措施。

（2）回填土采取分层回填、夯实。每层虚铺土厚度不得大于 300 mm。土料和含水量应符合规定。回填土密实度要按规定抽样检查，使其符合要求。

（3）填土土料中不得含有直径大于 50 mm 的土块，不应有较多的干土块，亟须进行下一道工序时，宜用 2：8 或 3：7 灰土回填夯实。

（4）如地基下沉严重并继续发展，应将基槽透水性大的回填土挖除，重新用黏土或粉质黏土等透水性较小的土回填夯实，或用 2：8 或 3：7 灰土回填夯实。

（5）如下沉较小并已稳定，可填灰土或黏土、碎石混合物夯实。

4. 基础墙体被挤动变形

质量通病 夯填基础墙两侧土方或用推土机送土时，将基础、墙体挤动变形，造成了基础墙体裂缝、破裂，轴线偏移，严重地影响了墙体的受力性能。

防治措施

（1）基础两侧用细土同时分层回填夯实，使受力平衡。两侧填土高差不超过 300 mm。

（2）如果暖气沟或室内外回填标高相差较大，回填土时可在另一侧临时加木支撑顶牢。

（3）基础墙体施工完毕，达到一定强度后再进行回填土施工。同时避免在单侧临时大量堆土、材料或设备，以及行走重型机械设备。

（4）对已造成基础墙体开裂、变形、轴线偏移等严重影响结构受力性能的质量事故，要会同设计部门，根据具体损坏情况，采取相应的加固措施（如填塞缝隙、加围套等），或将基础墙体局部或大部分拆除重砌。

任务二　地基及基础处理工程

地基与基础工程是建筑工程中重要的分部工程，任何一个建筑物或构筑物都是由上部结构、基础和地基三部分组成的。基础承受建筑物的全部荷载并将其传递给地基一起向下产生沉降；地基承受基础传来的全部荷载，并随土层深度向下扩散，被压缩而产生了变形。

地基是指基础下面承受建筑物全部荷载的土层，其关键指标是地基每平方米能够承受基础传递下来荷载的能力，称为地基承载力。地基分为天然地基和人工地基。天然地基是指不经过人工处理能直接承受房屋荷载的地基；人工地基是指由于土层较软弱或较复杂，必须经过人工处理，使其提高承载力才能承受房屋荷载的地基。

基础是指建筑物(构筑物)地面以下墙(柱)的扩大部分，根据埋置深度不同分为浅基础(埋深5 m以内)和深基础；根据受力情况分为刚性基础和柔性基础；按基础构造形式分为条形基础、独立基础、桩基础和整体式基础(筏形和箱形)。

任何建(构)筑物都必须有可靠的地基和基础。建筑物的全部质量(包括各种荷载)最终将通过基础传递给地基，所以，对某些地基的处理及加固就成为基础工程施工中的一项重要内容。

一、灰土地基、砂和砂石地基

(一)灰土地基、砂和砂石地基工程质量控制

地基工程施工
质量验收要求

1. 材料质量要求

(1)土料：优先采用就地挖出的黏土及塑性指数大于4的粉土。土内不得含有块状黏土、松软杂质等；土料应过筛，其颗粒不应大于15 mm，含水量应控制在最优含水量的±2%范围内。严禁采用冻土、膨胀土和盐渍土等活动性较强的土料及地表耕植土。

(2)石灰：应用Ⅲ级以上新鲜的块灰，氧化钙、氧化镁含量越高越好，使用前消解并过筛，其颗粒不得大于5 mm，并不得夹有未熟化的生石灰块及其他杂质或有过多的水分。

(3)灰土：石灰、土过筛后，应按设计要求严格控制配合比。灰土拌和应均匀一致，至少应翻2~3次，达到颜色一致。

(4)水泥：选用强度等级为42.5级硅酸盐水泥或普通硅酸盐水泥，其稳定性和强度应经复试合格。

(5)砂及砂石：采用中砂、粗砂、碎石、卵石、砾石等材料，所有的材料内不得含有草根、垃圾等有机杂质，碎石或卵石的最大粒径不宜大于50 mm。

2. 施工过程质量控制

(1)先验槽，将基坑(槽)内的积水、淤泥清除干净，合格后方可铺设。

(2)灰土配合比应符合设计规定，一般采用石灰与土的体积比为3∶7或2∶8。

(3)分段施工时，不得在转角、柱墩及承重窗间隔下面接缝。接头处应做成斜坡，每层错开0.5~1 m，并充分捣实。

(4)灰土的干密度或贯入度，应分层进行检验，检验结果必须符合设计要求。

(5)施工过程中应严格控制分层铺设的厚度，并检查分段施工时上下两层的搭接长度、夯压遍数、压实参数。灰土最大虚铺厚度见表5-9。

表 5-9　灰土最大虚铺厚度

序号	夯实机具	重量/t	厚度/mm	备注
1	石夯、木夯	0.04～0.08	200～250	人力送夯，落距 400～500 mm，每一夯压半夯
2	轻型夯实机械	—	200～250	蛙式或柴油打夯机
3	压路机	6～10	200～300	双轮静作用或振动压路机

(6)一层当天夯(压)不完需隔日施工留槎时，在留槎处保留 300～500 mm，虚铺灰土不夯(压)，待次日接槎时与新铺灰土拌和重铺后再进行夯(压)。

(7)需分段施工的灰土地基，留槎位置应避开墙角、柱基及承重的窗间墙位置。上下两层灰土的接缝间距不得小于 500 mm，接槎时应沿槎垂直切齐，接缝处的灰土应充分夯实。

(8)当灰土基层有高低差时，台阶上下层间压槎宽度应不小于灰土地基厚度。

(9)最优含水量可通过击实试验确定。一般为 14%～18%，以"手握成团、落地开花"为好。

(10)夯打(压)遍数应根据设计要求的干土密度和现场试验确定，一般不少于 3 遍。

(11)用蛙式打夯机夯打灰土时，要求是后行压前行的半行，循序渐进。用压路机碾压灰土，应使后遍轮压前遍轮印的半轮，循序渐进。用木夯或石夯进行人工夯打灰土，举夯高度不应小于 600 mm(夯底高过膝盖)，夯打程序分 4 步：夯倚夯，行倚行；夯打夯间，一夯压半夯；夯打行间，一行压半行；行间打夯，仍应一夯压半夯。

(12)灰土回填每层夯(压)实后，应根据规范进行环刀取样，测出灰土的质量密度，达到设计要求时，才能进行上一层灰土的铺摊。压实系数采用环刀法取土检验，压实质量应符合设计要求，压实标准一般取 0.95。

(二)灰土地基、砂和砂石地基质量检验

1. 灰土地基

(1)施工前应检查素土、灰土土料、石灰或水泥等配合比及灰土的拌和均匀性。

(2)施工中应检查分层铺设的厚度、夯实时的加水量、夯压遍数及压实系数。

(3)施工结束后，应进行地基承载力检验。

(4)素土、灰土地基的质量检验标准应符合表5-10的规定。

表 5-10　素土、灰土地基的质量检验标准

项	序	项目	允许值或允许偏差		检查方法
			单位	数值	
主控项目	1	地基承载力	不小于设计值		静载试验
	2	配合比	设计值		检查拌和时的体积比
	3	压实系数	不小于设计值		环刀法
一般项目	1	石灰粒径	mm	≤5	筛析法
	2	土料有机质含量	%	≤5	灼烧减量法
	3	土颗粒粒径	mm	≤15	筛析法
	4	含水量	最优含水率±2%		烘干法
	5	分层厚度	mm	±50	水准测量

2. 砂和砂石地基

（1）施工前应检查砂、石等原材料质量和配合比及砂、石拌和的均匀性。

（2）施工中应检查分层厚度、分段施工时搭接部分的压实情况、加水量、压实变数、压实系数。

（3）施工结束后，应进行地基承载力检验。

（4）砂和砂石的质量检验标准应符合表5-11的规定。

表5-11　砂和砂石地基质量检验标准

项	序	项目	允许值或允许偏差		检查方法
			单位	数值	
主控项目	1	地基承载力	不小于设计值		静载试验
	2	配合比	设计值		检查拌和时的体积比或质量比
	3	压实系数	不小于设计值		灌砂法、灌水法
一般项目	1	砂石料有机质含量	%	≤5	灼烧减量法
	2	砂石料含泥量	%	≤5	水洗法
	3	砂石粒粒径	mm	≤50	筛析法
	4	分层厚度	mm	±50	水准测量

（三）工程质量通病及防治措施

1. 灰土地基接槎处理不正确

质量通病　接槎位置不正确，接槎处灰土松散不密实；未分层留槎，接槎位置不符合规范要求；上、下两层接槎未错开500 mm以上，并做成直槎，导致接槎处强度降低，出现不均匀沉降，使上部建筑开裂。

防治措施　接槎位置应按规范规定位置留设；分段施工时，不得留在墙角、桩基及承重窗间墙下接缝，上、下两层的接缝距离不得小于500 mm，接缝处应夯压密实，并做成直槎；当灰土地基高度不同时，应做成阶梯形，每阶宽不少于500 mm；同时注意接槎质量，每层虚土应从留缝处往前延伸500 mm，夯实时应夯过接缝300 mm以上。

2. 砂和砂石地基用砂石级配不匀

质量通病　人工级配砂石地基中的配合比例是通过试验确定的，如不拌和均匀铺设，将使地基中存在不同比例的砂石料，甚至出现砂窝或石子窝，使密实度达不到要求，降低地基承载力，在荷载作用下产生不均匀沉陷。

防治措施　人工级配砂石料必须按体积比或质量比准确计量，用人工或机械拌和均匀，分层铺填夯压密实；应挖出不符合要求的部位，重新拌和均匀，再按要求铺填夯压密实。

3. 地基密实度达不到要求

灰土地基中，由于所使用的材料不纯，砂土地基中所使用的砂、石中含有草根、垃圾等杂质，分层虚铺土的厚度过大，未能根据所采用的夯实机具控制虚铺厚度而造成地基密实度达不到要求。因此，施工中应根据造成密实度不够的原因采取相应的预防和处理措施。

4. 虚铺土层厚度不均，接槎位置不正确

当灰土、砂和砂石地基基础分层、分段施工时，留槎的形状、位置、尺寸及接槎方法不符合要求。施工过程中应分析造成缺陷的具体原因，并根据缺陷原因采取相应的预防和处理措施。

二、水泥土搅拌桩复合地基

(一)水泥土搅拌桩复合地基工程质量控制

1. 材料质量要求

(1)水泥。水泥宜采用强度等级为 42.5 级的普通硅酸盐水泥。水泥进场时，应检查产品标签、生产厂家、产品批号、生产日期等，并按批量、批号取样送检。

(2)外渗剂。减水剂选用木质素磺酸钙；早强剂选用三乙醇胺、氯化钙、碳酸钠或二水玻璃等材料，掺入量通过试验确定。

2. 施工过程质量控制

(1)施工前应检查水泥及外掺剂的质量、搅拌机工作性能及各种计量设备(主要是水、水泥浆流量计及其他计量装置，水泥土搅拌对水泥压力量要求较高，必须在施工机械上配置流量控制仪表，以保证一定的水泥用量)完好程度。

(2)施工现场事先应予以平整，必须清除地上、地下一切障碍物。

(3)复核测量放线结果。

(4)水泥土搅拌桩工程施工前必须先施打试桩，根据试桩确定施工工艺。

(5)作为承重结构的水泥土搅拌桩施工时，设计停灰(浆)面应高出基础设计地面标高 300～500 mm(基础埋深大取小值；反之取大值)。在开挖基坑时，施工质量较差段应用手工挖除，防止发生桩顶与挖土机械碰撞而出现断桩现象。

(6)水泥土搅拌桩对水泥压力量要求较高，必须在施工机械上配置流量控制仪表，以保证水泥用量。

(7)施工过程中必须随时检查施工记录和计量记录(拌浆、输浆、搅拌等应有专人进行记录，桩深记录误差不大于 100 mm，时间记录不大于 5 s)，并对照规定的施工工艺对每根桩进行质量评定。检查重点是搅拌机头转数和提升速度、水泥或水泥浆用量、搅拌桩长度和标高、复搅转数和复搅深度、停浆处理方法等(水泥土搅拌桩施工过程中，为确保搅拌充分，使桩体质量均匀，搅拌机头提速不宜过快，否则会使搅拌桩体局部水泥量不足或水泥不能均匀地拌和在土中，导致桩体强度不一，因此，机头的提升速度是有规定的)。

(8)应随时检测搅拌刀头片的直径是否磨损，磨损严重时应及时加焊，防止桩径偏小。

(9)施工时因故停浆，应将搅拌头下沉至停浆点 500 mm 以下。

(10)施工结束后，应检查桩体强度、桩体直径及地基承载力。进行强度检验时，对承重水泥土搅拌桩应取 90 d 后的试样；对支护水泥土搅拌桩应取 28 d 后的试样。

(11)强度检验取 90 d 的试样是根据水泥土特性而定的，根据工程需要，如作为围护结构用的水泥搅拌桩受施工的影响因素较多，故检查数量略多于一般桩基。

(12)施工中固化剂应严格按预定的配合比拌制，并应有防离析措施。起吊应保证起吊设备的平整度和导向架的垂直度。成桩要控制搅拌机的提升速度和次数，使其连续、均匀，以控制注浆量，保证搅拌均匀，同时泵送必须连续。

(13)搅拌机预搅下沉时，不宜冲水；当遇到较硬土层下沉太慢时，可适量冲水，但应考虑冲水成桩对桩身强度的影响。

(二)水泥土搅拌桩复合地基质量检验

(1)施工前应检查水泥及外掺剂的质量、桩位、搅拌机工作性能，并应对各种计量设备进行检定或校准。

(2)施工中应检查机头提升速度、水泥浆或水泥注入量、搅拌桩的长度及标高。

(3)施工结束后，应检验桩体的强度和直径，以及单桩与复合地基的承载力。

(4)水泥土搅拌桩地基质量检验标准应符合表5-12的规定。

表5-12　水泥土搅拌桩地基质量检验标准

项	序	项目	允许值或允许偏差		检查方法
			单位	数值	
主控项目	1	复合地基承载力	不小于设计值		静载试验
	2	单桩承载力	不小于设计值		静载试验
	3	水泥用量	不小于设计值		查看流量表
	4	搅拌叶回转直径	mm	±20	用钢尺量
	5	桩长	不小于设计值		测钻杆长度
	6	桩身强度	不小于设计值		28 d试块强度或钻芯法
一般项目	1	水胶比	设计值		实际用水量与水泥等胶凝材料的质量比
	2	提升速度	设计值		测机头上升距离及时间
	3	下沉速度	设计值		测机头下沉距离及时间
	4	桩位	条基边桩沿轴线 ≤1/4D		全站仪或用钢尺量
			垂直轴线 ≤1/6D		
			其他情况 ≤2/5D		
	5	桩顶标高	mm	±500	水准测量，最上部500 mm浮浆层及劣质桩体不计入
	6	导向架垂直度	≤1/150		经纬仪测量
	7	褥垫层夯填度	≤0.9		水准测量

注：D为设计桩径(mm)。

(三)工程质量通病及防治措施

1. 搅拌不均匀，桩强度降低

质量通病　若在搅拌、注浆中途机械发生故障，将造成注浆不连续导致供水不均匀，使软黏土被扰动，无水泥浆拌和，从而造成桩体强度降低。

防治措施

(1)施工前应对搅拌机械、注浆设备、制浆设备等进行检查、维修，使其处于正常状态。

(2)灰浆拌合机搅拌时间一般不少于2 min，增加拌和次数，保证拌和均匀，勿使浆液沉淀。

(3)提高搅拌转数，降低钻进速度，边搅拌，边提升，提高拌和均匀性。

(4)拌制固化剂时不得任意加水，以防改变水胶比(水泥浆)，降低拌和强度。

2. 桩体直径偏小

质量通病　在施工操作时对桩位控制不严，使桩径和垂直度产生较大偏差，出现不合格的桩。

防治措施　施工中应严格控制桩位，使其偏差控制在允许范围内。当出现不合格桩时，应分别采取补桩或加强邻桩的措施。

三、水泥粉煤灰碎石桩复合地基

(一)水泥粉煤灰碎石桩复合地基工程质量控制

1. 材料质量要求

(1)水泥。水泥应选用强度为 42.5 级及以上普通硅酸盐水泥，材料进入现场时，应检查产品标签、生产厂家、产品批号、生产日期、有效期限等，并取样送检，经检验合格后方能使用。

(2)粉煤灰。用振动沉管灌注成桩和长螺旋钻孔灌注成桩施工时，粉煤灰可选用粗灰；用长螺旋钻孔管内泵压混合料灌注成桩时，为增加混合料的和易性和可泵性，宜选用细度不大于 45% 的Ⅲ级或Ⅲ级以上等级的粉煤灰(0.045 mm 方孔筛筛余百分比)。

(3)砂或石屑。中、粗砂粒径以 0.5～1 mm 为宜，石屑粒径以 2.5～10 mm 为宜，含泥量不大于 5%。

(4)碎石。质地坚硬，粒径不大于 16～31.5 mm，含泥量不大于 5%，且不得含泥块。

2. 施工过程质量控制

(1)一般选用钻孔或振动沉管成桩法和锤击沉管成桩法施工。

(2)施工前应进行成桩工艺和成桩质量试验，确定配合比、提管速度、夯填度、振动器振动时间、电动机工作电流等施工参数，以保证桩身连续和密度均匀。

(3)施工中应选用适宜的桩尖结构，保证顺利出料和有效地挤压桩孔内水泥粉煤灰碎石料。

(4)提拔钻杆(或套管)的速度必须与泵入混合料的速度相匹配，遇到饱和砂土和饱和粉土不得停机待料，否则容易产生缩颈或断桩、爆管的现象(长螺旋钻孔，管内压混合料成桩施工时，当混凝土泵停止泵灰后应降低拔管速度)，而且不同土层中提拔的速度不一样，砂性土、砂质黏土、黏土中提拔的速度为 1.2～1.5 m/min，在淤泥质土中应当放慢。桩顶标高应高出设计标高 0.5 m。由沉管方法成孔后时，应注意新施工桩对已制成桩的影响，避免挤桩。

(5)选用沉管法成桩时，要特别注意新施工桩对已制成桩的影响，避免侧向土体挤压发生桩身破坏。

(二)水泥粉煤灰碎石桩复合地基质量检验

(1)施工前应对入场的水泥、粉煤灰、砂及碎石等原材料进行检验。

(2)施工中应检查桩身混合料的配合比、坍落度和成孔深度、混合料充盈系数等。

(3)施工结束后，应对桩体质量、单桩及复合地基承载力进行检验。

(4)水泥粉煤灰碎石桩复合地基质量检验标准应符合表 5-13 的规定。

表 5-13 水泥粉煤灰碎石桩复合地基质量检验标准

项	序	项目	允许值或允许偏差		检查方法
			单位	数值	
主控项目	1	复合地基承载力	不小于设计值		静载试验
	2	单桩承载力	不小于设计值		静载试验
	3	桩长	不小于设计值		测桩管长度或用测绳测孔深
	4	桩径	mm	+50 0	用钢尺量
	5	桩身完整性	—		低应变检测
	6	桩身强度	不小于设计要求		28 d 试块强度

项	序	项目	允许值或允许偏差		检查方法
			单位	数值	
一般项目	1	桩位	条基边桩沿轴线	≤1/4D	全站仪或用钢尺量
			垂直轴线	≤1/6D	
			其他情况	≤2/5D	
	2	桩顶标高	mm	±500	水准测量,最上部500 mm劣质桩体不计入
	3	桩垂直度	≤1/100		经纬仪测桩管
	4	混合料坍落度	mm	160～220	坍落度仪
	5	混合料充盈系数	≥1.0		实际灌注量与理论灌注量的比
	6	褥垫层夯填度	≤0.9		水准测量

注:D为设计桩径(mm)。

(三)工程质量通病及防治措施

1. 缩颈、断桩

质量通病 由于土层变化,高水位的黏性土在振动作用下会产生缩颈;开槽及桩顶处理不好或冬期施工冻层与非冻层结合部易产生缩颈或断桩。

防治措施

(1)要严格按不同土层进行配料,搅拌时间要充分,每盘至少3 min。

(2)控制拔管速度,一般为1～2 m/min。用浮标观测(测每米混凝土灌量是否满足设计灌量)以找出缩颈部位,拔管1.5～2.0 m,留振20 s左右(根据地质情况掌握留振次数与时间或者不留振)。

(3)若出现缩颈或断桩,可采取扩颈方法或者加桩进行处理。

(4)混合料应注意做好季节施工,雨期防雨,冬期保温,并都要对其苦盖,保证贯入温度5 ℃(冬期按规范)。

(5)冬期施工,在冻层与非冻层结合部(超过结合部搭接1.0 m为好)要进行局部复打或局部翻插,克服缩颈或断桩。

2. 水泥粉煤灰碎石桩偏斜成桩,达不到设计深度

质量通病 地面不平坦、不实或遇到地下物、干硬黏土、硬夹层,致使桩体偏斜过大,成桩未达到设计深度。

防治措施

(1)施工前场地要平整压实(一般要求地面承载力为100～150 kN/m²),若雨期施工,地面较软,地面可铺垫一定厚度的砂卵石、碎石、灰土或选用路基箱。

(2)施工前要选择合格的桩管,桩管要双向校正(用垂球吊线或选用经纬仪成90°角校正),规范控制垂直度为0.5%～1.0%。

(3)放桩位点最好用钎探查找地下物(钎长为1.0～1.5 m),而过深的地下物则需用补桩或移桩位的方法处理。

(4)桩位偏差应在规范允许范围之内(10～20 mm)。

(5)遇到硬夹层造成沉桩困难或穿不过时,可选用射水沉管或用"植桩法"(先钻孔的孔径应小于或等于设计桩径)。

(6)沉管至干硬黏土层深度时,可采用先注水浸泡24 h以上再沉管的办法。

（7）遇到软硬土层交接处，沉降不均或滑移时，应设计研究采用缩短桩长或加密桩的办法等。

3. 粉煤灰地基用湿排灰直接铺设

质量通病　电厂湿排灰未经沥干，就直接运到现场进行铺设，其含水量往往大大超过最优含水量，不仅很难压实，达不到密实度要求，而且易形成橡皮土，使地基强度降低，建筑物产生附加沉降，引起下沉开裂。

防治措施

（1）铺设粉煤灰要选用Ⅲ级以上、含 SiO_2、Al_2O_3、Fe_2O_3 总量高的、颗粒粒径在 0.001～2.0 mm 的粉煤灰，不得混入植物、生活垃圾及其他有机杂质。粉煤灰进场，其含水量应控制在 31%±2% 范围内，或通过击穿试验确定。

（2）如含水量过大，需摊铺沥干后再碾压。

（3）夯实或碾压时，如出现"橡皮土"的现象，应暂停压实，可采取将地基开槽、翻松、晾晒或换灰等办法处理。

任务三　桩基工程

桩基是一种深基础，桩基一般由设置于土中的桩和承接上部结构的承台组成。桩基工程是地基与基础分部工程的子分部工程。根据类型不同，桩基工程可分为静力压桩、预应力离心管桩、钢筋混凝土预制桩、钢桩、混凝土灌注桩等分项工程。

一、钢筋混凝土预制桩

（一）钢筋混凝土预制桩工程质量控制

1. 材料质量要求

（1）粗集料。应采用质地坚硬的卵石、碎石，其粒径宜用 5～40 mm

基础工程施工
质量验收要求

连续级配，含泥量不大于2%，无垃圾及杂物。

（2）细集料。应选用质地坚硬的中砂，含泥量不大于3%，无有机物、垃圾、泥块等杂物。

（3）水泥。宜用强度等级为 42.5 级的硅酸盐水泥或普通硅酸盐水泥，使用前必须有出厂质量证明书和水泥现场取样复试试验报告，合格后方准使用。

（4）钢筋。应具有出厂质量证明书和钢筋现场取样复试试验报告，合格后方准使用。

（5）拌合用水。一般饮用水或洁净的自然水。

（6）混凝土配合比。用现场材料，按设计要求强度和经实验室试配后出具的混凝土配合比进行配合。

（7）钢筋骨架。钢筋骨架应符合相关规定，见表 5-14。

表 5-14　预制桩钢筋骨架的允许偏差

项次	项目	允许偏差/mm
1	主筋间距	±5
2	桩尖中心线	10
3	箍筋间距或螺旋筋的螺距	±20

项次	项目	允许偏差/mm
4	吊环沿纵轴线方向	±20
5	吊环沿垂直于纵轴线方向	±20
6	吊环露出桩表面的高度	±10
7	主筋距桩顶距离	±5
8	桩顶钢筋网片位置	±10
9	多节桩桩顶预埋件位置	±3

（8）成品桩检查。采用工厂生产的成品桩时，由于成品桩在运输过程中容易碰坏，因此，桩进场后应对其外观及尺寸进行检查，要有产品合格证书。

2. 施工过程质量控制

（1）预制桩钢筋骨架质量控制。

1）桩主筋可采用对焊或电弧焊，同一截面的主筋接头不得超过50%，相邻主筋接头截面的距离应大于 $35d$ 且不小于 500 mm。

2）为了防止桩顶击碎，桩顶钢筋网片位置要严格按图施工，并采取措施使网片位置固定正确、牢固。保证混凝土浇筑时不移位；浇筑预制桩混凝土时，从桩顶开始浇筑，要保证桩顶和桩尖不积聚过多的砂浆。

3）为防止锤击时桩身出现纵向裂缝，导致桩身击碎被迫停锤，预制桩钢筋骨架中主筋距桩顶的距离必须严格控制，绝不允许出现主筋距桩顶面过近甚至触及桩顶的质量问题。

4）预制桩分段长度的确定。在掌握地层土质的情况下，决定分段桩长度时要避开桩，应接近硬持力层或桩尖处于硬持力层中接桩，防止桩尖停在硬层内接桩，电焊接桩应抓紧时间，以免耗时长，桩摩阻得到恢复，使桩下沉产生困难。

（2）混凝土预制桩的起吊、运输和堆存质量控制。

1）预制桩达到设计强度70%方可起吊，达到100%才能运输。

2）桩水平运输，应用运输车辆，严禁在场地上直接拖拉桩身。

3）垫木和吊点应保持在同一横断面上，且各层垫木上下对齐，防止垫木参差不齐而桩被剪切断裂。

4）根据许多工程的实践经验，只有龄期和强度都达到标准的预制桩，才能顺利打入土中，很少打裂。沉桩应做到强度和龄期双控制。

（3）混凝土预制桩接桩施工质量控制。

1）硫黄胶泥锚接法仅适用于软土层，管理和操作要求较严；一级建筑桩基或承受拔力的桩应慎用。

2）焊接接桩材料：钢板宜用低碳钢，焊条宜用 E43；焊条使用前必须经过烘焙，降低烧焊时含氢量，防止焊缝产生气孔而降低其强度和韧性；焊条烘焙应有记录。

3）焊接接桩时，应先将四角点焊固定，焊接必须对称进行以保证设计尺寸正确，使上下节桩对正。

（4）混凝土预制桩沉桩质量控制。

1）沉桩顺序是打桩施工方案的一项十分重要的内容，必须正确选择、确定，避免桩位偏移、上拔、地面隆起过多、邻近建筑物破坏等事故发生。

2）沉桩中停止锤击应根据桩的受力情况确定，摩擦型桩以标高为主，贯入度为辅，而端承型桩应以贯入度为主,标高为辅,并进行综合考虑。当两者差异较大时,应会同各参与方进行研究,共同确定停止锤击桩标准。

3)为避免或减少沉桩挤土效应和对邻近建筑物、地下管线的影响,在施打大面积密集桩群时,应采取预钻孔,设置袋装砂井或塑料排水板,消除部分超孔隙水压力以减少挤土现象,设置隔离板桩或地下连续墙,开挖地面防振沟以消除部分地面振动等辅助措施。无论采取一种还是多种措施,在沉桩前都应对周围建筑、管线进行原始状态观测数据记录,在沉桩过程应加强观测和监护,每天在监测数据的指导下进行沉桩以做到有备无患。

4)插桩是保证桩位正确和桩身垂直度的重要开端,插桩应控制桩的垂直度,并应逐桩记录,以备核对查验,避免打偏。

(二)钢筋混凝土预制桩质量检验

(1)施工前应检验成品桩构造尺寸及外观质量。

(2)施工中应检验接桩质量、锤击及静压的技术指标、垂直度以及桩顶标高等。

(3)施工结束后应对承载力及桩身完整性等进行检验。

(4)钢筋混凝土预制桩质量检验标准应符合表 5-15～表 5-17 的规定。

表 5-15　锤击预制桩质量检验标准

项	序	项目	允许值或允许偏差		检查方法
			单位	数值	
主控项目	1	承载力	不小于设计值		静载试验、高应变法等
	2	桩身完整性	—		低应变法
一般项目	1	成品桩质量	表面平整,颜色均匀,掉角深度小于 10 mm,蜂窝面积小于总面积的 0.5%		查产品合格证
	2	桩位	见表 5-16		全站仪或用钢尺量
	3	电焊条质量	设计要求		查产品合格证
	4	接桩:焊缝质量	见《建筑地基基础工程施工质量验收标准》(GB 50202—2018)中表 5.10.4		见《建筑地基基础工程施工质量验收标准》(GB 50202—2018)中表 5.10.4
		电焊结束后停歇时间	min	≥8(3)	用表计时
		上下节平面偏差	mm	≤10	用钢尺量
		节点弯曲矢高	同桩体弯曲要求		用钢尺量
	5	收锤标准	设计要求		用钢尺量或查沉桩记录
	6	桩顶标高	mm	±50	水准测量
	7	垂直度	≤1/100		经纬仪测量

注:括号中为采用二氧化碳气体保护焊时的数值。

表 5-16　预制桩(钢桩)的桩位允许偏差

序	检查项目		允许偏差/mm
1	带有基础梁的桩	垂直基础梁的中心线	≤100+0.01H
		沿基础梁的中心线	≤150+0.01H

序		检查项目	允许偏差/mm
2	承台桩	桩数为 1～3 根桩基中的桩	≤100+0.01H
		桩数大于或等于 4 根桩基中的桩	≤1/2 桩径+0.01H 或 1/2 长+0.01H

表 5-17　静压预制桩质量检验标准

项目	序	项目	允许值或允许偏差		检查方法
			单位	数值	
主控项目	1	承载力	不小于设计值		静载试验、高应变法等
	2	桩身完整性	—		低应变法
一般项目	1	成品桩质量	表面平整，颜色均匀，掉角深度小于 10 mm，蜂窝面积小于总面积的 0.5%		查产品合格证
	2	桩位	见表 5-16		全站仪或用钢尺量
	3	电焊条质量	设计要求		查产品合格证
	4	接桩：焊缝质量	见《建筑地基基础工程施工质量验收标准》(GB 50202—2018)中表 5.10.4		见《建筑地基基础工程施工质量验收标准》(GB 50202—2018)中表 5.10.4
		电焊结束后停歇时间	min	≥6(3)	用表计时
		上下节平面偏差	mm	≤10	用钢尺量
		节点弯曲矢高	同桩体弯曲要求		用钢尺量
	5	终压标准	设计要求		现场实测或查沉桩记录
	6	桩顶标高	mm	±50	水准测量
	7	垂直度	≤1/100		经纬仪测量
	8	混凝土灌芯	设计要求		查灌注量

注：电焊结束后停歇时间项括号中为采用二氧化碳气体保护焊时的数值。

(三)工程质量通病及防治措施

1. 桩顶加强钢筋网片互相重叠或距桩顶距离大

质量通病　桩顶钢筋网片重叠在一起或距桩顶距离超过设计要求，易使网片间和桩顶部混凝土击碎，露出钢筋骨架，无法继续打(沉)桩。

防治措施　桩顶网片按图 5-1 均匀设置，并用电焊与主筋焊连，防止振捣时位移。

网片的四角或中间用长短不同的连接钢筋与钢筋骨架连接，如图 5-1 所示。

2. 桩顶钢筋骨架主筋布置不符合要求

质量通病　混凝土预制桩钢筋骨架的主筋距桩顶距离过小或触及桩顶。锤击沉桩或压桩时，压力直接传至主筋，桩身出现纵向裂缝。

防治措施　主筋距桩顶距离按设计图施工，主筋长度按负偏差−10 mm 执行，不准出现正偏差。

3. 桩顶位移或桩身上浮、涌起

质量通病　在沉桩过程中，相邻的桩产生横向位移或桩身上涌，影响和降低桩的承载力。

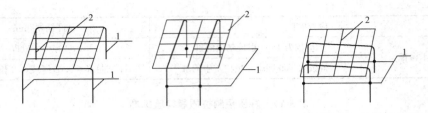

图 5-1　桩顶网片伸出钢筋与主筋焊接图
1—从三片网片伸出连接主筋的钢筋；2—网片

防治措施

(1)沉桩两个方向吊线坠检查垂直度；桩不正及桩尖不在桩纵轴线上时不宜使用，一节桩的细长比不宜超过40。

(2)应注意打桩顺序，同时避免打桩期间同时开挖基坑，一般宜间隔414d(d 为桩直径)，以消除孔隙压力，避免桩位移或涌起。

(3)位移过大，应拔出，移位再打；位移不大，可用木架顶正，再慢锤打入；障碍物埋设不深，可挖出回填后再打；上浮、涌起量大的桩应重新打入。

4. 接桩处松脱开裂、接长桩脱桩

质量通病　接桩处经过锤击后，出现松脱开裂等现象；长桩打入施工完毕检查完整性时，发现有的桩出现脱节现象(拉开或错位)，降低和影响桩的承载能力。

防治措施

(1)连接处的表面应清理干净，不得留有杂质、雨水和油污等。

(2)采用焊接或法兰连接时，连接铁件及法兰表面应平整，不能有较大间隙，否则极易造成焊接不牢或螺栓拧不紧。

(3)采用硫黄胶泥接桩时，硫黄胶泥配合比应符合设计规定，严格按操作规程熬制，温度控制要适当。

(4)上、下节桩双向校正后，其间隙用薄铁板填实焊牢，所有焊缝要连续饱满，按焊接质量要求操作。

(5)对因接头质量引起的脱桩，若未出现错位情况，属有修复可能的缺陷桩。当成桩完成，土体扰动现象消除后，采用复打方式，可弥补缺陷、恢复功能。

(6)对遇到复杂地质情况的工程，为避免出现桩基质量问题，可改变接头方式，如用钢套方法，接头部位设置抗剪键，插入后焊死，可有效防止脱开。

二、钢筋混凝土灌注桩

(一)钢筋混凝土灌注桩

1. 材料质量要求

(1)粗集料。粗集料应选用质地坚硬的卵石或碎石，卵石粒径≤50 mm，碎石≤40 mm，含泥量≤2%，无杂质。

(2)细集料。细集料应选用质地坚硬的中砂，含泥量≤5%，无杂物。

(3)水泥。水泥宜用42.5级的普通硅酸盐水泥或硅酸盐水泥，见证复试合格后方准使用，严禁用快硬水泥浇筑水下混凝土。

(4)钢筋。钢筋应有出厂合格证,见证复试合格后方准使用。

2. 施工过程质量控制

混凝土灌注桩的质量检验应较其他类桩严格,这是工艺本身的要求,由其引发的工程事故也较多,因此,要事先落实监测手段。

(1)施工前,施工单位应根据工程具体情况编制专项施工方案;监理单位应编制确实可行的监理实施细则。

(2)灌注桩施工,应先做好建筑物的定位和测量放线工作,施工过程中应对每根桩位复查(特别是定位桩的位置),以确保桩位。

(3)施工前应对水泥、砂、石子、钢材等原材料进行检查,也应对进场的机械设备、施工组织设计中制定的施工顺序、检测手段进行检查。

(4)桩施工前,应进行"试成孔"。试孔桩的数量每个场地不少于两个,通过试成孔检查核对地质资料、施工参数及设备运转情况。

(5)试孔结束后应检查孔径、垂直度、孔壁稳定性等是否符合设计要求。

(6)检查建筑物位置和工程桩位轴线是否符合设计要求。应对每根桩位复核,桩位的放样允许偏差如下:群桩 20 mm,单排桩 10 mm,泥浆护壁成孔桩应检查护筒的埋设位置;人工挖孔灌注桩应检查护壁井圈的位置。

(7)在施工过程中必须随时检查施工记录,并对照规定的施工工艺对每根桩进行质量检查。检查重点是:成孔、沉渣厚度(二次清孔后的结果)、放置钢筋笼、灌注混凝土等,人工挖孔桩尚应复验孔底持力层土(岩)性。嵌岩桩必须有桩端持力层的岩性报告。

(8)泥浆护壁成孔桩成孔过程要检查钻机就位的垂直度和平面位置,开孔前对钻头直径和钻具长度进行量测,并记录备查,检查护壁泥浆的相对密度及成孔后沉渣的厚度。

(9)人工挖孔桩在挖孔过程中要随时检查护壁的位置、垂直度,及时纠偏。上下节护壁的搭接长度大于 50 mm。挖至设计标高后,检查孔壁、孔底情况,要及时清除孔壁上的渣土淤泥、孔底的残渣、积水。

(二)泥浆护壁成孔灌注桩质量检验

(1)施工前应检验灌注桩的原材料及桩位处的地下障碍物处理资料。

(2)施工中应对成孔、钢筋笼制作与安装、水下混凝土灌注等各项质量指标进行检查验收;嵌岩桩应对桩端的岩性和入岩深度进行检验。

(3)施工后应对桩身完整性、混凝土强度及承载力进行检验。

(4)泥浆护壁成孔灌注桩质量检验标准应符合表 5-18 的规定。

表 5-18　泥浆护壁成孔灌注桩质量检验标准

项	序	项目	允许值或允许偏差		检查方法
			单位	数值	
主控项目	1	承载力	不小于设计值		静载试验
	2	孔深	不小于设计值		用测绳或井径仪测量
	3	桩身完整性	—		钻芯法,低应变法,声波透射法
	4	混凝土强度	不小于设计值		28 d 试块强度或钻芯法
	5	嵌岩深度	不小于设计值		取岩样或超前钻孔取样

项	序	项目		允许值或允许偏差		检查方法
				单位	数值	
一般项目	1	垂直度		见表 5-19		用超声波或井径仪测量
	2	孔径		见表 5-19		用超声波或井径仪测量
	3	桩位		见表 5-19		全站仪或用钢尺量开挖前量护筒，开挖后量桩中心
	4	泥浆指标	比重（黏土或砂性土中）		1.10～1.25	用比重计测，清孔后在距孔底 500 mm 处取样
			含砂率	%	≤8	洗砂瓶
			黏度	s	18～28	黏度计
	5	泥浆面标高（高于地下水水位）		m	0.5～1.0	目测法
	6	钢筋笼质量	主筋间距	mm	±10	用钢尺量
			长度	mm	±100	用钢尺量
			钢筋材质检验		设计要求	抽样送检
			钢筋间距	mm	±20	用钢尺量
			笼直径	mm	±10	用钢尺量
	7	沉渣厚度	端承桩	mm	≤50	用沉渣仪或重锤测
			摩擦桩	mm	≤150	
	8	混凝土坍落度		mm	180～220	坍落度仪
	9	钢筋笼安装深度		mm	+100，0	用钢尺量
	10	混凝土充盈系数			≥1.0	实际灌注量与计算灌注量之比
	11	桩顶标高		mm	+30，−50	水准测量，需扣除桩顶浮浆层及劣质桩体
	12	后注浆	注浆终止条件		注浆量不小于设计要求	查看流量表
					注浆量不小于设计要求80%，且注浆压力达到设计值	在看流量表，检查压力表读数
			水胶比		设计值	实际用水量与水泥等胶凝材料的质量比
	13	扩底桩	扩底直径		不小于设计值	井径仪测量
			扩底高度		不小于设计值	

（5）灌注桩的桩径、垂直度及桩位允许偏差应符合表 5-19 的规定。

表 5-19　灌注桩的桩径、垂直度及桩位允许偏差

序	成孔方法		桩径允许偏差/mm	垂直度允许偏差	桩位允许偏差/mm
1	泥浆护壁钻孔桩	$D<1\ 000$ mm	≥0	≤1/100	≤70+0.01H
2		$D≥1\ 000$ mm			≤100+0.01H

序	成孔方法		桩径允许偏差/mm	垂直度允许偏差	桩位允许偏差/mm
3	套管成孔灌注桩	$D<500$ mm	≥ 0	$\leq 1/100$	$\leq 70+0.01H$
4		$D\geq 500$ mm			$\leq 100+0.01H$
5	干成孔灌注桩		≥ 0	$\leq 1/100$	$\leq 70+0.01H$
6	人工挖孔桩		≥ 0	$\leq 1/200$	$\leq 50+0.005H$

注：1. H 为桩基施工面至设计桩顶的距离(mm)；
  2. D 为设计桩径(mm)。

(三)工程质量通病及防治措施

1. 钻孔出现偏移、倾斜

质量通病 成孔后不直，出现较大的垂直偏差，降低桩的承载能力。

防治措施

(1)安装钻机时，要对导杆进行水平和垂直校正，检修钻孔设备，如钻杆弯曲，应及时调换或更换；遇软硬土层、倾斜岩层或砂卵石层应控制进尺，低速钻进。

(2)桩孔偏斜过大时，可填入石子、黏土重新钻进，控制钻速，慢速上下提升、下降，往复扫孔纠正；如遇探头石，宜用钻机钻透；用冲击钻时，宜用低锤密击，把石块击碎；如遇倾斜基岩时，可投入块石，使表面略平，再用冲锤密打。

2. 灌注桩出现脚桩、断桩

质量通病 成孔后，桩身下部局部没有混凝土或夹有泥土形成吊脚桩；水下灌注混凝土，桩截面上存在泥夹层造成断桩。以上这两类情形会导致桩的整体性被破坏，影响桩承载力。

防治措施

(1)做好清孔工作，达到要求立即灌注桩混凝土，控制间歇不超过 4 h。注意控制泥浆密度，同时使孔内水位经常保持高于孔外水位 0.5 m 以上，以防止塌孔。

(2)力争首批混凝土一次浇灌成功；钻孔选用较大密度和黏度、胶体率好的泥浆护壁；控制进尺速度，保持孔壁稳定。导管接头应用方螺纹连接，并设橡胶圈密封严密；孔口护筒不应埋置太浅；下钢筋笼骨架过程中，不应碰撞孔壁；施工时突然下雨，要力争一次性灌注完成。

(3)灌注桩孔壁严重塌方或导管无法拔出形成断桩，可在一侧补桩；深度不大可挖出，对断桩处作适当处理后，支模重新浇筑混凝土。

3. 扩大头偏位

质量通病 由于扩大头处土质不均匀，或者雷管和炸药放置的位置不正，或者由于引爆程序不当而造成扩大头不在规定的桩孔中心而偏向一边。

防治措施 为避免扩大头偏位，在选择扩孔位置的土层时，要求选择强度较高、土质均匀的土层作为扩大头的持力层；同时在爆扩时，雷管要垂直放于药包的中心，药包放于孔底中心并稳固好，当孔底不平时，应铺干砂垫平再放药包，以防止爆扩后扩大头偏位。爆扩大头后，一般第一次灌注的混凝土量填不满扩大头的空腔，因此可用测孔器测出扩大头是否有偏头现象。如发生偏头事故，可在偏头的后方孔壁边再放一小药包，并浇灌少量混凝土，进行补充爆扩。

任务四　地下防水工程

地下防水工程施工是建设工程中的重要组成部分。通过对防水材料的合理选择与施工，使建筑工程能够预防浸水和渗漏发生，以确保工程建设充分发挥其使用功能，延长其使用寿命。因此，地下防水工程的施工必须严格遵守有关操作规定，切实保证工程质量。

一、防水混凝土工程

地下水控制施工
质量验收要求

（一）防水混凝土工程质量控制

1. 材料质量要求

（1）水泥。水泥宜采用普通硅酸盐水泥或硅酸盐水泥，其强度等级不应低于42.5级。采用其他品种水泥时应经试验确定。不得使用过期或受潮结块水泥。

（2）集料。石子采用碎石或卵石，粒径宜为5～40 mm，含泥量不得大于1.0%，泥块含量不得大于0.5%。砂宜用中砂，含泥量不得大于3.0%，泥块含量不得大于1.0%。

（3）水。混凝土拌合用水应符合有关规定。

（4）外加剂。外加剂的选择应符合下列规定：

1）外加剂的品种和用量应经试验确定，所用外加剂应符合现行国家标准《混凝土外加剂应用技术规范》（GB 50119—2013）的质量规定；

2）掺加引气剂或引气型减水剂的混凝土，其含气量宜控制在3%～5%；

3）考虑外加剂对硬化混凝土收缩性能的影响。

（5）粉煤灰。粉煤灰的级别不应低于Ⅱ级，烧失量不应大于5%；硅粉的比表面积不应小于15 000 m²/kg，SiO_2含量不应小于85%；粒化高炉矿渣粉的品质要求应符合现行国家标准《用于水泥、砂浆和混凝土中的粒化高炉矿渣粉》（GB/T 18046—2017）的有关规定。

2. 施工过程质量控制

（1）施工配合比应通过试验确定，抗渗等级应比设计要求和试配要求提高一级。

（2）拌制混凝土所用材料的品种、规格和用量，每工作班检查不应少于两次。每盘混凝土组成材料计量结果的允许偏差应符合表5-20的规定。

表5-20　混凝土组成材料计量结果的允许偏差　　　　　　　　　　%

混凝土组成材料	每盘计量	累计计量
水泥、掺合料	±2	±1
粗、细集料	±3	±2
水、外加剂	±2	±1
注：累计计量仅适用于微机控制计量的搅拌站。		

（3）混凝土在浇筑地点的坍落度，每工作班至少检查两次，坍落度试验应符合现行国家标准《普通混凝土拌合物性能试验方法标准》（GB/T 50080—2016）的有关规定。混凝土坍落度允许偏差应符合表5-21的规定。

表 5-21　混凝土坍落度允许偏差　　　　　　　　　　　　　　mm

要求坍落度	允许偏差
≤100	±10
50～90	±15
>90	±20

（4）混凝土在交货地点的入泵坍落度，每工作班至少检查两次。混凝土入泵时的坍落度允许偏差应符合表 5-22 的规定。

表 5-22　混凝土入泵时的坍落度允许偏差

所需坍落度/mm	允许偏差/mm
≤40	±20
>100	±30

（5）若防水混凝土拌合物在运输后出现离析，必须进行二次搅拌。当坍落度损失后不能满足施工要求时，应加入原水胶比的水泥浆或掺加同品种的减水剂进行搅拌，严禁直接加水。

（6）防水混凝土的振捣必须采用机械振捣，振捣时间不应少于 2 min。掺外加剂的应根据外加剂的技术要求确定搅拌时间。

（二）防水混凝土质量检验

主控项目

（1）防水混凝土的原材料、配合比及坍落度必须符合设计要求。

检验方法：检查产品合格证、产品性能检测报告、计量措施和材料进场检验报告。

（2）防水混凝土的抗压强度和抗渗性能必须符合设计要求。

检验方法：检查混凝土抗压强度、抗渗性能检验报告。

（3）防水混凝土结构的施工缝、变形缝、后浇带、穿墙管、埋设件等设置和构造必须符合设计要求。

检验方法：观察检查和检查隐蔽工程验收记录。

一般项目

（1）防水混凝土结构表面应坚实、平整，不得有露筋、蜂窝等缺陷；埋设件位置应准确。

检验方法：观察检查。

（2）防水混凝土结构表面的裂缝宽度不应大于 0.2 mm，且不得贯通。

检验方法：用刻度放大镜检查。

（3）防水混凝土结构厚度不应小于 250 mm，其允许偏差应为 -5～$+8$ mm；主体结构迎水面钢筋保护层厚度不应小于 50 mm，其允许偏差应为 ±5 mm。

检验方法：尺量检查和检查隐蔽工程验收记录。

（三）工程质量通病及防治措施

质量通病　若防水混凝土厚度小（不足 250 mm），则其透水通路短，地下水易从防水混凝土中通过，当混凝土内部的阻力小于外部水压时，混凝土就会发生渗漏。

防治措施　防水混凝土能防水，除混凝土密实性好、开放孔少、孔隙率小外，还必须具有一定厚度，以延长混凝土的透水通路，加大混凝土的阻水截面，使混凝土中水的蒸发量小于地下水的渗水量，混凝土则不会发生渗漏。综合考虑现场施工的不利条件及钢筋的引水作用等因素，防水混凝土结构的最小厚度必须大于 250 mm，才能抵抗地下压力水的渗透作用。

二、卷材防水工程

(一)卷材防水工程质量控制

1. 材料质量要求

(1)卷材防水层应采用高聚物改性沥青类防水卷材和合成高分子类防水卷材。所选用的基层处理剂、胶粘剂、密封材料等均应与铺贴的卷材相匹配。

(2)卷材外观质量、品种规格应符合现行国家标准或行业标准；卷材及其胶粘剂应具有良好的耐水性、耐久性、耐刺穿性、耐腐蚀性和耐菌性。

(3)材料通常应提供质量证明文件，并按规定现场随机取样进行复检，复检合格方可用于工程。

2. 施工过程质量控制

(1)铺贴防水卷材前，基面应干净、干燥，并应涂刷基层处理剂；当基面潮湿时，应涂刷湿固化型胶粘剂或潮湿界面隔离剂。

(2)基层阴阳角应做成圆弧或 45°坡角，其尺寸应根据卷材品种确定；在转角处、变形缝、施工缝、穿墙管等部位应铺贴卷材加强层，加强层宽度不应小于 500 mm。

(3)防水卷材的搭接宽度应符合表 5-23 的规定。铺贴双层卷材时，上、下两层和相邻两幅卷材的接缝应错开 1/3~1/2 幅宽，且两层卷材不得相互垂直铺贴。

表 5-23　防水卷材的搭接宽度

卷材品种	搭接宽度/mm
弹性体改性沥青防水卷材	100
改性沥青聚乙烯胎防水卷材	100
自粘聚合物改性沥青防水卷材	80
三元乙丙橡胶防水卷材	100/60(胶粘剂/胶粘带)
聚氯乙烯防水卷材	60/80(单焊缝/双焊缝)
	100(胶粘剂)
聚乙烯丙纶复合防水卷材	100(黏结料)
高分子自粘胶膜防水卷材	70/80(自粘胶/胶粘带)

(4)冷粘法铺贴卷材应符合下列规定：

1)胶粘剂应涂刷均匀，不得露底、堆积。

2)根据胶粘剂的性能，应控制胶粘剂涂刷与卷材铺贴的间隔时间。

3)铺贴时不得用力拉伸卷材，排除卷材下面的空气，辊压粘贴牢固。

4)铺贴卷材应平整、顺直，搭接尺寸准确，不得扭曲、皱折。

5)卷材接缝部位应采用专用胶粘剂或胶粘带满粘，接缝口应用密封材料封严，其宽度不应小于 10 mm。

(5)热熔法铺贴卷材应符合下列规定：

1)火焰加热器加热卷材应均匀，不得加热不足或烧穿卷材。

2)卷材表面热熔后应立即滚铺，排除卷材下面的空气，并粘贴牢固。

3)铺贴卷材应平整、顺直,搭接尺寸准确,不得扭曲、皱折。

4)卷材接缝部位应溢出热熔的改性沥青胶料,并粘贴牢固,封闭严密。

(6)自粘法铺贴卷材应符合下列规定:

1)铺贴卷材时,应将有黏性的一面朝向主体结构。

2)外墙、顶板铺贴时,排除卷材下面的空气,辊压粘贴牢固。

3)铺贴卷材应平整、顺直,搭接尺寸准确,不得扭曲、皱折和起泡。

4)立面卷材铺贴完成后,应将卷材端头固定,并用密封材料封严。

5)低温施工时,宜对卷材和基面采用热风适当加热,然后铺贴卷材。

(二)卷材防水工程质量检验

主控项目

(1)卷材防水层所用卷材及其配套材料必须符合设计要求。

检验方法:检查产品合格证、产品性能检测报告和材料进场检验报告。

(2)卷材防水层在转角处、变形缝、施工缝、穿墙管等部位的做法必须符合设计要求。

检验方法:观察检查和检查隐蔽工程验收记录。

一般项目

(1)卷材防水层的搭接缝应粘贴或焊接牢固,密封严密,不得有扭曲、折皱、翘边和起泡等缺陷。

检验方法:观察检查。

(2)采用外防外贴法铺贴卷材防水层时,立面卷材接槎的搭接宽度,高聚物改性沥青类卷材应为 150 mm,合成高分子类卷材应为 100 mm,且上层卷材应盖过下层卷材。

检验方法:观察和尺量检查。

(3)侧墙卷材防水层的保护层与防水层应结合紧密,保护层厚度应符合设计要求。

检验方法:观察和尺量检查。

(4)卷材搭接宽度的允许偏差应为 −10 mm。

检验方法:观察和尺量检查。

(三)工程质量通病及防治措施

质量通病 如在潮湿基层上铺贴卷材防水层,则会使卷材防水层与基层黏结困难,易产生空鼓现象,立面卷材还会下坠。

防治措施

(1)为保证黏结质量,当主体结构基面潮湿时,应涂刷湿固化型胶粘剂或潮湿界面隔离剂,以不影响胶粘剂固化和封闭隔离湿气。

(2)选用的基层处理剂必须与卷材及胶粘剂的材性相容才能粘贴牢固。

(3)基层处理剂可以采取喷涂法或涂刷法施工,喷涂应均匀一致,不得露底,为确保其黏结质量,必须待表面干燥后,方可铺贴防水卷材。

三、涂料防水工程

(一)涂料防水工程质量控制

1. 材料质量要求

(1)涂料防水层材料分为有机防水涂料和无机防水涂料。前者宜用于结构主体迎水面;后者宜用于结构主体的迎水面或背水面。

（2）有机防水涂料应采用反应型、水乳型、聚合物水泥等涂料；无机防水涂料应采用掺外加剂、掺合料的水泥基防水涂料或水泥基渗透结晶型防水涂料。

（3）有机防水涂料基面应干燥。当基面较潮湿时，应涂刷湿固化型胶粘剂或潮湿界面隔离剂；无机防水涂料施工前，基面应充分润湿，但不得有明水。

2. 施工过程质量控制

（1）涂刷施工前，应对基层表面的气孔、凹凸不平、蜂窝、缝隙、起砂等进行修补处理，基面必须干净、无浮浆、无水珠、不渗水。

（2）涂料涂刷前应先在基面上涂一层与涂料相溶的基层处理剂。

（3）多组分涂料应按配合比准确计量，搅拌均匀，并应根据有效时间确定每次配制的用量。

（4）涂料应分层涂刷或喷涂，涂层应均匀，涂刷应待前遍涂层干燥成膜后进行。每遍涂刷时应交替改变涂层的涂刷方向，同层涂膜的先后搭压宽度宜为 30～50 mm。

（5）涂料防水层的甩槎处接槎宽度不应小于 100 mm，接涂前应将其甩槎表面处理干净。

（6）采用有机防水涂料时，基层阴阳角处应做成圆弧状；在转角处、变形缝、施工缝、穿墙管等部位应增加胎体增强材料和增涂防水涂料，宽度不应小于 500 mm。

（7）胎体增强材料的搭接宽度不应小于 100 mm。上、下两层和相邻两幅胎体的接缝应错开 1/3 幅宽，且上、下两层胎体不得相互垂直铺贴。

（8）涂料防水层完工并经验收合格后应及时做保护层。保护层规定与卷材防水层相同。

(二)涂料防水工程质量检验

主控项目

（1）涂料防水层所用的材料及配合比必须符合设计要求。

检验方法：检查产品合格证、产品性能检测报告、计量措施和材料进场检验报告。

（2）涂料防水层的平均厚度应符合设计要求，最小厚度不得小于设计厚度的 90%。

检验方法：用针测法检查。

（3）涂料防水层在转角处、变形缝、施工缝、穿墙管等部位的做法必须符合设计要求。

检验方法：观察检查和检查隐蔽工程验收记录。

一般项目

（1）涂料防水层应与基层黏结牢固，涂刷均匀，不得流淌、鼓泡、露槎。

检验方法：观察检查。

（2）涂层间夹铺胎体增强材料时，应使防水涂料浸透胎体，覆盖完全，不得有胎体外露现象。

检验方法：观察检查。

（3）侧墙涂料防水层的保护层与防水层应结合紧密，保护层厚度应符合设计要求。

检验方法：观察检查。

(三)工程质量通病及防治措施

质量通病　每遍涂层施工操作中很难避免出现小气孔、微细裂缝及凹凸不平等缺陷，加之涂料表面张力等影响，只涂刷一遍或两遍涂料，很难保证涂膜的完整性和涂膜防水层的厚度及其抗渗性能。

防治措施　根据涂料不同类别确定不同的涂刷遍数。一般在涂膜防水施工前，必须根据设计要求的每 1 m² 涂料用量、涂膜厚度及涂料材性，事先试验确定每遍涂料的涂刷厚度及每个涂层需要涂刷的遍数。溶剂型和反应型防水涂料最少须涂刷 3 遍。水乳型高分子涂料宜多遍涂刷，一般不得少于 6 遍。

本项目主要介绍了土方工程、地基及基础处理工程、桩基工程和地下防水工程在施工过程中的质量控制验收标准、验收方法及质量通病的防治。通过本项目的学习，学生应具有参与编制专项施工方案的能力。

思考与练习

一、填空题

1. 土方开挖时应遵循_____、_____、_____、_____的原则。

2. 土方开挖时检查开挖的顺序为_____、_____和_____。

3. 基坑(槽)回填时应在相对两侧或四周同时进行_____和_____。

4. _____承受建筑物的全部荷载并将其传递给地基一起向下产生沉降；_____承受传来的全部荷载，并随土层深度向下扩散，被压缩而产生变形。

5. 对灰土、砂及砂石地基，其竣工后的_____或_____必须达到设计要求的标准。

6. 水泥粉煤灰碎石桩复合地基一般选用钻孔或振动沉管成桩法和_____法施工。

7. 浇筑预制桩混凝土时，从_____开始浇筑，要保证柱顶和桩尖不积聚过多的砂浆。

二、单项选择题

1. 土方开挖工程质量检验时，标高的检验工具是（　　）。

   A. 经纬仪　　　　　B. 坡度尺　　　　　C. 水准仪　　　　　D. 直尺

2. 作为承重结构的水泥土搅拌桩施工时，设计停灰(浆)面应高出基础设计地面标高（　　）mm（基础埋深大取小值；反之取大值）。

   A. 200～500　　　 B. 300～500　　　 C. 300～400　　　 D. 200～400

3. 防水混凝土结构表面用（　　）进行检查，确保构件表面坚实、平整，不得有露筋、蜂窝等缺陷；埋设件位置应当准确。

   A. 观察法　　　　　B. 刻度放大镜　　　C. 尺量法　　　　　D. 水准仪

三、多项选择题

1. 土方工程施工前的准备工作主要包括（　　）。

   A. 场地清理　　　　B. 排除地面水　　　C. 修筑临时设施　　D. 定位放线

2. 填方施工结束后，应对（　　）进行检验。

   A. 标高　　　　　　B. 边坡坡度　　　　C. 压实系数　　　　D. 土质

3. 热熔法铺贴卷材应符合（　　）等规定。

   A. 火焰加热器加热卷材应均匀，不得加热不足或烧穿卷材

   B. 铺贴时应用力拉伸卷材，辊压粘贴牢固

   C. 铺贴卷材应平整、顺直，搭接尺寸准确，不得扭曲、皱折

   D. 卷材接缝部位应溢出热熔的改性沥青胶料，并粘贴牢固、封闭严密

四、简答题

1. 土方开挖过程中质量控制要点有哪些?

2. 土方开挖时的质量通病有哪些? 如何进行防治?

3. 填方基底未经处理,局部或大面积填方出现下陷,或发生滑移等现象应如何处理?

4. 如何预防基坑开挖时遇到"流砂"现象?

5. 钢筋混凝土预制桩施工过程质量控制要点有哪些?

6. 卷材防水工程材料质量要求有哪些?

项目六　主体结构工程质量管理

知识目标

1. 了解钢筋工程、混凝土工程、模板工程、砌体工程、屋面工程、木结构工程和钢结构工程的质量控制要点。
2. 了解钢筋工程、混凝土工程、模板工程、砌体工程、屋面工程、木结构工程和钢结构工程的质量验收标准。
3. 掌握钢筋工程、混凝土工程、模板工程、砌体工程、屋面工程、木结构工程和钢结构工程的验收方法及质量通病的防治。

能力目标

1. 能够依据质量控制要点、施工质量验收标准，对钢筋工程、混凝土工程、模板工程、砌体工程、屋面工程、木结构工程和钢结构工程等施工质量进行检查、控制与验收。
2. 能够防范质量通病。

任务一　钢筋工程

一、钢筋原材料及加工

(一)钢筋原材料质量控制

1. 材料质量要求

(1)采购钢筋时，混凝土结构所采用的热轧钢筋、热处理钢筋、碳素钢丝、刻痕钢丝和钢绞线的质量，应符合现行国家标准的规定。

(2)钢筋从钢厂发出时，应具有出厂质量证明书或试验报告单，每捆(盘)钢筋均应有标牌。

(3)钢筋进入施工单位的仓库或放置场时，应按炉罐(批)号及直径分批验收。验收内容包括查对标牌，在外观检查之后，才可以按有关技术标准的规定抽取试样做机械性能试验，检查合格后方可使用。

(4)钢筋在运输和储存时，必须保留标牌，严格防止混料，并按批分别堆放整齐，无论在检验前还是检验后，都要避免锈蚀和污染。

钢筋分项工程施工
质量验收要求

2. 施工过程质量控制

(1)仔细查看结构施工图，弄清楚不同结构件的配筋数量、规格、间距、尺寸等（注意处理好接头位置和接头百分率的问题）。

(2)钢筋在加工过程中，检查钢筋冷拉的方法和控制参数。检查钢筋翻样图及配料单中钢筋尺寸、形状应符合设计要求，加工尺寸偏差应符合规定。检查受力钢筋加工时的弯钩和弯折的形状及弯曲半径。检查箍筋末端的弯钩形式。

(3)钢筋在加工过程中，若发现钢筋脆断、焊接性能不良或力学性能显著不正常等现象，应立即停止使用，并对该批钢筋进行化学成分检验或其他专项检验，按其检验结果进行技术处理。如果发现力学性能或化学成分不符合要求，则必须作退货处理。

(4)钢筋加工机械需经试运转，调试正常后，才能正常使用。

(二)钢筋原材料及加工工程质量检验

1. 一般规定

(1)浇筑混凝土之前，应进行钢筋隐蔽工程验收。隐蔽工程验收应包括下列主要内容：

1)纵向受力钢筋的牌号、规格、数量、位置；

2)钢筋的连接方式、接头位置、接头质量、接头面积百分率、搭接长度、锚固方式及锚固长度；

3)箍筋、横向钢筋的牌号、规格、数量、间距、位置，箍筋弯钩的弯折角度及平直段长度；

4)预埋件的规格、数量和位置。

(2)钢筋、成型钢筋进场检验，当满足下列条件之一时，其检验批容量可扩大一倍：

1)获得认证的钢筋、成型钢筋。

2)同一厂家、同一牌号、同一规格的钢筋，连续3批均一次检验合格。

3)同一厂家、同一类型、同一钢筋来源的成型钢筋，连续3批均一次检验合格。

2. 原材料

主控项目

(1)钢筋进场时，应按国家现行相关标准的规定抽取试件做屈服强度、抗拉强度、伸长率、弯曲性能和质量偏差检验，检验结果应符合相应标准的规定。

检查数量：按进场批次和产品的抽样检验方案确定。

检验方法：检查质量证明文件和抽样检验报告。

(2)成型钢筋进场时，应抽取试件做屈服强度、抗拉强度、伸长率和质量偏差检验，检验结果应符合国家现行有关标准的规定。

对由热轧钢筋制成的成型钢筋，当有施工单位或监理单位的代表驻厂监督生产过程，并提供原材钢筋力学性能第三方检验报告时，可仅进行质量偏差检验。

检查数量：同一厂家、同一类型、同一钢筋来源的成型钢筋，不超过30 t为一批，每批中每种钢筋牌号、规格均应至少抽取1个钢筋试件，总数不应少于3个。

检验方法：检查质量证明文件和抽样检验报告。

(3)对按一、二、三级抗震等级设计的框架和斜撑构件(含梯段)中的纵向受力普通钢筋应采用 HRB335E、HRB400E、HRB500E、HRBF335E、HRBF400E 或 HRBF500E。其强度和最大力下总伸长率的实测值应符合下列规定：

1)抗拉强度实测值与屈服强度实测值的比值不应小于1.25。

2)屈服强度实测值与屈服强度标准值的比值不应大于1.30。

3)最大力下总伸长率不应小于9%。

检查数量：按进场的批次和产品的抽样检验方案确定。

检验方法：检查抽样检验报告。

一般项目

(1)钢筋应平直、无损伤，表面不得有裂纹、油污、颗粒状或片状老锈。

检查数量：全数检查。

检验方法：观察。

(2)成型钢筋的外观质量和尺寸偏差应符合国家现行有关标准的规定。

检查数量：同一厂家、同一类型的成型钢筋，不超过 30 t 为一批，每批随机抽取 3 个成型钢筋。

检验方法：观察，尺量。

(3)钢筋机械连接套筒、钢筋锚固板及预埋件等的外观质量应符合国家现行有关标准的规定。

检查数量：按国家现行有关标准的规定确定。

检验方法：检查产品质量证明文件；观察，尺量。

3. 钢筋加工

主控项目

(1)钢筋弯折的弯弧内直径应符合下列规定：

1)光圆钢筋，不应小于钢筋直径的 2.5 倍。

2)335 MPa 级、400 MPa 级带肋钢筋，不应小于钢筋直径的 4 倍。

3)500 MPa 级带肋钢筋，当直径为 28 mm 以下时，不应小于钢筋直径的 6 倍；当直径为 28 mm 及以上时，不应小于钢筋直径的 7 倍。

4)箍筋弯折处还不应小于纵向受力钢筋的直径。

检查数量：同一设备加工的同一类型钢筋，每工作班抽查不应少于 3 件。

检验方法：尺量。

(2)纵向受力钢筋的弯折后平直段长度应符合设计要求。光圆钢筋末端做 180°弯钩时，弯钩的平直段长度不应小于钢筋直径的 3 倍。

检查数量：同一设备加工的同一类型钢筋，每工作班抽查不应少于 3 件。

检验方法：尺量。

(3)箍筋、拉筋的末端应按设计要求做弯钩，并应符合下列规定：

1)对一般结构构件，箍筋弯钩的弯折角度不应小于 90°。弯折后平直段长度不应小于箍筋直径的 5 倍；对有抗震设防要求或设计有专门要求的结构构件，箍筋弯钩的弯折角度不应小于 135°，弯折后平直段长度不应小于箍筋直径的 10 倍。

2)圆形箍筋的搭接长度不应小于其受拉锚固长度且两末端弯钩的弯折角度不应小于 135°，弯折后平直段长度对一般结构构件不应小于箍筋直径的 5 倍，对有抗震设防要求的结构构件不应小于箍筋直径的 10 倍。

3)梁、柱复合箍筋中的单肢箍筋两端弯钩的弯折角度均不应小于 135°，弯折后平直段长度应符合第 1)款对箍筋的有关规定。

检查数量：同一设备加工的同一类型钢筋，每工作班抽查不应少于 3 件。

检验方法：尺量。

(4)盘卷钢筋调直后应进行力学性能和质量偏差检验，其强度应符合国家现行有关标准的规定，其断后伸长率、质量偏差应符合表 6-1 的规定。力学性能和质量偏差检验应符合下列规定：

1）应对 3 个试件先进行质量偏差检验，再取其中 2 个试件进行力学性能检验。

2）质量偏差应按下式计算：

$$\Delta = \frac{W_d - W_0}{W_0} \times 100\%$$

式中　Δ——质量偏差（%）；

W_d——3 个调直钢筋试件的实际质量之和（kg）；

W_0——钢筋理论质量（kg），取每米理论质量（kg/m）与 3 个调直钢筋试件长度之和（m）的乘积。

3）检验质量偏差时，试件切口应平滑并与长度方向垂直，其长度不应小于 500 mm；长度和质量的量测精度分别不应低于 1 mm 和 1 g。

采用无延伸功能的机械设备调直的钢筋，可不进行本条规定的检验。

检查数量：同一设备加工的同一牌号、同一规格的调直钢筋，质量不大于 30 t 为一批，每批见证抽取 3 个试件。

检验方法：检查抽样检验报告。

表 6-1　盘卷钢筋调直后的断后伸长率、质量偏差要求

钢筋牌号	断后伸长率 A/%	质量偏差/%	
		直径 6~12 mm	直径 14~16 mm
HPB300	≥21	≥-10	—
HRB335、HRBF335	≥16	≥-8	≥-6
HRB400、HRBF400	≥15		
RRB400	≥13		
HRB500、HRBF500	≥14		
注：断后伸长率 A 的两侧标距为 5 倍钢筋直径。			

一般项目

钢筋加工的形状、尺寸应符合设计要求，其偏差应符合表 6-2 的规定。

检查数量：同一设备加工的同一类型钢筋，每工作班抽查不应少于 3 件。

检验方法：尺量。

表 6-2　钢筋加工的允许偏差

项目	允许偏差/mm
受力钢筋沿长度方向的净尺寸	±10
弯起钢筋的弯折位置	±20
箍筋外廓尺寸	±5

（三）工程质量通病及防治措施

1. 钢筋成型后弯曲处产生裂纹

质量通病　钢筋成型后弯曲处外侧产生横向裂纹。

防治措施

（1）每批钢筋送交仓库时，都需要认真核对合格证件，应特别注意冷弯栏所写弯曲角度和弯

心直径是不是符合钢筋技术标准的规定；寒冷地区钢筋加工成型场所应采取保温或取暖措施，保证环境温度达到 0 ℃以上。

（2）取样复查冷弯性能，取样分析化学成分，检查磷的含量是否超过了规定值。检查裂纹是否由于原先已弯折或碰损而形成，如有这类痕迹，则属于局部外伤，可不必对原材料进行性能检验。

2. 表面锈蚀

质量通病　钢筋由于保管不良，受到雨、雪的侵蚀，被长期存放在潮湿、通风不良的环境中生锈。

防治措施　钢筋原料应存放在仓库或料棚内，保持地面干燥；钢筋不得堆放在地面上，必须用混凝土墩、砖或垫木垫起，使其离地面 200 mm 以上；库存期限不得过长，原则上先进库的先使用。工地临时保管钢筋原料时，应选择地势较高、地面干燥的露天场地；根据天气情况，必要时加盖苫布；场地四周要有排水措施；堆放期要尽量缩短。

3. 钢筋调直切断时被顶弯

质量通病　使用钢筋调直机切断钢筋，在切断过程中钢筋被顶弯。

防治措施　调整弹簧预压力，钢筋顶不动定尺板。

二、钢筋连接工程

（一）钢筋连接工程施工过程质量控制

（1）钢筋连接方法有机械连接、焊接、绑扎搭接等，纵向受力钢筋的连接方式应符合设计要求。钢筋的机械接头、焊接接头外观质量和力学性能，应按国家现行标准规定抽取试件进行检验，其质量应符合要求。绑扎接头应重点查验搭接长度，特别注意钢筋接头百分率对搭接长度的修正。

（2）钢筋机械连接和焊接的操作人员必须经过专业培训，考试合格后持证上岗。焊接操作工作只能在其上岗证规定的施焊范围实施操作。

（3）钢筋连接操作前应进行安全技术交底，并履行相关手续。

（4）钢筋机械连接技术包括直、锥螺纹连接和套筒挤压连接，钢筋应先调直再下料。切口端面应与钢筋轴线垂直，不得有马蹄形或挠曲，不得用气割下料。连接钢筋时，钢筋规格和连接套的规格应一致，并确保钢筋和连接套的丝扣干净、完好无损。采用预埋接头时，连接套的位置、规格和数量应符合设计要求。带连接套的钢筋应固定牢固，连接套的外露端应有密封盖。必须采用精度±5%的力矩扳手拧紧接头，且要求每半年用扭力仪检定力矩扳手一次，连接钢筋时，应对正轴线将钢筋拧入连接套，然后用力距扳手拧紧，接头拧紧值应满足规定的力矩值，不得超拧。拧紧后的接头应做上标志。

（5）钢筋的焊接连接技术包括电阻点焊、闪光对焊、电弧焊和竖向钢筋接长的电渣压力焊以及气压焊。下面仅就电弧焊和电渣压力焊施工质量控制进行介绍。

1）电弧焊的施工质量控制操作要点。

①进行帮条焊时，两钢筋端头之间应留 2～5 mm 的间隙。

②进行搭接焊时，钢筋宜预弯，以保证两钢筋的轴线在同一直线上。

③焊接时，引弧应在帮条或搭接钢筋一端开始，收弧应在帮条或搭接钢筋端头上，弧坑应填满。

④熔槽帮条焊钢筋端头应加工平面。两钢筋端面间隙为 10～16 mm；焊接时电流宜稍大，从焊缝根部引弧后连续施焊，形成熔池，保证钢筋端部熔合良好。焊接过程中应停焊敲渣一次。

焊平后，进行加强缝的焊接。

⑤坡口焊钢筋坡面应平顺，切口边缘不得有裂纹和较大的钝边、缺棱；钢筋根部最大间隙不宜超过 10 mm；为了防止接头过热，应采用几个接头轮流施焊；加强焊缝的宽度应超过 V 形坡口的边缘 2～3 mm。

2)电渣压力焊的施工质量控制操作要点。

①为使钢筋端部局部接触，以利于引弧，形成渣池，进行手工电渣压力焊时，可采用直接引弧法。

②待钢筋熔化达到一定程度后，在切断焊接电源的同时，迅速进行顶压，持续数秒钟，方可松开操作杆，以免接头偏斜或接合不良。

③焊剂使用前，需经恒温 250 ℃烘焙 1～2 h。

④焊前应检查电路，观察网路电压波动情况，如电源电压的波动大于 5%，则不宜进行焊接。

(二)钢筋连接工程质量检验

主控项目

(1)钢筋的连接方式应符合设计要求。

检查数量：全数检查。

检验方法：观察。

(2)钢筋采用机械连接或焊接连接时，钢筋机械连接接头、焊接接头的力学性能、弯曲性能应符合国家现行有关标准的规定。接头试件应从工程实体中截取。

检查数量：按现行行业标准《钢筋机械连接技术规程》(JGJ 107—2016)和《钢筋焊接及验收规程》(JGJ 18—2012)的规定确定。

检验方法：检查质量证明文件和抽样检验报告。

(3)钢筋采用机械连接时，螺纹接头应检验拧紧扭矩值，挤压接头应量测压痕直径，检验结果应符合现行行业标准《钢筋机械连接技术规程》(JGJ 107—2016)的相关规定。

检查数量：按现行行业标准《钢筋机械连接技术规程》(JGJ 107—2016)的规定确定。

检验方法：采用专用扭力扳手或专用量规检查。

一般项目

(1)钢筋接头的位置应符合设计和施工方案要求。有抗震设防要求的结构中，梁端、柱端箍筋加密区范围内不应进行钢筋搭接。接头末端至钢筋弯起点的距离不应小于钢筋直径的10 倍。

检查数量：全数检查。

检验方法：观察，尺量。

(2)钢筋机械连接接头、焊接接头的外观质量应符合现行行业标准《钢筋机械连接技术规程》(JGJ 107—2016)和《钢筋焊接及验收规程》(JGJ 18—2012)的规定。

检查数量：按现行行业标准《钢筋机械连接技术规程》(JGJ 107—2016)和《钢筋焊接及验收规程》(JGJ 18—2012)的规定确定。

检验方法：观察，尺量。

(3)当纵向受力钢筋采用机械连接接头或焊接接头时，同一连接区段内纵向受力钢筋的接头面积百分率应符合设计要求；当设计无具体要求时，应符合下列规定：

1)受拉接头，不宜大于 50%；受压接头，可不受限制。

2)直接承受动力荷载的结构构件中，不宜采用焊接；当采用机械连接时，不应超过50%。

检查数量：在同一检验批内，对梁、柱和独立基础，应抽查构件数量的10%，且不应少于3件；对墙和板，应按有代表性的自然间抽查10%，且不应少于3间；对大空间结构，墙可按相邻轴线间高度5 m左右划分检查面，板可按纵、横轴线划分检查面，抽查10%，且均不应少于3面。

检验方法：观察，尺量。

注：接头连接区段是指长度为35d且不小于500 mm的区段，d为相互连接两根钢筋的直径较小值；同一连接区段内纵向受力钢筋接头面积百分率为接头中点位于该连接区段内的纵向受力钢筋截面面积与全部纵向受力钢筋截面面积的比值。

(4)当纵向受力钢筋采用绑扎搭接接头时，接头的设置应符合下列规定：

1)接头的横向净间距不应小于钢筋直径，且不应小于25 mm。

2)同一连接区段内，纵向受拉钢筋的接头面积百分率应符合设计要求；当设计无具体要求时，应符合下列规定：

①梁类、板类及墙类构件，不宜超过25%；基础筏板，不宜超过50%。

②柱类构件，不宜超过50%。

③当工程中确有必要增大接头面积百分率时，对梁类构件，不应大于50%。

检查数量：在同一检验批内，对梁、柱和独立基础，应抽查构件数量的10%，且不应少于8件；对墙和板，应按有代表性的自然间抽查10%，且不应少于3间；对大空间结构，墙可按相邻轴线间高度5 m左右划分检查面，板可按纵、横轴线划分检查面，抽查10%，且均不应少于3面。

检验方法：观察，尺量。

注：接头连接区段是指长度为1.3倍搭接长度的区段，搭接长度取相互连接两根钢筋中较小直径计算；同一连接区段内纵向受力钢筋接头面积百分率为接头中点位于该连接区段长度内的纵向受力钢筋截面面积与全部纵向受力钢筋截面面积的比值。

(5)梁、柱类构件的纵向受力钢筋搭接长度范围内箍筋的设置应符合设计要求；当设计无具体要求时，应符合下列规定：

1)箍筋直径不应小于搭接钢筋较大直径的1/4。

2)受拉搭接区段的箍筋间距不应大于搭接钢筋较小直径的5倍，且不应大于100 mm。

3)受压搭接区段的箍筋间距不应大于搭接钢筋较小直径的10倍，且不应大于200 mm。

4)当柱中纵向受力钢筋直径大于25 mm时，应在搭接接头两个端面外100 mm范围内各设置两道箍筋，其间距宜为50 mm。

检查数量：在同一检验批内，应抽查构件数量的10%，且不应少于3件。

检验方法：观察，尺量。

(三)工程质量通病及防治措施

1. 钢筋焊接区焊点过烧

质量通病 在钢筋焊接区，上、下电极与钢筋表面接触处均有烧伤，焊点周界熔化钢液外溢过大，而且毛刺较多，不美观，焊点处钢筋呈现蓝黑色。

防治措施

(1)除严格执行班前试验，正确优选焊接参数外，还必须进行试焊样品质量自检，目测焊点外观是否与班前合格试件相同，制品几何尺寸和外形是否符合规范与设计要求，全部合格后方可成批焊接。

(2)电压的变化直接影响焊点强度。在一般情况下，电压降低15％，焊点强度可降低20％；电压降低20％，焊点强度可降低40％。因此，要随时注意电压的变化，电压降低或升高应控制在5％的范围内。

(3)发现钢筋点焊制品焊点过烧时，应降低变压器级数，缩短通电时间，按新调整的焊接参数制作焊接试件，经试验合格后方可成批焊制产品。

2. 焊点压陷深度过大或过小

质量通病 焊点实际压陷深度大于或小于焊接参数规定的上下限时，均称为焊点压陷深度过大或过小，并认为是不合格的焊接产品。

防治措施 焊点压陷深度的大小，与焊接电流、通电时间和电极挤压力有着密切关系。要达到最佳的焊点压陷深度，关键是正确选择焊接参数，并经试验合格后，才能成批生产。

3. 气压焊钢筋接头偏心和倾斜

质量通病

(1)焊接头两端轴线偏移大于0.15d（d为较小钢筋直径），或超过4 mm，如图6-1(a)所示。

(2)接头弯折角度大于4°，如图6-1(b)所示。

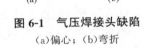

图6-1 气压焊接头缺陷
(a)偏心；(b)弯折

防治措施

(1)钢筋要用砂轮切割机下料，使钢筋端面与轴线垂直，端头处理不合格的不应焊接。

(2)两钢筋夹持于夹具内，轴线要对正，注意调整好调节器调向螺纹。

(3)焊接前要检查夹具质量，分析有无产生偏心和弯折的可能。办法是用两根光圆短钢筋安装在夹具上，直观检查两夹头是否同轴。

(4)确认夹紧钢筋后再施焊。

(5)焊接完成后，不能立即卸下夹具，待接头红色消失后，再卸下夹具，以免钢筋倾斜。

(6)对有问题的接头按下列方法进行处理：

1)弯折角大于4°的可以加热后校正。

2)偏心大于0.15d或大于4 mm的要割掉重焊。

4. 带肋钢筋套筒挤压连接偏心、弯折

质量通病 被连接的钢筋的轴线与套筒的轴线不在同一轴线上，接头处弯折大于4°。

防治措施

(1)摆正钢筋，使其与被连接钢筋处于同一轴线上，调整压钳，使压模对准套筒表面的压痕标志，并使压模压接方向与钢套筒轴线垂直。钢筋在压接过程中，始终注意接头两端钢筋轴线应保持一致。

(2)切除或调直钢筋弯头。

三、钢筋安装工程

(一)钢筋安装工程施工过程质量控制

(1)钢筋安装前，应进行安全技术交底，并履行有关手续。应根据施工图核对钢筋的品种、规格、尺寸和数量，落实钢筋安装的工序。

(2)钢筋安装时应检查钢筋的品种、级别、规格、数量是否符合设计要求，检查钢筋骨架、钢筋网绑扎方法是否正确、是否牢固可靠。

（3）钢筋绑扎时应检查钢筋的交叉点是否用钢丝扎牢，板、墙钢筋网的受力钢筋位置是否准确；双向受力钢筋必须绑扎牢固，绑扎基础底板钢筋应使弯钩朝上，梁和柱的箍筋（除有特殊设计要求外）应与受力钢筋垂直，箍筋弯钩叠合处应沿受力钢筋方向错开放置，梁的箍筋弯钩应放在受压处。

（4）注意控制框架结构节点核心区、剪力墙结构暗柱与连梁交接处梁和柱的箍筋设置是否符合要求；框架-剪力墙或剪力墙结构中连梁箍筋在暗柱中的设置是否符合要求；框架梁、柱箍筋加密区长度和间距是否符合要求；框架梁、连梁在柱（墙、梁）中的锚固方式和锚固长度是否符合设计要求（工程中往往存在部分钢筋水平段锚固不满足设计要求的现象）。

（5）当剪力墙钢筋直径较细时，注意控制钢筋的水平度与垂直度，应当采取适当措施（如增加梯子筋数量等）确保钢筋位置正确。

（6）工程实践中为便于施工，剪力墙中的拉筋加工往往是一端加工成 135°弯钩，另一端暂时加工成 90°弯钩，待拉筋就位后再将 90°弯钩弯折成型，这样，如加工措施不当往往会出现拉筋变形使剪力墙筋骨架减小现象，钢筋安装时应予以控制。

（7）工程中常常出现由于墙柱钢筋固定措施不合格，导致下柱（墙）钢筋位置偏离设计要求的现象，隐蔽工程验收时应查验防止墙柱钢筋错位的措施是否得当。

（8）钢筋安装时，检查梁、柱箍筋弯钩处是否沿受力钢筋方向相互错开放置，绑扎扣是否按变换方向进行绑扎。

（9）钢筋安装完毕后，检查钢筋保护层垫块、马镫等是否根据钢筋直径、间距和设计要求正确放置。

（二）钢筋安装工程质量检验

主控项目

（1）钢管安装时，受力钢筋的牌号、规格和数量必须符合设计要求。

检查数量：全数检查。

检验方法：观察，尺量。

（2）钢筋应安装牢固。手里钢筋的安装位置、锚固方式应符合设计要求。

检查数量：全数检查。

检验方法：观察、尺量。

一般项目

钢筋安装允许偏差和检验方法应符合表 6-3 的规定，受力钢筋保护层厚度的合格点率应达到 90% 及以上，且不得有超过表中数值 1.5 倍的尺寸偏差。

检查数量：在同一检验批内，对梁、柱和独立基础，应抽构件数量的 10%，且不应少于 3 件；对墙和板，应按有代表性的自然间抽查 10%，且不应少于 3 间；对大空间结构，墙可按相邻轴线间高度 5 m 左右划分检查面，板可按纵、横轴线划分检查面。抽查 10%，且均不应少于 3 面。

表 6-3　钢筋安装允许偏差和检验方法

项目		允许偏差/mm	检验方法
绑扎钢筋网	长、宽	±10	尺量
	网眼尺寸	±20	尺量连续三档，取最大偏差值

项目		允许偏差/mm	检验方法
绑扎钢筋骨架	长	±10	尺量
	宽、高	±5	尺量
纵向受力钢筋	锚固长度	−20	尺量
	间距	±10	尺量两端、中间各一点，取最大偏差值
	排距	±5	
纵向受力钢筋、箍筋的混凝土保护层厚度	基础	±10	尺量
	柱、梁	±5	尺量
	板、墙、壳	±3	尺量
绑扎箍筋、横向钢筋间距		±20	尺量连续三档，取最大偏差值
钢筋弯起点位置		20	尺量
预埋件	中心线位置	5	尺量
	水平高差	+3，0	塞尺量测

注：检查中心线位置时，沿纵、横两个方向量测，并取其中偏差的较大值。

(三)工程质量通病及防治措施

1. 柱子外伸钢筋错位

质量通病 下柱外伸钢筋从柱顶甩出，由于位置偏离设计要求过大，与上柱钢筋搭接不上。

防治措施

(1)在外伸部分加一道临时箍筋，按图纸位置安设好，然后用样板、铁卡或木方卡好固定；浇筑混凝土前再复查一遍，如发生移位，则应矫正后再浇筑混凝土。

(2)注意浇筑操作，尽量不碰撞钢筋；浇筑过程中由专人随时检查，及时校核改正。

(3)在不可能靠紧搭接时，仍应使上柱钢筋保持设计位置，并采取垫筋焊接联系；对错位严重的外伸钢筋(甚至超出上柱模板范围)，应采取专门措施处理。例如，加大柱截面、设置附加箍筋以联系上、下柱钢筋，具体方案视实际情况由有关技术部门确定。

2. 钢筋遗漏

质量通病 在检查核对绑扎好的钢筋骨架时，发现某号钢筋遗漏。

防治措施 绑扎钢筋骨架之前要基本上记住图纸内容，并按钢筋材料表核对配料单和料牌，检查钢筋规格是否齐全准确，形状、数量是否与图纸相符；在熟悉图纸的基础上，仔细研究各号钢筋绑扎安装顺序和步骤；整个钢筋骨架绑扎完成后，应清理现场，检查有无某号钢筋遗留。

3. 梁箍筋弯钩与纵筋相碰

质量通病 在梁的支座处，箍筋弯钩与纵向钢筋抵触。

防治措施 绑扎钢筋前应先规划箍筋弯钩位置(放在梁的上部或下部)，如果梁上部仅有一层纵向钢筋，箍筋弯钩与纵向钢筋便不抵触，为了避免箍筋接头被压开口，弯钩可放在梁上部(构件受拉区)，但应特别绑牢，必要时用电弧焊点焊几处；对于有两层或多层纵向钢筋的，则应将弯钩放在梁下部。

任务二 混凝土工程

一、混凝土施工工程

混凝土分项工程
质量验收要求

(一)混凝土施工工程质量控制

1. 材料质量要求

水泥进场时必须有产品合格证、出厂检验报告。进场同时还要对水泥品种、级别、包装或散装仓号、出厂日期等进行检查验收;对其强度、安定性及其他必要的性能指标进行复试,其质量必须符合《通用硅酸盐水泥》(GB 175—2007)的规定。混凝土中的集料有细集料(砂)、粗集料(碎石、卵石)。其质量必须符合国家现行标准《普通混凝土用砂、石质量及检验方法标准》(JGJ 52—2006)的规定。

集料进场时,必须进行复检,按进场的批次和产品的抽样检验方案,检验其颗粒级配、含泥量及粗细集料的针片状颗粒含量,必要时还应检验其他质量标准。集料进场后,应按品种、规格分别堆放,集料中应严禁混入烧过的白云石和石灰石。

混凝土中掺用的外加剂,质量应该符合现行国家标准要求。外加剂的品种及掺量必须依据混凝土的性能要求、施工及气候条件、混凝土所采用的原材料及配合比等因素经试验确定。在蒸汽养护的混凝土和预应力混凝土中,不宜掺入引气剂或引气减水剂。

在钢筋混凝土中掺用氯盐类防冻剂时,氯盐掺量按无水状态计算不得超过水泥用量的1%,当采用素混凝土时,氯盐掺量不得大于水泥用量的3%。

如果使用商品混凝土,混凝土商应该提供混凝土各类技术指标:强度等级、配合比、外加剂品种、混凝土的坍落度等,按批量出具出厂合格证。

2. 施工过程质量控制

(1)混凝土施工前应检查混凝土的运输设备是否良好、道路是否畅通,保证混凝土的连续浇筑和良好的混凝土和易性。

(2)混凝土现场搅拌时应对原材料的剂量进行检查,并经常检查坍落度,严格控制水胶比。

(3)检查混凝土搅拌的时间,并在混凝土搅拌后和浇筑地点分别抽样检测混凝土的坍落度,每班至少检查两次,评定时应以浇筑地点的测值为准。

(4)混凝土浇筑前检查模板表面是否清理干净,防止拆模时混凝土表面黏模,出现麻面。木模板要浇水湿润,防止出现由于木模板吸水黏结或脱模过早,拆模时缺棱、掉角导致露筋。

(5)混凝土施工中检查控制混凝土浇筑的方法和质量。一是防止浇筑速度过快,避免在钢筋上面和墙与板、梁与柱交界处出现裂缝;二是防止浇筑不均匀,或接槎处处理不好形成裂缝。混凝土浇筑应在混凝土初凝前完成,浇筑高度不宜超过2 m,竖向结构不宜超过3 m,否则应检查是否采取了相应措施。控制混凝土一次浇筑的厚度,并保证混凝土的连续浇筑。浇筑与墙、柱连成一体的梁和板时,应在墙、柱浇筑完毕1~1.5 h后,再浇筑梁和板;梁和板宜同时浇筑混凝土。

(6)浇捣时间应连续进行,当必须间歇时,其间歇时间应尽量缩短,并应在前层混凝土初凝之前,将次层混凝土浇筑完毕。前层混凝土凝结时间不得超过相关规定,否则应留置施工缝。

(7)施工缝的留置应符合以下规定:

1)柱的施工缝宜留置在基础的顶面、梁或起重机车梁牛腿的下面、起重机车梁的上面、无梁楼板柱帽的下面。

2）在与板连成整体的大截面梁上，某施工缝应留置在板底面以下 20～30 mm 处，当板下有梁托时，留置在梁托下部。

3）单向板的施工缝留置在平行于板的短边的任何位置。

4）有主、次梁的楼板宜顺着次梁方向浇筑，施工缝应留置在次梁跨度的中间 1/3 范围内。

5）墙的施工缝留置在门洞口过梁跨中 1/3 范围内，也可留置在纵、横墙的交接处。

6）双向受力楼板、大体积混凝土结构、拱、穹拱、薄壳、蓄水池、斗仓、多层刚架及其他结构复杂的工程，施工缝的位置应按设计要求留置。

（8）在施工过程中应对混凝土的强度进行检查，在混凝土浇筑地点随机留取标准养护试件和同条件养护试件，其留取的数量应符合要求。同条件试件必须与其代表的构件一起养护。

（9）混凝土浇筑后应检查是否按施工技术方案进行养护，并对养护的时间进行检查落实。混凝土的养护在混凝土浇筑完毕后 12 h 内进行，养护时间一般为 14～28 d。混凝土浇筑后应对养护的时间进行检查落实。

（二）混凝土施工工程质量检验

1. 原材料

主控项目

（1）水泥进场时，应对其品种、代号、强度等级、包装或散装编号、出厂日期等进行检查，并应对水泥的强度、安定性和凝结时间进行检验，检验结果应符合现行国家标准《通用硅酸盐水泥》（GB 175—2007）等的相关规定。

检查数量：按同一厂家、同一品种、同一代号、同一强度等级、同一批号且连续进场的水泥，袋装不超过 200 t 为一批，散装不超过 500 t 为一批，每批抽样数量不应少于一次。

检验方法：检查质量证明文件和抽样检验报告。

（2）混凝土外加剂进场时，应对其品种、性能、出厂日期等进行检查，并应对外加剂的相关性能指标进行检验，检验结果应符合现行国家标准《混凝土外加剂》（GB 8076—2008）和《混凝土外加剂应用技术规范》（GB 50119—2013）等的规定。

检查数量：按同一厂家、同一品种、同一性能、同一批号且连续进场的混凝土外加剂，不超过 50 t 为一批，每批抽样数量不应少于一次。

检验方法：检查质量证明文件和抽样检验报告。

一般项目

（1）混凝土用矿物掺合料进场时，应对其品种、技术指标、出厂日期等进行检查，并应对矿物掺合料的相关技术指标进行检验，检验结果应符合国家现行有关标准的规定。

检查数量：按同一厂家、同一品种、同一技术指标、同一批号且连续进场的矿物掺合料，粉煤灰、石灰石粉、磷渣粉和钢铁渣粉不超过 200 t 为一批，粒化高炉矿渣粉和复合矿物掺合料不超过 500 t 为一批，沸石粉不超过 120 t 为一批，硅灰不超过 30 t 为一批，每批抽样数量不应少于一次。

检验方法：检查质量证明文件和抽样检验报告。

（2）混凝土原材料中的粗集料、细集料质量应符合现行行业标准《普通混凝土用砂、石质量及检验方法标准》（JGJ 52—2006）的规定，使用经过净化处理的海砂应符合现行行业标准《海砂混凝土应用技术规范》（JGJ 206—2010）的规定，再生混凝土骨料应符合现行国家标准《混凝土用再生粗骨料》（GB/T 25177—2010）和《混凝土和砂浆用再生细骨料》（GB/T 25176—2010）的规定。

检查数量：按现行行业标准《普通混凝土用砂、石质量及检验方法标准》（JGJ 52—2006）的规定确定。

检验方法：检查抽样检验报告。

(3)混凝土拌制及养护用水应符合现行行业标准《混凝土用水标准》(JGJ 63—2006)的规定。采用饮用水时，可不检验；采用中水、搅拌站清洗水、施工现场循环水等其他水源时，应对其成分进行检验。

检查数量：同一水源检查不应少于一次。

检验方法：检查水质检验报告。

2. 混凝土拌合物

主控项目

(1)预拌混凝土进场时，其质量应符合现行国家标准《预拌混凝土》(GB/T 14902—2012)的规定。

检查数量：全数检查。

检验方法：检查质量证明文件。

(2)混凝土拌合物不应离析。

检查数量：全数检查。

检验方法：观察。

(3)混凝土中氯离子含量和碱总含量应符合现行国家标准《混凝土结构设计规范(2015 年版)》(GB 50010—2010)的规定和设计要求。

检查数量：同一配合比的混凝土检查不应少于一次。

检验方法：检查原材料试验报告和氯离子、碱的总含量计算书。

(4)首次使用的混凝土配合比应进行开盘鉴定，其原材料、强度、凝结时间、稠度等应满足设计配合比的要求。

检查数量：同一配合比的混凝土检查不应少于一次。

检验方法：检查开盘鉴定资料和强度试验报告。

一般项目

(1)混凝土拌合物稠度应满足施工方案的要求。

检查数量：对同一配合比混凝土，取样应符合下列规定：

1)每拌制 100 盘且不超过 100 盘时，取样不得少于一次。

2)每工作班拌制不足 100 盘时，取样不得少于一次。

3)连续浇筑超过 1 000 m³ 时，每 200 m³ 取样不得少于一次。

4)每一楼层取样不得少于一次。

检验方法：检查稠度抽样检验记录。

(2)混凝土有耐久性指标要求时，应在施工现场随机抽取试件进行耐久性检验，其检验结果应符合国家现行有关标准的规定和设计要求。

检查数量：同一配合比的混凝土，取样不应少于一次，留置试件数量应符合国家现行标准《普通混凝土长期性能和耐久性能试验方法标准》(GB/T 50082—2009)和《混凝土耐久性检验评定标准》(JGJ/T 193—2009)的规定。

检验方法：检查试件耐久性试验报告。

(3)混凝土有抗冻要求时，应在施工现场进行混凝土含气量检验，其检验结果应符合国家现行有关标准的规定和设计要求。

检查数量：同一配合比的混凝土，取样不应少于一次，取样数量应符合现行国家标准《普通混凝土拌合物性能试验方法标准》(GB/T 50080—2016)的规定。

检验方法：检查混凝土含气量试验报告。

3. 混凝土施工

主控项目

混凝土的强度等级必须符合设计要求。用于检验混凝土强度的试件应在浇筑地点随机抽取。

检查数量：对同一配合比混凝土，取样与试件留置应符合下列规定：

(1)每拌制 100 盘且不超过 100 m³ 时，取样不得少于一次。

(2)每工作班拌制不足 100 盘时，取样不得少于一次。

(3)连续浇筑超过 1 000 m³ 时，每 200 m³ 取样不得少于一次。

(4)每一楼层取样不得少于一次。

(5)每次取样应至少留置一组试件。

检验方法：检查施工记录及混凝土强度试验报告。

一般项目

(1)后浇带的留设位置应符合设计要求。后浇带和施工缝的留设及处理方法应符合施工方案要求。

检查数量：全数检查。

检验方法：观察。

(2)混凝土浇筑完毕后应及时进行养护，养护时间及养护方法应符合施工方案要求。

检查数量：全数检查。

检验方法：观察，检查混凝土养护记录。

(三)工程质量通病及防治措施

1. 大体积混凝土配合比中未采用低水化热的水泥

质量通病　由于体量大，大体积混凝土在混凝土硬化过程中产生的水化热不易散发，如不采取措施，会由于混凝土内外温差过大而出现混凝土裂缝。

防治措施　配制大体积混凝土应先用水化热低、凝结时间长的水泥，采用低水化热的水泥配制大体积混凝土是降低混凝土内部温度的可靠方法。应优先选用大坝水泥、矿渣水泥、粉煤灰硅酸盐水泥、火山灰质硅酸盐水泥。进行配合比设计应在保证混凝土强度及满足坍落度要求的前提下，提高掺合料和集料的含量以降低单方混凝土的水泥用量。大体积混凝土配合比确定后宜进行水化热的演算和测定，以了解混凝土内部水化热温度，控制混凝土的内外温差。在施工中必须使温差控制在设计要求以内，当设计无要求时，内外温差以不超过 25 ℃ 为宜。

2. 混凝土表面疏松脱落

质量通病　混凝土结构构件浇筑脱模后，表面出现疏松、脱落等现象，表面强度比内部要低很多。

防治措施

(1)表面较浅的疏松脱落，可将疏松部分凿去，洗刷干净充分湿润后，用 1∶2 或 1∶2.5 的水泥砂浆抹平压实。

(2)表面较深的疏松脱落，可将疏松和凸出颗粒凿去，刷洗干净充分湿润后支模，采用比结构高一强度等级的细石混凝土浇筑，强力捣实，并加强养护。

二、混凝土现浇结构工程

(一)混凝土现浇结构工程施工过程质量控制

(1)现浇结构的外观质量缺陷，应由监理(建设)单位、施工单位等各方根据其对结构性能和使用功能影响的严重程度研究决定处理方案，见表6-4。

表 6-4　现浇结构的外观质量缺陷

名称	现象	严重缺陷	一般缺陷
露筋	构件内钢筋未被混凝土包裹而外露	纵向受力钢筋有露筋	其他钢筋有少量露筋
蜂窝	混凝土表面缺少水泥砂浆而形成石子外露	构件主要受力部位有蜂窝	其他部位有少量蜂窝
孔洞	混凝土中孔穴深度和长度均超过保护层厚度	构件主要受力部位有孔洞	其他部位有少量孔洞
夹渣	混凝土中夹有杂物且深度超过保护层厚度	构件主要受力部位有夹渣	其他部位有少量夹渣
疏松	混凝土中局部不密实	构件主要受力部位有疏松	其他部位有少量疏松
裂缝	缝隙从混凝土表面延伸至混凝土内部	构件主要受力部位有影响结构性能或使用功能的裂缝	其他部位有少量不影响结构性能或使用功能的裂缝
连接部位缺陷	构件连接处混凝土缺陷或连接钢筋、连接件松动	连接部位有影响结构传力性能的缺陷	连接部位有基本不影响结构传力性能的缺陷
外形缺陷	缺棱掉角、棱角不直、翘曲不平、飞边凸肋等	清水混凝土构件有影响使用功能或装饰效果的外形缺陷	其他混凝土构件有不影响使用功能的外形缺陷
外表缺陷	构件表面麻面、掉皮、起砂、玷污等	具有重要装饰效果的清水混凝土构件有外表缺陷	其他混凝土构件有不影响使用功能的外表缺陷

（2）现浇混凝土结构待强度达到一定程度拆模后，应及时对混凝土外观质量进行检查（严禁未经检查擅自处理混凝土缺陷），根据其对结构性能和使用功能影响的严重程度，及时提出技术处理方案，待处理后对经处理的部位应重新检查验收。

（3）现浇结构不应有影响结构性能和使用功能的尺寸偏差，混凝土设备基础不应有影响结构性能和设备安装的尺寸偏差。现浇结构的外观质量不应有严重缺陷。

（4）对于现浇混凝土结构外形尺寸偏差，检查主要轴线、中心线位置时，应沿纵、横两个方向量测，并取其中的较大值。

（二）混凝土现浇结构工程质量检验

1. 外观质量

主控项目

现浇结构的外观质量不应有严重缺陷。对已经出现的严重缺陷，应由施工单位提出技术处理方案，并经监理单位认可后进行处理；对裂缝或连接部位的严重缺陷及其他影响结构安全的严重缺陷，技术处理方案还应经设计单位认可。对经处理的部位应重新验收。

检查数量：全数检查。

检验方法：观察，检查处理记录。

一般项目

现浇结构的外观质量不应有一般缺陷。

对已经出现的一般缺陷，应由施工单位按技术处理方案进行处理。对经处理的部位应重新验收。

检查数量：全数检查。

检验方法：观察，检查处理记录。

2. 位置和尺寸偏差

主控项目

现浇结构不应有影响结构性能或使用功能的尺寸偏差；混凝土设备基础不应有影响结构性能或设备安装的尺寸偏差。

对超过尺寸允许偏差且影响结构性能或安装、使用功能的部位，应由施工单位提出技术处理方案，并经监理、设计单位认可后进行处理。对经处理的部位应重新验收。

检查数量：全数检查。

检验方法：量测，检查处理记录。

一般项目

(1)现浇结构的位置和尺寸偏差及检验方法应符合表 6-5 的规定。

检查数量：按楼层、结构缝或施工段划分检验批。在同一检验批内，对梁、柱和独立基础，应抽查构件数量的 10%，且不应少于 3 件；对墙和板，应按有代表性的自然间抽查 10%，且不应少于 3 间；对大空间结构，墙可按相邻轴线间高度 5 m 左右划分检查面，板可按纵、横轴线划分检查面，抽查 10%，且均不应少于 3 面；对电梯井，应全数检查。

表 6-5　现浇结构位置和尺寸允许偏差及检验方法

项目			允许偏差/mm	检验方法
轴线位置	基础		15	经纬仪及尺量
	独立基础		10	经纬仪及尺量
	柱、墙、梁		8	尺量
垂直度	层高	≤6 m	10	经纬仪或吊线、尺量
		>6 m	12	
	全高(H)≤300 m		$H/30\ 000$ 且 $+20$	经纬仪、尺量
	全高(H)>300 m		$H/10\ 000$ 且 ≤80	
标高	层高		±10	水准仪或拉线、钢尺检查
	全高		±30	
截面尺寸	基础		+15，−10	尺量
	柱、梁、板、墙		+10，−5	
	楼梯相邻踏步高差		6	
电梯井	中心位置		10	尺量
	长、宽尺寸		+25，0	尺量
表面平整度			8	2 m 靠尺和塞尺量测
预埋件中心位置	预埋板		10	尺量
	预埋螺栓		5	
	预埋管		5	
	其他		10	
预留洞、孔中心线位置			15	尺量

注：1. 检查柱轴线、中心线位置时，沿纵、横两个方向量测，并取其中偏差的较大值。
　　2. H 为全高，单位为 mm。

(2)现浇设备基础的位置和尺寸应符合设计和设备安装的要求。其位置和尺寸允许偏差及检验方法应符合表 6-6 的规定。

检查数量：全数检查。

表 6-6 现浇设备基础位置和尺寸允许偏差及检验方法

项目		允许偏差/mm	检验方法
坐标位置		20	经纬仪及尺量
不同平面的标高		0，−20	水准仪或拉线、尺量
平面外形尺寸		±20	尺量
凸台上平面外形尺寸		0，−20	
凹槽尺寸		+20，0	
平面水平度	每米	5	水平尺、塞尺量测
	全长	10	水准仪或拉线、尺量
垂直度	每米	5	经纬仪或吊线、尺量
	全高	10	
预埋地脚螺栓	中心位置	2	尺量
	顶标高	+20，0	水准仪或拉线、尺量
	中心距	±2	尺量
	垂直度	5	吊线、尺量
预埋地脚螺栓孔	中心线位置	10	尺量
	截面尺寸	+20，0	
	深度	+20，0	
	垂直度	$h/100$ 且≤10	吊线、尺量
预埋活动地脚螺栓锚板	中心线位置	5	尺量
	标高	+20，0	水准仪或拉线、尺量
	带槽锚板平整度	5	直尺、塞尺量测
	带螺栓孔锚板平整度	2	

注：1. 检查坐标、中心线位置时，应沿纵、横两个方向量测，并取其中偏差的较大值。

2. h 为预埋地脚螺栓孔孔深，单位为 mm。

(三)工程质量通病及防治措施

1. 结构混凝土缺棱掉角

质量通病 由于木模板在浇筑混凝土前未充分浇水湿润或湿润不够，浇筑后养护不好，其棱角处混凝土的水分被模板大量吸收，造成混凝土脱水，强度降低，或模板吸水膨胀将边角拉裂，拆模时棱角被粘掉，造成截面不规则、棱角缺损。

防治措施

(1)木模板在浇筑混凝土前应充分湿润，浇筑后应认真浇水养护。

(2)拆除侧面非承重模板时，混凝土强度应为 1.2 MPa 以上。

(3)拆模时注意保护棱角，避免用力过猛、过急；吊运模板时，防止撞击棱角；运料时，通道处的混凝土阳角应用角钢、草袋等保护好，以免碰损。

(4)对混凝土结构缺棱、掉角的，可按照下列方法处理。

1)对较小的缺棱、掉角，可将该处松散颗粒凿除，用钢丝刷刷洗干净，再用清水冲洗并充分湿润后，用1：2或1：2.5的水泥砂浆抹补整齐。

2)对较大的缺棱、掉角，可将不实的混凝土和凸出的颗粒凿除，用水冲刷干净湿透，然后支模，用比原混凝土高一强度等级的细石混凝土填灌捣实，并认真养护。

2. 混凝土结构表面露筋

质量通病　混凝土结构内部主筋、副筋或箍筋局部裸露在表面，没有被混凝土包裹，从而影响结构性能。

防治措施

(1)浇筑混凝土时应保证钢筋位置正确和保护层厚度符合规定要求，并加强检查。

(2)钢筋密集时，应选用适当粒径的石子，保证混凝土配合比正确和良好的和易性。浇筑高度超过2 m时，应用串桶、溜槽下料，以防离析。

(3)对表面露筋，刷洗干净后，在表面抹1：2或1：2.5的水泥砂浆，将露筋部位抹平；对较深露筋，凿去薄弱混凝土和凸出颗粒，刷洗干净后支模，用高一级的细石混凝土填塞压实并认真养护。

任务三　模板工程

混凝土结构的模板工程，是混凝土构件成型的一个十分重要的组成部分。现浇混凝土结构使用的模板工程造价约占钢筋混凝土工程总造价的30%，总用工量的50%。因此，采用先进的模板技术，对于提高工程质量、加快施工速度、提高劳动生产率、降低工程成本和实现文明施工都具有十分重要的意义。

一、模板安装工程

(一)模板安装工程质量控制

1. 材料质量要求

模板是使混凝土凝固成型的模具(模型)，混凝土在其内凝结硬化成设计要求的形式，达到使用要求。实际中使用的模板多为钢制或木质，也有

模板分项工程施工
质量验收要求

采用铝合金及玻璃钢制成的。根据模板形式又可分为木模板、大模板、滑升模板及台模和永久模板等。模板材料选用应符合《建筑施工模板安全技术规范》(JGJ 162—2008)的要求。无论使用的模板和支架是哪种类型，其本身的强度、刚度均应符合设计要求。在保证工程结构构件各部分形状尺寸和相互位置的正确性、可靠地承受新浇筑混凝土的自重和侧压力，以承受施工过程中产生的各种荷载时，模板不准产生挠曲变形或破坏。

2. 模板安装工程施工质量控制

(1)模板及其支架应根据工程结构形式、荷载大小、地基土类别、施工设备和材料供应等条件进行设计。模板及其支架应具有足够的承载能力、刚度和稳定性，能可靠地承受浇筑混凝土的质量、侧压力及施工荷载。

(2)一般情况下，模板自下而上地安装。在安装过程中要注意模板的稳定，可设置临时支撑稳住模板，待安装完毕且校正无误后方可将其固定牢固。

（3）安装过程中要多检查，注意垂直度、中心线、标高及各部分的尺寸，保证结构部分的几何尺寸和相对位置正确。

（4）墙柱模板安装时应先弹好建筑轴线、楼层的墙身线、门窗洞口位置线及标高线。施工过程中应随时检查测量、放样、弹线工作是否按施工技术方案进行，并进行复核记录。

（5）模板应涂刷隔离剂。涂刷隔离剂时，应选取适宜的隔离剂品种，注意不要使用影响结构或妨碍装饰装修工程施工的油性隔离剂。同时，由于隔离剂沾污钢筋和混凝土接槎处可能对混凝土结构受力性能造成明显的不利影响，在涂刷模板隔离剂时，不得沾污钢筋和混凝土接槎处，并应随时全数认真检查。

（6）模板的接缝不应漏浆。模板漏浆，会造成混凝土外观蜂窝麻面，直接影响混凝土质量。因此，无论采用何种材料制作模板，其接缝都应严密、不漏浆。采用木模板时，由于木材吸水会胀缩，故木模板安装时的接缝不宜过于严密。模板安装完成后应浇水湿润，使模板接缝闭合。浇水时湿润即可，模板内不应积水。

（7）模板安装完成后，应检查梁、柱、板交叉处，楼梯间、墙面间隙接缝处等，防止有漏浆、错台现象。模板工程预检验收办理完成，方准浇筑混凝土。

（8）模板安装和浇筑混凝土时，应对模板及其支架进行观察和维护。发生异常情况时，应按施工技术方案及时进行处理。模板及其支架拆除的顺序与安全措施应按施工技术方案执行。

（二）模板安装工程质量检验

主控项目

（1）模板及支架用材料的技术指标应符合国家现行有关标准的规定。进场时应抽样检验模板和支架材料的外观、规格和尺寸。

检查数量：按国家现行有关标准的规定确定。

检验方法：检查质量证明文件；观察，尺量。

（2）现浇混凝土结构模板及支架的安装质量，应符合国家现行有关标准的规定和施工方案的要求。

检查数量：按国家现行有关标准的规定确定。

检验方法：按国家现行有关标准的规定执行。

（3）后浇带处的模板及支架应独立设置。

检查数量：全数检查。

检验方法：观察。

（4）支架竖杆或竖向模板安装在土层上时，应符合下列规定：

1）土层应坚实、平整，其承载力或密实度应符合施工方案的要求；

2）应有防水、排水措施；对冻胀性土，应有预防冻融措施；

3）支架竖杆下应有底座或垫板。

检查数量：全数检查。

检验方法：观察；检查土层密实度检测报告、土层承载力验算或现场检测报告。

一般项目

（1）模板安装应符合下列规定：

1）模板的接缝应严密；

2）模板内不应有杂物、积水或冰雪等；

3）模板与混凝土的接触面应平整、清洁；

4）用作模板的地坪、胎膜等应平整、清洁，不应有影响构件质量的下沉、裂缝、起砂或起鼓；

5）对清水混凝土及装饰混凝土构件，应使用能达到设计效果的模板。

检查数量：全数检查。

检验方法：观察。

（2）隔离剂的品种和涂刷方法应符合施工方案的要求。隔离剂不得影响结构性能及装饰施工；不得玷污钢筋、预应力筋、预埋件和混凝土接槎处；不得对环境造成污染。

检查数量：全数检查。

检验方法：检查质量证明文件；观察。

（3）模板的起拱应符合现行国家标准《混凝土结构工程施工规范》（GB 50666—2011）的规定，并应符合设计及施工方案的要求。

检查数量：在同一检验批内，对梁，跨度大于18 m时应全数检查，跨度不大于18 m时应抽查构件数量的10%，且不应少于3件；对板，应按有代表性的自然间抽查10%，且不应少于3间；对大空间结构，板可按纵、横轴线划分检查面，抽查10%，且不应少于3面。

检验方法：水准仪或尺量。

（4）现浇混凝土结构多层连续支模应符合施工方案的规定。上下层模板支架的竖杆宜对准。竖杆下垫板的设置应符合施工方案的要求。

检查数量：全数检查。

检验方法：观察。

（5）固定在模板上的预埋件和预留孔洞不得遗漏，且应安装牢固。有抗渗要求的混凝土结构中的预埋件，应按设计及施工方案的要求采取防渗措施。预埋件和预留孔洞的位置应满足设计和施工方案的要求。当设计无具体要求时，其位置偏差应符合表6-7的规定。

检查数量：在同一检验批内，对梁、柱和独立基础，应抽查构件数量的10%，且不应少于3件；对墙和板，应按有代表性的自然间抽查10%，且不应少于3间；对大空间结构，墙可按相邻轴线间高度5 m左右划分检查面，板可按纵、横轴线划分检查面，抽查10%，且均不应少于3面。

检验方法：观察，尺量。

表6-7 预埋件和预留孔洞的允许偏差

项目		允许偏差/mm
预埋钢板中心线位置		3
预埋管、预留孔中心线位置		3
插　　筋	中心线位置	5
	外露长度	+10，0
预埋螺栓	中心线位置	2
	外露长度	+10，0
预留洞	中心线位置	10
	尺寸	+10，0
注：检查中心线位置时，应沿纵、横两个方向量测，并取其中偏差的较大值。		

（6）现浇结构模板安装的允许偏差及检验方法见表6-8。

表6-8　现浇结构模板安装的允许偏差及检验方法

项目		允许偏差/mm	检验方法
轴线位置		5	钢尺检查
底模上表面标高		±5	水准仪或拉线、尺量
模板内部尺寸	基础	±10	尺量
	柱、墙、梁	±5	尺量
层高垂直度	不大于6 m	6	经纬仪或吊线、尺量
	大于6 m	8	经纬仪或吊线、尺量
相邻两板表面高低差		2	尺量
表面平整度		5	2 m靠尺和塞尺量测

注：检查轴线位置时，当有纵、横两个方向时，应沿纵、横两个方向量测，并取其中偏差的较大值。

检查数量：在同一检验批内，对梁、柱和独立基础，应抽查构件数量的10%，且不少于3件；对墙和板，应按有代表性的自然间抽查10%，且不少于3间；对大空间结构，墙可按相邻轴线间高度5 m左右划分检查面，板可按纵、横轴线划分检查面，抽查10%，且均不少于3面。

（7）预制构件模板安装的允许偏差及检验方法见表6-9。

表6-9　预制构件模板安装的允许偏差及检验方法

项目		允许偏差/mm	检验方法
长度	梁、板	±4	尺量两侧边，取其中较大值
	薄膜梁、桁架	±8	
	柱	0，−10	
	墙板	0，−5	
宽度	板、墙板	0，−5	尺量两端及中部，取其中较大值
	梁、薄腹梁、桁架、柱	+2，−5	
高（厚）度	板	+2，−3	尺量两端及中部，取其中较大值
	墙板	0，−5	
	梁、薄腹梁、桁架、柱	+2，−5	
侧向弯曲	梁、板、柱	$l/1\,000$且≤15	拉线、尺量最大弯曲处
	墙板、薄腹梁、桁架	$l/1\,500$且≤15	
板的表面平整度		3	2 m靠尺和塞尺量测
相邻两板表面高差		1	尺量
对角线差	板	7	尺量两对角线
	墙板	5	
翘曲	板、墙板	$l/1\,500$	水平尺在两端量测
设计起拱	薄腹梁、桁架、梁	±3	拉线、尺量跨中

注：l 为构件长度（mm）。

检查数量：对首次使用及大修后的模板应进行全数检查；使用中的模板应抽查10%，且不应少于5件，不足5件时应全数检查。

(三)工程质量通病及防治措施

1. 采用易变形的市材制作模板，模板拼缝不严

质量通病 采用易变形木材制作的模板，因其材质软、吸水率高，混凝土浇捣后模板变形较大，混凝土容易产生裂缝，表面毛糙。模板与支撑面结合不严或者模板拼缝处没刨光的，拼缝处易漏浆，混凝土容易产生蜂窝、裂缝或"砂线"。

防治措施 采用木材制作模板，应选用质地坚硬的木料，不宜使用黄花松木或其他易变形的木材制作模板。模板拼缝应刨光拼严，模板与支撑面应贴紧，缝隙处可用薄海绵封贴或批嵌纸筋灰等嵌缝材料，使其不漏浆。

2. 竖向混凝土构件的模板安装未吊垂线检查垂直度

质量通病 墙体、立柱等竖向构件模板安装后，如不经过垂直度校正，各层垂直度累积偏差过大将造成构筑物向一侧倾斜；各层垂直度累积偏差不大，但相互间相对偏差较大，也将导致混凝土实测质量不合格，且给面层装饰找平带来困难和隐患。局部外倾部位如需凿除，可能危及结构安全及露出结构钢筋，造成受力不利及钢筋易锈蚀；局部内倾部位如需补足粉刷，则粉刷层过厚会造成起壳等隐患。

防治措施 竖向构件每层施工模板安装后，均需在立面内外侧用线坠吊测垂直度，并校正模板垂直度在允许偏差范围内。在每施工一定层次后需从顶到底统一吊垂线检查垂直度，从而控制整体垂直度在一定允许偏差范围内，如发现墙体有向一侧倾斜的趋势，应立即加以纠正。

对每层模板垂直度校正后需及时加支撑牢固，以防止浇捣混凝土过程中模板受力后再次发生偏位。

3. 封闭或竖向模板无排气孔、浇捣孔

质量通病 由于封闭或竖向的模板无排气孔，混凝土表面易出现气孔等缺陷，高柱、高墙模板未留浇捣孔，易出现混凝土浇捣不实或空洞现象。

防治措施 墙体的大型预留洞口(门窗洞等)底模应开设排气孔，使浇筑时混凝土中的气泡及时排出，确保混凝土浇筑密实。高柱、高墙(超过3 m)侧模要开设浇捣孔，以便于混凝土浇筑和振捣。

二、模板拆除工程

1. 模板拆除工程施工过程质量控制

(1)模板及其支架的拆除时间和顺序应事先在施工技术方案中确定，拆模必须按拆模顺序进行，一般是后支的先拆，先支的后拆；先拆非承重部分，后拆承重部分。重大、复杂的模板拆除，按专门制定的拆模方案执行。

(2)拆模时不要用力过大过急，要将拆下来的模板和支撑用料及时运走、整理。

(3)现浇楼板采用早拆模施工时，经理论计算复核后，将大跨度楼板改成支模形式为小跨度的楼板(≤2 m)，当浇筑的楼板混凝土实际强度达到50%的设计强度标准值，可拆除模板，保留支架，严禁调换支架。

(4)多层建筑施工，当上层楼板正在浇筑混凝土时，下一层楼板的模板支架不得拆除，再下一层楼板的支架，仅可拆除一部分；跨度4 m及4 m以上的梁下均应保留支架，其间距不得大于3 m。

(5)高层建筑梁、板模板，完成一层结构，其底模及其支架的拆除时间控制，应对所用混凝

土的强度发展情况，分层进行核算，确保下层梁及楼板混凝土能承受上层全部荷载。

（6）拆除前应先清理脚手架上的垃圾、杂物，再拆除连接杆件，经检查安全、可靠后方可按顺序拆除模板。拆除时要有统一指挥、专人监护，设置警戒区，防止交叉作业，对拆下物品要及时清运、整修、保养。

（7）后张法预应力结构构件，侧模宜在预应力张拉前拆除；底模及支架的拆除应按施工技术方案进行。当无具体要求时，应在结构构件建立预应力之后拆除。

（8）后浇带模板的拆除和支顶方法应按施工技术方案执行。

2. 工程质量通病及防治措施

质量通病　由于现场使用急于周转模板，或因为不了解混凝土构件拆模时所应遵守的强度和时间龄期要求，不按施工方案要求，过早地将混凝土强度等级和龄期还没有达到设计要求的构件底模拆除。此时，混凝土还不能承受全部使用荷载或施工荷载，造成构件出现裂缝甚至破坏，导致坍塌的质量事故。

防治措施

（1）应在施工组织设计、施工方案中明确考虑施工工序安排、进度计划和模板安装及拆除要求。拆模一定要严格按施工组织方案要求落实，满足一定的工艺时间间歇要求。同时，施工现场应落实拆模令，即拆除重要混凝土结构件的模板必须由现场施工员提出申请，技术员签字把关。

（2）现场可以制作混凝土试块，并与现浇混凝土构件同条件养护，到达施工组织方案规定拆模时间时进行抗压强度试验，以检查现场混凝土是否已达到了拆模要求的强度标准。

（3）施工现场交底要明确，不能使操作人员不了解拆模的要求。

（4）按照施工组织方案配备足够数量的模板，不能因为模板周转数量少而影响施工工期或提早拆模。

任务四　砌体工程

砌体工程是指由砖、石或各种类型砌块通过黏结砂浆组砌而成的工程。砌体工程是建筑工程的重要部分。在砖混结构中，砌体是承重结构。在框架结构中，砌体是围护填充结构。墙体材料通过砌筑砂浆连接成整体，实现对建筑物内部分隔和外部围护、挡风、防水、遮阳等作用。

一、砖砌体工程

（一）砖砌体工程质量控制

1. 材料质量要求

（1）砖进场应按要求进行取样试验，并出具试验报告，合格后方可使用。砖的品种、强度等级必须符合设计要求。用于清水墙、柱表面的砖，应边角整齐、色泽均匀。

砌体结构工程施工质量验收要求

（2）水泥的强度等级应根据设计要求进行选择。水泥砂浆采用的水泥，其强度等级不宜大于32.5级；水泥混合砂浆采用的水泥，其强度等级不宜大于42.5级。水泥进场使用前，应分批对其强度、安定性进行复检。检验批应以同一生产厂家、同一编号为一批。当在使用中对水泥质量有怀疑或水泥出厂超过3个月（快硬性硅酸盐水泥超过1个月）时，应复查试验，并按其结果使用。不同品种、强度等级的水泥不得混合使用。

(3)砂宜采用中砂，不得含有有害杂质。砂中含泥量，对水泥砂浆和强度等级不小于 M5 的水泥混合砂浆，不得超过 5%；对强度等级小于 M5 的水泥混合砂浆，不应超过 10%；人工砂、山砂及特细砂，经试配应能满足砌筑砂浆技术条件要求。

(4)生石灰熟化成石灰膏时，应用孔径不大于 3 mm×3 mm 的网过滤，熟化时间不得少于 7 d；磨细生石灰粉的熟化时间不得少于 2 d。沉淀池中储存的石灰膏，应采取防止干燥、冻结和污染的措施。配制水泥石灰砂浆时，不得采用脱水硬化的石灰膏。

(5)凡在砂浆中掺入有机塑化剂、早强剂、缓凝剂、防冻剂等，应在检验和试配符合要求后方可使用。有机塑化剂应有砌体强度的型式检验报告。

(6)砂浆应符合以下要求：

1)砂浆的品种、强度等级必须符合设计要求。

2)水泥砂浆中水泥用量不应小于 200 kg/m³；水泥混合砂浆中水泥和掺合料总量宜为 300～350 kg/m³。

3)具有冻融循环次数要求的砌筑砂浆，经冻融试验后，质量损失率不得大于 5%，抗压强度损失率不得大于 25%。

4)水泥混合砂浆不得用于基础等地下潮湿环境中的砌体工程。

(7)用于砌体工程的钢筋品种、强度等级必须符合设计要求，并应有产品合格证书和性能检测报告，进场后应进行复检。设置在潮湿环境或有化学侵蚀性介质的环境中的砌体灰缝内的钢筋应采取防腐措施。

2. 施工过程质量控制

(1)放线和皮数杆。

1)建筑物的标高，应引自标准水准点或设计指定的水准点。基础施工前，应在建筑物的主要轴线部位设置标志板。标志板上应标明基础、墙身和轴线的位置及其标高。外形或构造简单的建筑物，可用控制轴线的引桩代替标志板。

2)砌筑前，弹好墙基大放脚外边沿线、墙身线、轴线、门窗洞口位置线，并必须用钢尺校核放线尺寸。

3)按设计要求，在基础及墙身的转角及某些交接处立好皮数杆，其间距每隔 10～15 m 立一根，皮数杆上画有每皮砖和灰缝厚度及门窗洞口、过梁、楼板等竖向构造的变化位置，控制楼层及各部位构件的标高。每一楼层(或基础)砌筑完成后，应校正砌体的轴线和标高。

(2)砌体工作段的划分。

1)相邻工作段的分段位置，宜设在伸缩缝、沉降缝、防震缝构造柱或门窗洞口处。

2)相邻工作段的高度差，不得超过一个楼层的高度且不得大于 4 m。

3)砌体临时间断处的高度差，不得超过一步脚手架的高度。

4)砌体施工时，楼面堆载不得超过楼板允许荷载值。

5)尚未安装楼板或屋面的墙和柱，当可能遇到大风时，其允许的自由高度不得超过表 6-10 的规定。如超过规定，必须采取临时支撑等有效措施，以保证墙或柱在施工中的稳定性。

表 6-10　墙和柱的允许自由高度　　　　　　　　　　　　　　　　m

墙(柱)厚/mm	砌体密度>1 600 kg/m³			砌体密度 1 300～1 600 kg/m³		
	风载/(kN·m⁻²)					
	0.3(约 7 级风)	0.4(约 8 级风)	0.5(约 9 级风)	0.3(约 7 级风)	0.4(约 8 级风)	0.5(约 9 级风)
190	—	—	—	1.4	1.1	0.7

墙(柱)厚/mm	砌体密度＞1 600 kg/m³			砌体密度 1 300～1 600 kg/m³		
	风载/(kN·m⁻²)					
	0.3(约7级风)	0.4(约8级风)	0.5(约9级风)	0.3(约7级风)	0.4(约8级风)	0.5(约9级风)
240	2.8	2.1	1.4	2.2	1.7	1.1
370	5.2	3.9	2.6	4.2	3.2	2.1
490	8.6	6.5	4.3	7.0	5.2	3.5
620	14.0	10.5	7.0	11.4	8.6	5.7

注：1. 本表适用于施工处相对标高(H)在 10 m 范围内的情况。当 10 m＜H≤15 m、15 m＜H≤20 m 时，表中的允许自由高度应分别乘以 0.9、0.8 的系数；当 H＞20 m 时，应通过抗倾覆验算确定其允许自由高度。

2. 当所砌筑的墙有横墙或其他结构与其连接，而且间距小于表列限值的 2 倍时，砌筑高度可不受本表的限制。

(3)砌体留槎和拉结钢筋。

1)砖砌体接槎时必须将接槎处的表面清理干净，浇水湿润，填实砂浆并保持灰缝平直。

2)多层砌体结构中，后砌的非承重砌体隔墙，应沿墙高每隔 500 mm 配置 2φ6 的钢筋与承重墙或柱拉结，每边伸入墙内不应小于 500 mm。抗震设防烈度为 8 度和 9 度地区，长度大于 5 m 的后砌隔墙的墙顶，还应与楼板或梁拉结。隔墙砌至梁板底时，应留一定空隙，间隔一周后再补砌挤紧。

(4)砖砌体灰缝。

1)水平灰缝砌筑方法宜采用"三一"砌砖法，即"一铲灰、一块砖、一揉挤"的操作方法。竖向灰缝宜采用挤浆法或加浆法，使其砂浆饱满，严禁用水冲浆灌缝。

如采用铺浆法砌筑，铺浆长度不得超过 750 mm。当施工期间气温超过 30 ℃时，铺浆长度不得超过 500 mm。水平灰缝的砂浆饱满度不得低于 80％；竖向灰缝不得出现透明缝、瞎缝和假缝。

2)清水墙面不应有上、下二皮砖搭接长度小于 25 mm 的通缝，不得有三分头砖，不得在上部随意变活、乱缝。

3)空斗墙的水平灰缝厚度和竖向灰缝宽度一般为 10 mm，但不应小于 7 mm，也不应大于 13 mm。

4)筒拱拱体灰缝应全部用砂浆填满，拱底灰缝宽度宜为 5～8 mm，筒拱的纵向缝应与拱的横断面垂直。筒拱的纵向两端不宜砌入墙内。

5)为保持清水墙面立缝垂直一致，当砌至一步架子高时，水平间距每隔 2 m，在丁砖竖缝位置弹两道垂直立线，控制游丁走缝。

6)清水墙勾缝应采用加浆勾缝，勾缝砂浆宜采用细砂拌制的 1∶1.5 水泥砂浆。勾凹缝时深度为 4～5 mm，多雨地区或多孔砖可采用稍浅的凹缝或平缝。

7)砖砌平拱过梁的灰缝应砌成楔形缝。灰缝宽度，在过梁底面不应小于 5 mm；在过梁的顶面不应大于 15 mm。拱脚下面应伸入墙内不小于 20 mm，拱底应有 1％起拱。

8)砌体的伸缩缝、沉降缝、防震缝中，不得夹有砂浆、碎砖和杂物等。

(5)砖砌体预留孔洞和预埋件。

1)设计要求的洞口、管道、沟槽，应在砌筑时按要求预留或预埋。未经设计同意，不得打凿墙体和在墙体上开凿水平沟槽。超过 300 mm 的洞口上部应设过梁。

2)砌体中的预埋件应做防腐处理,预埋木砖的木纹应与钉子垂直。

3)在墙上留置临时施工洞口,其侧边离高楼处墙面不应小于 500 mm,洞口净宽度不应超过1 m,洞顶部应设置过梁。抗震设防烈度为 9 度的地区建筑物的临时施工洞口位置,应会同设计单位确定。临时施工洞口应做好补砌。

4)不得在下列墙体或部位设置脚手眼:

①120 mm 厚墙、料石清水墙和独立柱。

②过梁上与过梁成 60°角的三角形范围及过梁净跨度 1/2 的高度范围内。

③宽度小于 1 m 的窗间墙。

④砌体门窗洞口两侧 200 mm(石砌体为 300 mm)和转角处 450 mm(石砌体为 600 mm)范围内。

⑤梁或梁垫下及其左右 500 mm 范围内。

⑥设计不允许设置脚手眼的部位。

5)预留外窗洞口位置应上下挂线,保持上下楼层洞口位置垂直;洞口尺寸应准确。

(二)砖砌体工程质量检验

主控项目

(1)砖和砂浆的强度等级必须符合设计要求。

抽检数量:每一生产厂家,烧结普通砖、混凝土实心砖每 15 万块,烧结多孔砖、混凝土多孔砖、蒸压灰砂砖及蒸压粉煤灰砖每 10 万块各为一验收批,不足上述数量时按 1 批计算,抽检数量为 1 组。

检验方法:查砖和砂浆试块试验报告。

(2)砌体灰缝砂浆应密实饱满,砖墙水平灰缝的砂浆饱满度不得低于 80%;砖柱水平灰缝和竖向灰缝饱满度不得低于 90%。

抽检数量:每检验批抽查不应少于 5 处。

检验方法:用百格网检查砖底面与砂浆的黏结痕迹面积,每处检测 3 块砖,取其平均值。

(3)砖砌体的转角处和交接处应同时砌筑,严禁无可靠措施的内外墙分砌施工。在抗震设防烈度为 8 度及 8 度以上地区,对不能同时砌筑而又必须留置的临时间断处应砌成斜槎,普通砖砌体斜槎水平投影长度不应小于高度的 2/3,多孔砖砌体的斜槎长高比不应小于 1/2。斜槎高度不得超过一步脚手架的高度。

抽检数量:每检验批抽查不应少于 5 处。

检验方法:观察检查。

(4)非抗震设防及抗震设防烈度为 6 度、7 度地区的临时间断处,当不能留斜槎时,除转角处外,可留直槎,但直槎必须做成凸槎,且应加设拉结钢筋,拉结钢筋应符合下列规定:

1)每 120 mm 墙厚放置 1Φ6 拉结钢筋(120 mm 厚墙应放置 2Φ6 拉结钢筋)。

2)间距沿墙高不应超过 500 mm,且竖向间距偏差不应超过 100 mm。

3)埋入长度从留槎处算起每边均不应小于 500 mm;对抗震设防烈度 6 度、7 度的地区,不应小于 1 000 mm。

4)末端应有 90°弯钩(图 6-2)。

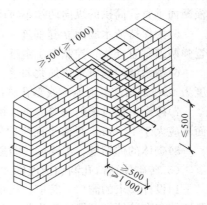

图 6-2 直槎处拉结钢筋示意

检验数量：每检验批抽查不应少于 5 处。

检验方法：观察和尺量检查。

一般项目

(1)砖砌体组砌方法应正确，内外搭砌，上、下错缝。清水墙、窗间墙无通缝；混水墙中不得有长度大于 300 mm 的通缝，长度 200～300 mm 的通缝每间不超过 3 处，且不得位于同一面墙体上。砖柱不得采用包心砌法。

抽检数量：每检验批抽查不应少于 5 处。

检验方法：观察检查。砌体组砌方法抽检每处应为 3～5 m。

(2)砖砌体的灰缝应横平竖直、厚薄均匀，水平灰缝厚度及竖向灰缝宽度宜为 10 mm，但不应小于 8 mm，也不应大于 12 mm。

抽检数量：每检验批抽查不应少于 5 处。

检验方法：水平灰缝厚度用尺量 10 皮砖砌体高度折算；竖向灰缝宽度用尺量 2 m 砌体长度折算。

(3)砖砌体尺寸、位置的允许偏差及检验方法应符合表 6-11 的规定。

表 6-11　砖砌体尺寸、位置的允许偏差及检验方法

项次	项目			允许偏差/mm	检验方法	抽检数量
1	轴线位移			10	用经纬仪和尺或用其他测量仪器检查	承重墙、柱全数检查
2	基础、墙、柱顶面标高			±15	用水准仪和尺检查	不应少于 5 处
3	墙面垂直度	每层		5	用 2 m 托线板检查	不应少于 5 处
		全高	≤10 mm	10	用经纬仪、吊线和尺或用其他测量仪器检查	外墙全部阳角
			>10 mm	20		
4	表面平整度	清水墙、柱		5	用 2 m 靠尺和楔形塞尺检查	不应少于 5 处
		混水墙、柱		8		
5	水平灰缝平直度	清水墙		7	拉 5 m 线和尺检查	不应少于 5 处
		混水墙		10		
6	门窗洞口高、宽(后塞口)			±10	用尺检查	不应少于 5 处
7	外墙上、下窗口偏移			20	以底层窗口为准，用经纬仪或吊线检查	不应少于 5 处
8	清水墙游丁走缝			20	以每层第一皮砖为准，用吊线和尺检查	不应少于 5 处

(三)工程质量通病及防治措施

1. 砖缝砂浆不饱满，砂浆与砖粘结不良

质量通病　砌体水平灰缝砂浆饱满度低于 80％；竖缝出现瞎缝，特别是空心砖墙，常出现较多的透明缝；砌筑清水墙采取大缩口铺灰，缩口缝深度甚至达 20 mm 以上，影响砂浆饱满度。砖在砌筑前未浇水湿润，干砖上墙，或铺灰长度过长，致使砂浆与砖黏结不良。

防治措施

(1)改善砂浆和易性，提高粘结强度，确保灰缝砂浆饱满。

(2)改进砌筑方法。不宜采取铺浆法或摆砖砌筑，应推广"三一砌砖法"，即使用大铲，一块砖、一铲灰、一挤揉的砌筑方法。

(3)当采用铺浆法砌筑时，必须控制铺浆的长度，一般气温条件下不得超过750 mm；当施工期间气温超过30 ℃时，不得超过500 mm。

(4)严禁用干砖砌墙。砌筑前1～2 d应将砖浇湿，使砌筑时烧结普通砖和多孔砖的含水率达到10％～15％，灰砂砖和粉煤灰砖的含水率达到8％～12％。

(5)冬期施工时，在正温条件下也应将砖面适当湿润后再砌筑。负温条件下施工无法浇砖时，应适当增大砂浆的稠度。对于9度抗震设防地区，在严冬无法浇砖的情况下，不能进行砌筑。

2. 清水墙面游丁走缝

质量通病　大面积的清水墙面常出现丁砖竖缝歪斜、宽窄不匀，丁不压中(丁砖在下层顺砖上不居中)，清水墙窗台部位与窗间墙部位的上下竖缝发生错位等，直接影响到清水墙面的美观。

防治措施

(1)砌筑清水墙，应选取边角整齐、色泽均匀的砖。

(2)砌清水墙前应进行统一摆底，并先对现场砖的尺寸进行实测，以便确定组砌方法和调整竖缝宽度。

(3)摆底时应将窗口位置引出，使砖的竖缝尽量与窗口边线相齐，如安排不开，可适当移动窗口位置(一般不大于20 mm)。当窗口宽度不符合砖的模数(如1.8 m宽)时，应将七分头砖留在窗口下部的中央，以保持窗间墙处上、下竖缝不错位，如图6-3所示。

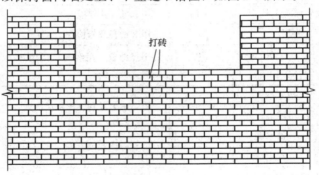

打砖

图6-3　窗间墙上下竖缝情况

(4)游丁走缝主要是由丁砖游动所引起的，因此在砌筑时，必须强调丁压中，即丁砖的中线与下层顺砖的中线重合。

(5)在砌大面积清水墙(如山墙)时，在开始砌的几层砖中，沿墙角1 m处，用线坠吊一次竖缝的垂直度，至少保持一步架高度有准确的垂直度。

(6)沿墙面每隔一定间距，在竖缝处弹墨线，墨线用经纬仪或线坠引测。当砌至一定高度(一步架或一层墙)后，将墨线向上引伸，以作为控制游丁走缝的基准。

二、石砌体工程

(一)石砌体工程质量控制

1. 材料质量要求

(1)石材。石砌体所用石材应质地坚实，无风化剥落和裂纹。用于清水墙、柱表面的石材，应色泽均匀。毛石砌体中所用的毛石应呈块状，其中部厚度不小于 150 mm，各种砌块用的料石宽度、厚度均不应小于 200 mm，长度不应大于厚度的 4 倍。

（2）水泥、砂、砂浆的质量要求同砖砌体工程。

2. 施工过程质量控制

（1）石砌体采用的石材应质地坚实，无裂纹和无明显风化剥落；用于清水墙、柱表面的石材，还应色泽均匀。

（2）石材表面的泥垢、水锈等杂质，砌筑前应清除干净。

（3）砌筑毛石基础的第 1 皮石块应坐浆，并将大面向下；砌筑料石基础的第 1 皮石块应用丁砌层坐浆砌筑。

（4）毛石砌体的第 1 皮及转角处、交接处和洞口处，应用较大的平毛石砌筑。每个楼层（包括基础）砌体的最上 1 皮，宜选用较大的毛石砌筑。

（5）毛石砌筑时，对石块间存在较大的缝隙，应先向缝内填灌砂浆并捣实，然后再用小石块嵌填，不得先填小石块后填灌砂浆，石块间不得出现无砂浆相互接触现象。

（6）砌筑毛石挡土墙应按分层高度砌筑，并应符合下列规定：

1）每砌 3~4 皮为一个分层高度，每个分层高度应将顶层石块砌平。

2）两个分层高度间分层处的错缝不得小于 80 mm。

（7）料石挡土墙，当中间部分用毛石砌筑时，丁砌料石伸入毛石部分的长度不应小于 200 mm。

（8）毛石、毛料石、粗料石、细料石砌体灰缝厚度应均匀，灰缝厚度应符合下列规定：

1）毛石砌体外露面的灰缝厚度不宜大于 40 mm。

2）毛料石和粗料石的灰缝厚度不宜大于 20 mm。

3）细料石的灰缝厚度不宜大于 5 mm。

（9）当挡土墙的泄水孔无设计规定时，施工应符合下列规定：

1）泄水孔应均匀设置，在每米高度上间隔 2 m 左右设置一个泄水孔。

2）泄水孔与土体间铺设长宽各为 300 mm、厚为 200 mm 的卵石或碎石做疏水层。

（10）挡土墙内侧回填土必须分层夯填，分层松土厚度宜为 300 mm。墙顶土面应有适当的坡度，使流水流向挡土墙外侧面。

（11）在毛石和实心砖的组合墙中，毛石砌体与砖砌体应同时砌筑，并每隔 4~6 皮砖用 2~3 皮丁砖与毛石砌体拉结砌合；两种砌体间的空隙应填实砂浆。

（12）毛石墙和砖墙相接的转角处与交接处应同时砌筑。转角处、交接处应自纵墙（或横墙）每隔 4~6 皮砖高度引出不小于 120 mm，与横墙（或纵墙）相接。

（二）砌体工程质量检验

主控项目

（1）石材及砂浆强度等级必须符合设计要求。

抽检数量：同一产地的同类石材抽检不应少于 1 组。砂浆试块每一检验批且不超过 250 m³ 砌体的各类、各强度等级的普通砌筑砂浆，每台搅拌机应至少抽检 1 次。验收批的预拌砂浆、蒸压加气混凝土砌块专业砂浆，抽检可分为 3 组。

检验方法：料石检查产品质量证明书，石材、砂浆检查试块试验报告。

（2）砌体灰缝的砂浆饱满度不应小于 80%。

抽检数量：每检验批抽查不应少于 5 处。

检验方法：观察检查。

一般项目

(1)石砌体尺寸、位置的允许偏差及检验方法应符合表 6-12 的规定。

表 6-12　石砌体尺寸、位置的允许偏差及检验方法

项次	项目		允许偏差/mm							检验方法
			毛石砌体		料石砌体					
					毛料石		粗料石		细料石	
			基础	墙	基础	墙	基础	墙	墙、柱	
1	轴线位置		20	15	20	15	15	10	10	用经纬仪和尺检查，或用其他测量仪器检查
2	基础和墙砌体顶面标高		±25	±15	±25	±15	±15	±15	±10	用水准仪和尺检查
3	砌体厚度		+30	+20 −10	+30	+20 −10	+15	+10 −5	+10 −5	用尺检查
4	墙面垂直度	每层	—	20	—	20	—	10	7	用经纬仪、吊线和尺检查或用其他测量仪器检查
		全高	—	30	—	30	—	25	10	
5	表面平整度	清水墙、柱	—	—	—	20	—	10	5	细料石用 2 m 靠尺和楔形塞尺检查，其他用两直尺垂直于灰缝拉 2 m 线和尺检查
		混水墙、柱	—	—	—	20	—	15	—	
6	清水墙水平灰缝平直度		—	—	—	—	—	10	5	拉 10 m 线和尺检查

抽检数量：每检验批抽查不应少于 5 处。

(2)石砌体的组砌形式应符合下列规定：

1)内外搭砌，上下错缝，拉结石、丁砌石交错设置。

2)毛石墙拉结石每 0.7 m² 墙面不应少于 1 块。

检查数量：每检验批抽查不应少于 5 处。

检验方法：观察检查。

(三)工程质量通病及防治措施

质量通病　当墙体砌筑缺乏长石料或为图省事、操作马虎时，就会有不设置拉结石或设置数量较少的情况发生。这样易造成砌体拉结不牢，影响墙体的整体性和稳定性，降低砌体的承载力。

防治措施　砌体必须设置拉结石，拉结石应均匀分布，相互错开，在立面上呈梅花形；毛石基础(墙)同皮内每隔 2 m 左右设置 1 块；毛石墙一般每 0.7 m² 墙面至少应设置 1 块，且同皮内的中距不应大于 2 m；拉结石的长度，如墙厚小于或等于 400 mm，应同厚；如墙厚大于 400 mm，可用两块拉结石内外搭接，搭接长度不应小于 150 mm，且其中一块的长度不应小于墙厚的 2/3。

任务五　屋面工程

屋面工程是房屋建筑的一项重要工程。其中，根据建筑物的性质、重要程度、使用功能要求及防水层耐用年限等，屋面防水分为Ⅰ、Ⅱ、Ⅲ、Ⅳ四个等级，并按不同等级设防。屋面防水常见种类有卷材防水屋面、涂膜防水屋面和刚性防水屋面。

一、屋面保温层

（一）屋面保温层施工过程质量控制

（1）铺设保温层的基层应平整、干燥和干净。

（2）保温层应干燥，封闭式保温层的含水率应相当于该材料在当地自然风干状态下的平衡含水率。屋面保温层干燥有困难时，应采用排汽措施。

（3）倒置式屋面应采用吸水率小、长期浸水不腐烂的保温材料。保温层上应用混凝土等块材、水泥砂浆或卵石做保护层；卵石保护层与保温层之间，应干铺一层无纺聚酯纤维布做隔离层。

（4）松散材料保温层。

1）保温层含水率应符合设计要求。

2）松散保温材料应分层铺设并压实，每层虚铺厚度不宜大于150 mm；压实的程度与厚度必须经试验确定；压实后不得直接在保温层上行车或堆物。

3）保温层施工完成后，应及时进行找平层和防水层的施工；雨期施工时，保温层应采取遮盖措施。

（5）板状材料保温层。

1）板状材料保温层采用干铺法施工时，板桩保温材料应紧靠在基层表面上，应铺平垫稳；分层铺设的板块上、下层接缝应相互错开，板间缝隙应采用同类材料的碎屑填密实。

2）板状材料保温层采用粘贴法施工时，胶粘剂应与保温材料的材性相容，并应贴严、粘牢；板状材料保温的平面接缝应挤紧拼严，不得在板块侧面涂抹胶粘剂，超过2 mm的缝隙应采用相同材料板条或片填塞严实。

3）板状保温材料采用机械固定法施工时，应选择专用螺钉和垫片；固定件与结构层之间应连接牢固。

（6）整体现浇（喷）保温层。

1）沥青膨胀蛭石、沥青膨胀珍珠岩宜用机械搅拌，并应色泽一致，无沥青团；压实程度根据试验确定，其厚度应符合设计要求，表面应平整。

2）硬质聚酯泡沫塑料应按配合比准确计量，发泡厚度均匀一致。

3）整体沥青膨胀蛭石、沥青膨胀珍珠岩保温层施工须符合下列规定：

①沥青加热温度不应高于240 ℃。膨胀蛭石或膨胀珍珠岩的预热温度宜为100 ℃～120 ℃。

②宜采用机械搅拌。

③压实程度必须根据试验确定。

屋面工程质量
验收要求

④对于倒置式屋面，当保护层采用卵石铺压时，卵石铺设应防止过量，以免加大屋面荷载，致使结构开裂或变形过大，甚至造成结构破坏。

（7）纤维保温材料保温层。

1）纤维材料保温层施工应符合下列规定：

①纤维保温材料应紧靠在基层表面上，平面接缝应挤紧、拼严，上、下层接缝应相互错开。

②屋面坡度较大时，宜采用金属或塑料专用固定件将纤维保温材料与基层固定。

③纤维材料填充后，不得上人踩踏。

2）装配式骨架纤维保温材料施工时，应先在基层上铺设保温龙骨或金属龙骨，龙骨之间应填充纤维保温材料，再在龙骨上铺钉水泥纤维板。金属龙骨和固定件应经防锈处理，金属龙骨与基层之间应采取隔热断桥措施。

（8）喷涂硬泡聚氨酯保温层。

1）保温层施工前应对喷涂设备进行调试，并应制备试样进行硬泡聚氨酯的性能检测。

2）喷涂硬泡聚氨酯的配合比应准确计量，发泡厚度应均匀一致。

3）喷涂时喷嘴与施工基面的间距应由试验确定。

4）一个作业面应分遍喷涂完成，每遍厚度不宜大于 15 mm；当日的作业面应当日连续地喷涂施工完毕。

5）硬泡聚氨酯喷涂后 20 min 内严禁上人；喷涂硬泡聚氨酯保温层完成后，应及时做保护层。

（9）现浇泡沫混凝土保温层。

1）在浇筑泡沫混凝土前，应将基层上的杂物和油污清理干净；基层应浇水湿润，但不得有积水。

2）保温层施工前应对设备进行调试，并应制备试样进行泡沫混凝土的性能检测。

3）泡沫混凝土的配合比应准确计量，制备好的泡沫加入水泥料浆中应搅拌均匀。

4）在浇筑过程中，应随时检查泡沫混凝土的湿密度。

（二）屋面保温层质量检验

1. 板状材料保温层

主控项目

（1）板状保温材料的质量，应符合设计要求。

检验方法：检查出厂合格证、质量检验报告和进场检验报告。

（2）板状材料保温层的厚度应符合设计要求，其正偏差应不限，负偏差应为 5%，且不得大于 4 mm。

检验方法：钢针插入和尺量检查。

（3）屋面热桥部位处理应符合设计要求。

检验方法：观察检查。

一般项目

（1）板状保温材料铺设应紧贴基层，应铺平垫稳，拼缝应严密，粘贴应牢固。

检验方法：观察检查。

（2）固定件的规格、数量和位置均应符合设计要求；垫片应与保温层表面齐平。

检验方法：观察检查。

（3）板状材料保温层表面平整度的允许偏差为 5 mm。

检验方法：2 m 靠尺和塞尺检查。

(4)板状材料保温层接缝高低差的允许偏差为 2 mm。

检验方法：直尺和塞尺检查。

2. 纤维材料保温层

主控项目

(1)纤维材料的质量，应符合设计要求。

检验方法：检查出厂合格证、质量检验报告和进场检验报告。

(2)纤维材料保温层的厚度应符合设计要求，其正偏差应不限，毡不得有负偏差，板负偏差应为 4%，且不得大于 3 mm。

检验方法：钢针插入和尺量检查。

(3)屋面热桥部位处理应符合设计要求。

检验方法：观察检查。

一般项目

(1)纤维材料铺设应紧贴基层，拼缝应严密，表面应平整。

检验方法：观察检查。

(2)固定件的规格、数量和位置应符合设计要求；垫片应与保温层表面齐平。

检验方法：观察检查。

(3)装配式骨架和水泥纤维板应铺钉牢固，表面应平整；龙骨间距和板材厚度应符合设计要求。

检验方法：观察和尺量检查。

(4)具有抗水蒸气渗透外覆面的玻璃棉制品，其外覆面应朝向室内，拼缝处应用防水密封胶带封严。

检验方法：观察检查。

3. 喷涂硬泡聚氨酯保温层

主控项目

(1)喷涂硬泡聚氨酯保温层所用原材料的质量及配合比，应符合设计要求。

检验方法：检查原材料出厂合格证、质量检验报告和计量措施。

(2)喷涂硬泡聚氨酯保温层的厚度应符合设计要求，其正偏差应不限，不得有负偏差。

检验方法：钢针插入和尺量检查。

(3)屋面热桥部位处理应符合设计要求。

检验方法：观察检查。

一般项目

(1)喷涂硬泡聚氨酯保温层应分遍喷涂，黏结应牢固，表面应平整，找坡应正确。

检验方法：观察检查。

(2)喷涂硬泡聚氨酯保温层表面平整度的允许偏差为 5 mm。

检验方法：2 m 靠尺和塞尺检查。

4. 现浇泡沫混凝土保温层

主控项目

(1)现浇泡沫混凝土保温层所用原材料的质量及配合比，应符合设计要求。

检验方法：检查原材料出厂合格证、质量检验报告和计量措施。

(2)现浇泡沫混凝土保温层的厚度应符合设计要求，其正、负偏差应为 5%，且不得大于 5 mm。

检验方法：钢针插入和尺量检查。

(3)屋面热桥部位处理应符合设计要求。

检验方法：观察检查。

一般项目

(1)现浇泡沫混凝土保温层应分层施工，黏结应牢固，表面应平整，找坡应正确。

检验方法：观察检查。

(2)现浇泡沫混凝土保温层不得有贯通性裂缝，以及疏松、起砂、起皮现象。

检验方法：观察检查。

(3)现浇泡沫混凝土保温层表面平整度的允许偏差为 5 mm。

检验方法：2 m 靠尺和塞尺检查。

(三)工程质量通病及防治措施

1. 保温层铺设坡度不当

质量通病　屋面保温层未按设计要求铺出坡度，或未向出水口、水漏斗方向做出坡度，造成屋面积水。

防治措施

(1)在铺设保温层前，应按设计图纸要求的屋面坡度，在屋面上设坡度标志。

(2)铺设保温层时，应按坡度标志挂线，找出坡度并以此进行铺设。

(3)如屋面已经做完，发现屋面坡度不当而积水时，可在结构承载能力允许的情况下，用沥青砂浆适当找垫；如出水口过高或天沟坡度倒坡，可降低出水口标高或对天沟坡度进行局部翻修处理。

2. 保温层强度不够

质量通病　已完工的保温层发酥，上人作业时被踩坏，致使保温性能降低。

防治措施

(1)严格按配合比施工。对有疑问的水泥要做强度等级、安定性和凝结时间的检定。确定配合比前需要经过试配。施工时必须严格称量。

(2)整体保温层宜随铺设随抹砂浆找平层，分隔施工。使用小车运料时，应使用脚手板铺道，避免车轮直接压在保温隔热层上。

二、屋面找平层

(一)屋面找平层施工过程质量控制

1. 材料质量要求

水泥：强度等级不低于 42.5 级的硅酸盐水泥、普通硅酸盐水泥。

砂：宜用中砂、级配良好的碎石，含泥量不大于 3%，不含有机杂质。

石：粒径为 0.5~1.5 cm，含泥量不大于 1.0%，级配良好。

水：拌合用水宜采用饮用水。

沥青：沥青砂浆找平层采用 1∶8(沥青∶砂)质量比。沥青可采用 10 号、30 号的建筑石油沥青或其熔合物。具体材质及配合比应符合设计要求。

粉料：可采用矿渣、页岩粉、滑石粉等。

2. 施工过程质量控制

(1)找平层的厚度和技术要求应符合表 6-13 的规定。

表 6-13　找平层的厚度和技术要求

类别	基层种类	厚度/mm	技术要求
水泥砂浆找平层	整体混凝土	15~20	1:2.5~1:3（水泥:砂）体积比，水泥强度等级不低于32.5级
	整体或板状材料保温层	20~25	
	装配式混凝土板，松散材料保温层	20~30	
细石混凝土找平层	松散材料保温层	30~35	混凝土强度等级不低于C20
沥青砂浆找平层	整体混凝土	15~20	1:8（沥青:砂）质量比
	装配式混凝土板，整体或板状材料保温层	20~25	

（2）找平层的基层采用装配式钢筋混凝土板时，应符合下列规定：

1）板端、侧缝应用细石混凝土灌缝，其强度等级不应低于C20。

2）板缝宽度大于40 mm或上窄下宽时，板缝内应按设计要求配置钢筋。

3）板端缝应进行密封处理。

（3）基层处理。

1）水泥砂浆、细石混凝土找平层的基层，施工前必须先清理干净并浇水湿润。

2）沥青砂浆找平层的基层，施工前必须干净、干燥。满涂冷底子油1~2道，要求薄而均匀，不得有气泡和空白。

（4）分格缝留设。

1）找平层宜设分格缝，并嵌填密封材料。找平层宜采用水泥砂浆或细石混凝土，找平层分格缝纵横间距不宜大于6 m，分格缝的宽度宜为5~20 mm。

2）按照设计要求，应先在基层上弹线标出分格缝位置。若基层为预制屋面板，则分格缝应与板缝对齐。

3）安放分格缝的木条应平直、连续，其高度与找平层厚度一致，宽度应符合设计要求，断面为上宽下窄，便于取出。

（5）水泥砂浆找平层表面应压实，无脱皮、起砂等缺陷；沥青砂浆找平层的铺设，是在干燥的基层上满涂冷底子油1~2道，干燥后再铺设沥青砂浆，滚压后表面应平整、密实、无蜂窝、无压痕。

（6）水泥砂浆、细石混凝土找平层，在收水后应做二次压光，以确保表面坚固、密实和平整。终凝后应采取浇水、覆盖浇水、喷养护剂等养护措施，保证水泥充分水化，确保找平层质量。同时，严禁过早堆物、上人和操作。特别应注意：在气温低于0 ℃或终凝前可能下雨的情况下，不宜进行施工。

（7）沥青砂浆找平层施工，应在冷底子油干燥后再开始铺设。虚铺厚度一般应按1.3~1.4倍压实厚度的要求控制。对沥青砂浆在拌制、铺设、滚压过程中的温度，必须按规定准确控制，常温下沥青砂浆的拌制温度为140 ℃~170 ℃，铺设温度为90 ℃~120 ℃。待沥青砂浆铺设于屋面并刮平后，应立即用火滚子进行滚压（夏天温度较高时，滚筒可不生火），直至表面平整、密实，无蜂窝和压痕为止，滚压后的温度为60 ℃。火滚子滚压不到的地方，可用烙铁烫压。施工缝应留置斜槎，继续施工时，接槎处应刷热沥青一道，然后再铺设。

（8）内部排水的落水口杯应牢固地固定在承重结构上，均应预先清除铁锈并涂上专用底漆（锌磺类或磷化底漆等）。落水口杯与竖管承口的连接处，应用沥青与纤维材料拌制的填料或油膏填塞。

(9)准确设置转角圆弧。对各类转角处的找平层宜采用细石混凝土或沥青砂浆,做出圆弧形。施工前可按照设计规定的圆弧半径,采用木材、铁板或其他光滑材料制成简易圆弧操作工具,用于压实、拍平和抹光,并统一控制圆弧形状和半径。

(二)屋面找平层质量检验

主控项目

(1)找平层所用材料的质量及配合比,应符合设计要求。

检验方法:检查出厂合格证、质量检验报告和计量措施。

(2)找平层的排水坡度,应符合设计要求。

检验方法:坡度尺检查。

一般项目

(1)找平层应抹平、压光,不得有酥松、起砂、起皮现象。

检验方法:观察检查。

(2)卷材防水层的基层与凸出屋面结构的交接处,以及基层的转角处,找平层应做成圆弧形且应整齐、平顺。

检验方法:观察检查。

(3)找平层分格缝的宽度和间距,均应符合设计要求。

检验方法:观察和尺量检查。

(4)找平层表面平整度的允许偏差为 5 mm。

检验方法:2 m 靠尺和塞尺检查。

(三)工程质量通病及防治措施

1. 找平层未留设分格缝或分格缝间距过大

质量通病 找平层未留设分格缝或分格缝间距过大,容易因结构变形、温度变形、材料收缩变形引起找平层开裂。

防治措施 找平层应留设分格缝,以使变形集中到分格缝处,减少找平层大面积开裂的可能性。留设的分格缝应符合规范和设计的要求。分格缝的位置应留设在屋面板端缝处,其纵横的最大间距:水泥砂浆或细石混凝土找平层,不宜大于 6 m,缝宽为 5~20 mm 并嵌填密封材料。

2. 找平层的厚度不足

质量通病 水泥砂浆找平层厚度不足,施工时水分易被基层吸干,影响找平层强度,容易引起表面收缩开裂。如在松散保温层上铺设找平层时,厚度不足难以起支撑作用,在行走、踩踏时易使找平层劈裂、塌陷。

防治措施 应根据找平层的不同类别及基层的种类,确定找平层的厚度。找平层的厚度和技术要求应符合相关规定。

施工时应先做好控制找平层厚度的标记。在基层上每隔 1.5 m 左右做一个灰饼,以此控制找平层的厚度。

三、卷材屋面

(一)卷材屋面施工过程质量控制

(1)当屋面坡度大于 25%时,卷材应采取满粘和钉压固定措施。

(2)卷材铺贴方向应符合下列规定:

1)卷材宜平行屋脊铺贴。

2）上、下层卷材不得相互垂直铺贴。

（3）卷材搭接缝应符合下列规定：

1）平行屋脊的卷材搭接缝应顺流水方向，卷材搭接宽度应符合表6-14的规定。

表6-14　卷材搭接宽度

卷材类别		搭接宽度/mm
合成高分子防水卷材	胶粘剂	80
	胶粘带	50
	单缝焊	60，有效焊接宽度不小于25
	双缝焊	80，有效焊接宽度10×2+空腔宽
高聚物改性沥青防水卷材	胶粘剂	100
	自粘	80

2）相邻两幅卷材短边搭接缝应错开，且不得小于500 mm。

3）上、下层卷材长边搭接缝应错开，且不得小于幅宽的1/3。

（4）冷粘法铺贴卷材应符合下列规定：

1）胶粘剂涂刷应均匀，不应露底，不应堆积。

2）应控制胶粘剂涂刷与卷材铺贴的间隔时间。

3）卷材下面的空气应排尽，并应辊压粘贴牢固。

4）卷材铺贴应平整、顺直，搭接尺寸应准确，不得扭曲、皱折。

5）接缝口应用密封材料封严，宽度不应小于10 mm。

（5）热粘法铺贴卷材应符合下列规定：

1）熔化热熔型改性沥青胶结料时，宜采用专用导热油炉加热，加热温度不应高于200 ℃，使用温度不宜低于180 ℃。

2）粘贴卷材的热熔型改性沥青胶结料厚度宜为1.0～1.5 mm。

3）采用热熔型改性沥青胶结料粘贴卷材时，应随刮随铺并展平压实。

（6）热熔法铺贴卷材应符合下列的规定：

1）火焰加热器加热卷材应均匀，不得加热不足或烧穿卷材。

2）卷材表面热熔后应立即滚铺，卷材下面的空气应排尽并辊压粘贴牢固。

3）卷材接缝部位应溢出热熔的改性沥青胶，溢出的改性沥青胶宽度宜为8 mm。

4）铺贴的卷材应平整、顺直，搭接尺寸应准确，不得扭曲、皱折。

5）厚度小于3 mm的高聚物改性沥青防水卷材，严禁采用热熔法施工。

（7）自粘法铺贴卷材应符合下列规定：

1）铺贴卷材时，应将自粘胶底面的隔离纸全部撕净。

2）卷材下面的空气应排尽，并应辊压粘贴牢固。

3）铺贴的卷材应平整、顺直，搭接尺寸应准确，不得扭曲、皱折。

4）接缝口应用密封材料封严，宽度不应小于10 mm。

5）低温施工时，接缝部位宜采用热风加热，并应随即粘贴牢固。

（8）焊接法铺贴卷材应符合下列规定：

1）焊接前卷材应铺设平整、顺直，搭接尺寸应准确，不得扭曲、皱折。

2）卷材焊接缝的结合面应干净、干燥，不得有水滴、油污及附着物。

3)焊接时应先焊长边搭接缝，后焊短边搭接缝。

4)控制加热温度和时间，焊接缝不得有漏焊、跳焊、焊焦或焊接不牢的现象。

5)焊接时不得损害非焊接部位的卷材。

(9)机械固定法铺贴卷材应符合下列规定：

1)卷材应采用专用固定件进行机械固定。

2)固定件应设置在卷材搭接缝内，外露固定件应用卷材封严。

3)固定件应垂直钉入结构层进行有效固定，固定件的数量和位置应符合设计要求。

4)卷材搭接缝应黏结或焊接牢固，密封应严密。

5)卷材周边 800 mm 范围内应满粘。

(二)卷材屋面质量检查

主控项目

(1)防水卷材及其配套材料的质量，应符合设计要求。

检验方法：检查出厂合格证、质量检验报告和进场检验报告。

(2)卷材防水层不得有渗漏和积水现象。

检验方法：雨后观察或淋水、蓄水试验。

(3)卷材防水层在檐口、檐沟、天沟、水落口、泛水、变形缝和伸出屋面管道的防水构造，应符合设计要求。

检验方法：观察检查。

一般项目

(1)卷材的搭接缝应黏结或焊接牢固，密封应严密，不得扭曲、皱折和翘边。

检验方法：观察检查。

(2)卷材防水层的收头应与基层黏结，钉压应牢固，密封应严密。

检验方法：观察检查。

(3)卷材防水层的铺贴方向应正确，卷材搭接宽度的允许偏差为－10 mm。

检验方法：观察和尺量检查。

(4)屋面排汽构造的排汽道应纵横贯通，不得堵塞；排汽管应安装牢固，位置应正确，封闭应严密。

检验方法：观察检查。

(三)工程质量通病及防治措施

1. 刚性保护层与卷材防水层之间未设置隔离层

质量通病 刚性保护层与卷材防水层之间未设置隔离层，当刚性保护层胀缩变形时会拉裂防水层，从而导致屋面渗漏。

防治措施 为了减少刚性保护层与防水层之间的黏结力和摩擦力，应设置隔离层，使刚性保护层与防水层之间变形互不影响。隔离层材料一般为低等级强度的石灰黏土砂浆(石灰膏∶砂∶黏土＝1∶2.4∶3.6)、纸筋灰、塑料薄膜或干铺卷材等。

2. 高聚物改性沥青防水卷材黏结不牢

质量通病 卷材铺贴后易在屋面转角、立面处出现脱空；而在卷材的搭接缝处，还经常发生黏结不牢、张口、开缝等缺陷。

防治措施

(1)基层必须做到平整、坚实、干净、干燥。

（2）涂刷基层处理剂，并要求做到均匀一致，无空白漏刷的现象，但切勿反复涂刷。

（3）屋面转角处应按规定增加卷材附加层，并注意与原设计的卷材防水层相互搭接牢固，以适应不同方向的结构和温度变形。

（4）对于立面铺贴的卷材，应将卷材的收头固定于立墙的凹槽内，并用密封材料嵌填封严。

（5）卷材与卷材之间的搭接缝口，应用密封材料封严，宽度不应小于 10 mm。密封材料应在缝口抹平，使其形成明显的沥青条带。

四、涂膜屋面

（一）涂膜屋面施工过程质量控制

（1）防水涂料应多遍涂布，并应待前一遍涂布的涂料干燥成膜后，再涂布后一遍涂料，且前后两遍涂料的涂布方向应相互垂直。

（2）多组分防水涂料应按配合比准确计量，搅拌应均匀，并应根据有效的时间确定每次配制的数量。

（3）防水工程完工后，不得有渗漏和积水现象。

（4）节点、构造细部等处做法应符合设计要求，封固严密，不得开缝、翘边，密封材料必须与基层黏结牢固，密封部位应平直、光滑，无气泡、龟裂、空鼓、起壳、塌陷，尺寸应符合设计要求；底部放置背衬材料但不与密封材料黏结；保护层应覆盖严密。

（5）涂膜防水层表面应平整、均匀，不应有裂纹、脱皮、流淌、鼓泡、露胎体、皱皮等现象；涂膜厚度应符合设计要求。

（6）涂膜表面上的松散材料保护层、涂料保护层或泡沫塑料保护层等，应覆盖均匀，黏结牢固。

（7）在屋面涂膜防水工程中的架空隔热层、保温层、蓄水屋面和种植屋面等，应符合设计要求和有关技术规范规定。

（二）涂膜屋面防水质量检查

主控项目

（1）防水涂料和胎体增强材料的质量，应符合设计要求。

检验方法：检查出厂合格证、质量检验报告和进场检验报告。

（2）涂膜防水层不得有渗漏和积水现象。

检验方法：雨后观察或淋水、蓄水试验。

（3）涂膜防水层在檐口、檐沟、天沟、落水口、泛水、变形缝和伸出屋面管道的防水构造，应符合设计要求。

检验方法：观察检查。

（4）涂膜防水层的平均厚度应符合设计要求，且最小厚度不得小于设计厚度的 80%。

检验方法：针测法或取样量测。

一般项目

（1）涂膜防水层与基层应黏结牢固，表面应平整，涂布应均匀，不得有流淌、皱折、起泡和露胎体等缺陷。

检验方法：观察检查。

（2）涂膜防水层的收头应用防水涂料多遍涂刷。

检验方法：观察检查。

（3）铺贴胎体的增强材料应平整顺直，搭接尺寸应准确，应排除气泡，并应与涂料黏结牢固；胎体增强材料搭接宽度的允许偏差为－10 mm。

检验方法：观察和尺量检查。

（三）工程质量通病及防治措施

1. 装配式钢筋混凝土预制屋面板板缝处理不当

质量通病　当屋面结构层采用装配式钢筋混凝土预制板时，板缝是应力变形最大的部位，最容易引起防水层开裂而造成屋面渗漏。非保温屋面板缝的温度变形比保温屋面板缝的温度变形要大，防水层最容易在此处产生开裂，从而造成屋面渗漏。

防治措施

（1）当屋面结构层采用装配式钢筋混凝土预制板时，板缝内应浇灌细石混凝土，其强度等级不应小于 C20；灌缝的细石混凝土中宜掺微膨胀剂。

（2）宽度大于 40 mm 的板缝或上窄下宽的板缝，应加设构造钢筋。板端缝应进行柔性密封处理。

（3）非保温屋面的板缝上应预留凹槽，将其清理干净后喷、涂基层处理剂并设置背衬材料，缝内应嵌填密封材料。

2. 找平层未留设分格缝或分格缝位置不当

质量通病　找平层未留设分格缝，易造成温差变形和材料收缩裂缝；分格缝位置留设不当或间距过大，会丧失预防裂缝的作用。

防治措施　做水泥砂浆或细石混凝土找平层，均应留设分格缝，缝宽为 20 mm。如结构层为装配式结构时，分格缝位置应留设在板支承处，与板缝对齐。找平层采用水泥砂浆或细石混凝土时，分格缝纵横间距不宜大于 6 m，采用沥青砂浆时不宜大于 4 m。分格缝应嵌填柔性密封材料。

任务六　木结构工程

一、方木与原木结构

（一）方木与原木结构工程质量控制

（1）可按图纸确定起拱高度，或取跨度的 1/200，但最大起拱高度不大于 20 mm。

（2）桁架上弦或下弦需接头时，夹板所采用螺栓直径、数量及排列间距均应按图施工。螺栓排列要避开髓心。受拉构件在夹板区段的构件材质均应达到一等材的要求。

木结构工程施工
质量验收要求

（3）受压接头端面应与构件轴线垂直，不应采用斜槎接头；齿连接或构件接头处不得采用凸凹榫。

（4）当采用木夹板螺栓连接的接头钻孔时，应各部固定，一次钻通以保证孔位完全一致。受剪螺栓孔径大于螺栓直径不超过 1 mm；系紧螺栓孔直径大于螺栓直径不超过 2 mm。

（5）下列受拉螺栓必须戴双螺帽：钢木屋架圆钢下弦；桁架主要受拉腹杆；受振动荷载的拉

杆；直径等于或大于 20 mm 的拉杆。受拉螺栓装配后，螺栓伸出螺帽的长度不应小于螺栓直径的 0.8 倍。

（6）使用钉连接时应注意：当钉径大于 6 mm 时，或者采用易劈裂的树种木材（如落叶松、硬质阔叶树种等），应预先钻孔，孔径为钉径的 0.8～0.9 倍，孔深不小于钉深度的 0.6 倍。扒钉直径宜取 6～10 mm。

（7）木屋架、梁、柱在吊装前，应对其制作、装配、运输根据设计要求进行检验，主要检查原材料质量，结构及其构件的尺寸正确程度及构件制作质量，并记录在案，验收合格后方可安装。

（8）屋架就位后要控制稳定，并检查位置与固定情况。第一榀屋架吊装后立即找中、找直、找平，并用临时拉杆（或支撑）固定；第二榀屋架吊装后，立即上脊檩，装上剪刀撑。支撑与屋架用螺栓连接。

（9）对于经常受潮的木构件及木构件与砖石砌体及混凝土结构接触处进行防腐处理。在虫害（白蚁、长蠹虫、粉蠹虫及家天牛等）地区的木构件应进行防虫处理。

（10）木屋架支座节点、下弦及梁端部不应封闭在墙、保温层或其他通风不良处内，构件周边（除支承面）及端部均应留出不小于 5 cm 的空隙。

（11）木材自身易燃，在 50 ℃以上高温烘烤下，即降低承载力和产生变形。为此，木结构与烟囱、壁炉的防火间距应严格符合设计要求。木结构支承在防火墙上时，不能穿过防火墙，并将端面用砖墙封闭隔开。

（12）在正常情况下，屋架端头应加以锚固，故屋架安装校正完毕后，应将锚固螺栓上螺帽并拧紧。

（二）方木与原木结构工程质量检验

主控项目

（1）方木、原木结构的形式、结构布置和构件尺寸，应符合设计文件的规定。

检查数量：检验批全数。

检验方法：实物与施工设计图对照、丈量。

（2）结构用木材应符合设计文件的规定，并应具有产品质量合格证书。

检查数量：检验批全数。

检验方法：实物与设计文件对照，检查质量合格证书、标识。

（3）进场木材均应作弦向静曲强度见证检验，其强度最低值应符合表 6-15 的规定。

表 6-15　木材静曲强度检验标准

木材种类	针叶材				阔叶材				
强度等级	TC11	TC13	TC15	TC17	TB11	TB13	TB15	TB17	TB20
最低强度/(N·mm^{-2})	44	51	58	72	58	68	78	88	98

检查数量：每一检验批每一树种的木材随机抽取 3 株（根）。

检验方法：《木结构工程施工质量验收规范》（GB 50206—2012）附录 A。

（4）方木、原木及板材的目测材质等级不应低于表 6-16 的规定，不得采用普通商品材的等级标准替代，方木、原木及板材的目测材质等级应按《木结构工程施工质量验收规范》（GB 50206—2012）附录 B 评定。

检查数量：检验批全数。

检验方法：《木结构工程施工质量验收规范》（GB 50206—2012）附录 B。

表 6-16　方木、原木结构构件木材的材质等级

项次	构件名称	材质等级
1	受拉或拉弯构件	I$_a$
2	受拉或压弯构件	II$_a$
3	受压构件及次要受弯构件(如吊顶小龙骨)	III$_a$

(5)各类构件制作时及构件进场时木材的平均含水率,应符合下列规定:

1)原木或方木不应大于 25%。

2)板材及规格材不应大于 20%。

3)受拉构件的连接板不应大于 18%。

4)处于通风条件不畅环境下的木构件的木材,不应大于 20%。

检查数量:每一检验批每一树种每一规格木材随机抽取 5 根。

检验方法:《木结构工程施工质量验收规范》(GB 50206—2012)附录 C。

(6)承重钢构件和连接所用钢材应有产品质量合格证书和化学成分的合格证书。进场钢材应见证检验其抗拉屈服强度、极限强度和延伸率,其值应满足设计文件规定的相应等级钢材的材质标准指标,且不应低于现行国家标准《碳素结构钢》(GB/T 700—2006)有关 Q235 及以上等级钢材的规定。−30 ℃以下使用的钢材不宜低于 Q235D 或相应屈服强度钢材 D 等级的冲击韧性规定。钢木屋架下弦所用圆钢,除应作抗拉屈服强度、极限强度和延伸率性能检验外,还应作冷弯检验,并应满足设计文件规定的圆钢材质标准。

检查数量:每检验批每一钢种随机抽取两件。

检验方法:取样方法、试样制备及拉伸试验方法应分别符合现行国家标准《钢及钢产品 力学性能试验取样位置及试样制备》(GB/T 2975—2018)和《金属材料 拉伸试验 第 1 部分:室温试验方法》(GB/T 228.1—2010)的有关规定。

(7)焊条应符合现行国家标准《非合金钢及细晶粒钢焊条》(GB/T 5117—2012)和《热强钢焊条》(GB/T 5118—2016)的有关规定,型号应与所用钢材匹配,并应有产品质量合格证书。

检查数量:检验批全数。

检验方法:实物与产品质量合格证书对照检查。

(8)螺栓、螺帽应有产品质量合格证书,其性能应符合现行国家标准《六角头螺栓》(GB/T 5786—6016)和《六角头螺栓 C 级》(GB/T 5780—2016)的有关规定。

检查数量:检验批全数。

检验方法:实物与产品质量合格证书对照检查。

(9)圆钉应有产品质量合格证书,其性能应符合现行行业标准《一般用途圆钢钉》(YB/T 5002—2017)的有关规定,设计文件规定钉子的抗弯屈服强度时,应做钉子抗弯强度见证检验。

检查数量:每检验批每一规格圆钉随机抽取 10 枚。

检验方法:检查产品质量合格证书、检测报告,强度见证检验方法应符合《木结构工程施工质量验收规范》(GB 50206—2012)附录 D 的规定。

(10)圆钢拉杆应符合下列要求:

1)圆钢拉杆应平直,接头应采用双面帮条焊,帮条直径不应小于拉杆直径的 75%,在接头一侧的长度不应小于拉杆直径的 4 倍,焊脚高度和焊缝长度应符合设计文件的规定。

2)螺帽下垫板应符合设计文件的规定,且不应低于本节"方木与原木结构一般项目(3)"的要求。

3)钢木屋架下弦圆钢拉杆、桁架主要受拉腹杆、蹬式节点拉杆及螺栓直径大于 20 mm 时，均应采用双螺帽自锁，受拉螺杆伸出螺帽的长度，不应小于螺杆直径的 80%。

检查数量：检验批全数。

检验方法：丈量、检查交接检验报告。

(11)承重钢构件中，节点焊缝焊脚高度不得小于设计文件的规定，除设计文件另有规定外，焊缝质量不得低于三级，−30 ℃ 以下工作的受拉构件焊缝质量不得低于二级。

检查数量：检验批全部受力焊缝。

检验方法：按现行国家标准《钢结构焊接规范》(GB 50661—2011)的有关规定检查，并检查交接检验报告。

(12)钉连接、螺栓连接节点的连接件(钉、螺栓)的规格、数量，应符合设计文件的规定。

检查数量：检验批全数。

检验方法：目测、丈量。

(13)木桁架支座节点的齿连接、端部木材不应有腐朽、开裂和斜纹等缺陷，剪切面不应位于木材髓心侧；螺栓连接的受拉接头，连接区段木材及连接板均应采用Ⅰa 等材，并应符合《木结构工程施工质量验收规范》(GB 50206—2012)附录 B 的有关规定；其他螺栓连接接头也应避开木材腐朽、裂缝、斜纹和松节等缺陷部位。

检查数量：检验批全数。

检验方法：目测。

(14)在抗震设防区的抗震措施应符合设计文件的规定，当抗震设防烈度为 8 度及以上时，应符合下列要求：

1)屋架支座处应有直径不小于 20 mm 的螺栓锚固在墙或混凝土圈梁上，当支撑在木柱上时，柱与屋架间应有木夹板式的斜撑，斜撑上段应伸至屋架上弦节点处，并应用螺栓连接(图 6-4)，柱与屋架下弦应有暗榫，并应用 U 形扁钢连接，桁架木腹杆与上弦杆连接处的扒钉应改用螺栓压紧承压面，与下弦连接处则应采用双面扒钉。

2)屋面两侧应对称斜向放檩条，檐口瓦应与挂瓦条绑扎牢固。

3)檩条与屋架上弦应用螺栓连接，双脊檩应互相拉结。

4)柱与基础间应有预埋的角钢连接，并应用螺栓固定。

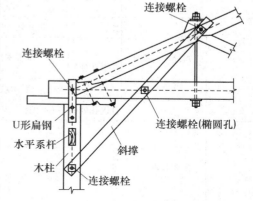

图 6-4　屋架与木柱的连接

5)木屋的节点处檩条应固定在山墙及内横墙的卧梁埋件上，支承长度不应小于 120 mm，并应有螺栓可靠锚固。

检查数量：检验批全数。

检验方法：目测、丈量。

一般项目

(1)各种方木、原木和胶合木构件制作的允许偏差不应超出表 6-17 的规定。

检查数量：检验批全数。

检验方法：见表 6-17。

表 6-17　方木、原木结构和胶合木结构桁架、梁和柱制作允许偏差

序号	项目			允许偏差/mm	检验方法
1	构件截面尺寸	方木和胶合木构件截面的高度、宽度		−3	钢尺量
		板材厚度、宽度		−2	
		原木构件梢径		−5	
2	构件长度	长度不大于 15 m		±10	钢尺量桁架支座节点中心间距，梁、柱全长
		长度大于 15 m		±15	
3	桁架高度	长度不大于 15 m		±10	钢尺量脊节点中心与下弦中心距离
		长度大于 15 m		±15	
4	受压或压弯构件纵向弯曲	方木、胶合木构件		L/500	拉线钢尺量
		原木构件		L/500	
5	弦杆节点间距			±5	钢尺量
6	齿连接刻槽深度			±2	
7	支座节点受剪面	长度		−10	钢尺量
		宽度	方木、胶合木	−3	
			原木	−4	
8	螺栓中心间距	进孔处		±0.2d	
		出孔处	垂直木纹方向	±0.5d 且不大于 4B/100	
			顺木纹方向	±1d	
9	钉进孔处的中心间距			±1d	—
10	桁架起拱			±20	以两支座节点下弦中心线为准，拉一水平线，用钢尺量
				−10	两跨中下弦中心线与拉线之间距离

注：d 为螺栓或钉的直径；L 为构件长度；B 为板的总厚度。

(2)齿连接应符合下列要求：

1)除应符合设计文件的规定外，承压面应与压杆的轴线垂直，单齿连接压杆轴线应通过承压面的中心；双齿连接，第一齿顶点应位于上、下弦杆上边缘的交点处，第二齿顶点应位于上弦杆轴线与下弦杆上边缘的交点处，第二齿承压面应比第一齿承压面至少深 20 mm。

2)承压面应平整，局部隙缝不应超过 1 mm，非承压面应留外口约 5 mm 的楔形缝隙。

3)桁架支座处齿连接的保险螺栓应垂直于上弦杆轴线，木腹杆与上、下弦杆间应用扒钉扣紧。

4)对于桁架端支座垫木的中心线，方木桁架应通过上、下弦杆净截面中心线的交点；原木桁架则应通过上、下弦杆毛截面中心线的交点。

检查数量：检验批全数。

检验方法：目测、丈量，检查交接检验报告。

(3)螺栓连接(含受拉接头)的螺栓数目、排列方式、间距、边距和端距，除应符合设计文件的规定外，还应符合下列要求：

1)螺栓孔径不应大于螺栓杆直径1 mm，也不应小于或等于螺栓杆直径。

2)螺帽下应设钢垫板，其规格除应符合设计文件的规定外，厚度不应小于螺杆直径的30%，方形垫板的边长不应小于螺杆直径的3.5倍，圆形垫板的直径不应小于螺杆直径的4倍，螺帽拧紧后螺栓外露长度不应小于螺杆直径的80%，螺纹段剩留在木构件内的长度不应大于螺杆直径的1.0倍。

3)连接件与被连接件间的接触面应平整，拧紧螺帽后局部可允许有缝隙，但缝宽不应超过1 mm。

检查数量：检验批全数。

检验方法：目测、丈量。

(4)钉连接应符合下列规定：

1)圆钉的排列位置应符合设计文件的规定。

2)被连接件间的接触面应平整，钉紧后局部缝隙宽度不应超过1 mm，钉帽应与被连接件外表面齐平。

3)钉孔周围不应有木材被胀裂等现象。

检查数量：检验批全数。

检验方法：目测、丈量。

(5)木构件受压接头的位置应符合设计文件的规定，应采用承压面垂直于构件轴线的双盖板连接(平接头)，两侧盖板厚度均不应小于对接构件宽度的50%，高度应与对接构件高度一致，承压面应锯平并彼此钉紧，局部缝隙不应超过1 mm，螺栓直径、数量、排列应符合设计文件的规定。

检查数量：检验批全数。

检验方法：目测、丈量，检查交接检验报告。

(6)木桁架、梁及柱的安装允许偏差不应超出表6-18的规定。

检查数量：检验批全数。

检验方法：见表6-18。

表6-18 方木、原木结构和胶合木结构桁架、梁和柱安装允许偏差

序号	项目	允许偏差/mm	检验方法
1	结构中心线的间距	±20	钢尺量
2	垂直度	$H/200$且不大于15	吊线钢尺量
3	受压或压弯构件纵向弯曲	$L/300$	吊(拉)线钢尺量
4	支座轴线对支承面中心位移	10	钢尺量
5	支座标高	±5	用水准仪

注：H为桁架或柱的高度；L为构件长度。

(7)屋面木构架的安装允许偏差不应超出表6-19的规定。

检查数量：检验批全数。

检验方法：目测、丈量。

表 6-19　方木、原木结构和胶合木结构屋面木构架的安装允许偏差

序号	项目		允许偏差 /mm	检验方法
1	檩条、椽条	方木、胶合木截面	−2	钢尺量
		原木梢径	−5	钢尺量，椭圆时取大小径的平均值
		间距	−10	钢尺量
		方木、胶合木上表面平直	4	钢尺量
		原木上表面平直	7	
2	油毡搭接宽度		−10	钢尺量
3	挂瓦条间距		±5	
4	封山、封檐板平直	下边缘	5	拉 10 m 线，不足 10 m 拉通线，钢尺量
		表面	8	

（8）屋盖结构支撑系统的完整性应符合设计文件规定。

检查数量：检验批全数。

检验方法：对照设计文件、丈量实物，检查交接检验报告。

（三）工程质量通病及防治措施

1. 市桁架高度超差较大

质量通病　木桁架组装时，对结构高度、起拱高度控制不准，造成木桁架高度超差较大。

防治措施

（1）杆件加工时，画线、锯截要准确；杆件组装时，各节点连接要严密。

（2）木桁架起拱，可采用抬高立人的方法，如图 6-5 所示。

控制方法：桁架基本组装后，在背节点和下弦中央点分别画出节点中心（图 6-5 中 A、B 两点），然后利用钢拉杆螺栓调整其距离，使之符合桁架结构高度的尺寸。为便于桁架组装和调整高度，中钢拉杆的下料长度应比大样尺寸长 50 mm。

（3）结构高度、起拱高度超差时，可利用拉杆螺栓进行调整，使其符合要求。

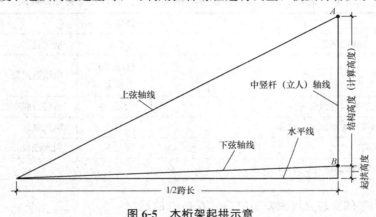

图 6-5　木桁架起拱示意

2. 市桁架槽齿不密合

质量通病 双齿连接时，两个承压面不能紧密一致、共同受力，如图 6-6(a)、(b)所示，或槽齿承压面局部接触不严，如图 6-6(c)所示，致使桁架早期遭受破坏。

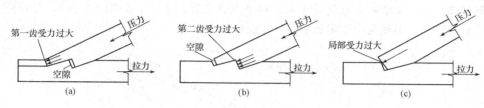

图 6-6 槽齿不密合的症状

(a)、(b)两个承压面不能紧密一致、共同受力；(c)槽齿承压面局部接触不严

防治措施

(1)杆件加工时，做榫、断肩需留半线，不得走锯、过线。做双齿时，第一槽齿不密合时，如图 6-6(b)所示，不易修整，故应留一线锯割，第二槽齿留半线锯割。

(2)桁架宜竖立组装(组装方便，槽齿易密合)。基本组装后，应检查槽齿承压面是否接触严密，局部间隙不应超过 1 mm，不允许有穿透的缝隙。组装无误后将上、下弦的保险螺栓孔一次钻通，边钻边复核孔位。如上、下弦分别钻孔，要从接触点向两端钻，以消除孔位误差。

(3)图 6-6(a)所示的槽齿接触不密合，应采用细锯锯第一槽齿的承压面，靠自重使双齿密合。图 6-6(b)所示的槽齿接触不密合，则不易修整。如槽齿间有均匀缝隙，应将桁架竖起靠自重密合；或适当拧紧拉杆螺栓使之密合，但要照顾到结构高度和起拱高度不得超差，不得用楔和金属板等填塞其缝隙。

3. 市桁架吊装变形、破坏

质量通病 桁架在吊装过程中，产生临时侧向弯扭变形，使节点松动，甚至造成破坏。

防治措施 桁架吊装时，吊索要兜住桁架下弦，避免单绑在上弦节点上，吊索位置要符合要求并绑扎牢固；起吊前应在桁架两端系上拉绳，以控制桁架在起吊过程中产生摆动；当桁架吊起离开地面 30 mm 后，应停车检查，无问题后再继续起吊，对准位置后徐徐放下就位。为保证桁架在吊装过程中的侧向刚度和稳定性，应在上弦两侧绑上水平撑杆，其加固方法

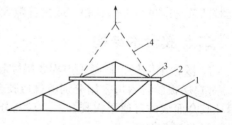

图 6-7 木桁架吊装示意

1—屋架；2—水平撑杆；3—吊点；4—吊索

及吊点位置如图 6-7 所示。当桁架跨度很大时，还需要在下弦两侧加设横撑。

4. 檩条挠度过大

质量通病 檩条承重后挠度过大，瓦屋面呈波浪形，造成檩条承载能力不能得到充分利用。

防治措施

(1)檩条宜用松木、杉木制作，其材质应符合《木结构工程施工质量验收规范》(GB 50206—2012)中规定的材质标准。

(2)檩条的截面与间距必须与设计相符合。必要时，应根据《木结构设计标准》(GB 50005—2017)进行验算；有较大坡棱的檩条可用于檐檩，应避免用于中间檩。

(3)檩条的计算挠度不应超过 1/200；简支檩条的跨度不应大于 4 m；檩条高宽比以不大于2.5 为宜，在有振动荷载的房屋中，则不宜大于 2。

(4)檩条必须按设计要求正放(单向弯曲)或斜放(双向弯曲)。矩形悬臂檩条和连续檩条宜正放;弯曲的檩条,凸面部分应朝向屋脊。

5. 檩条与石棉水泥瓦垄接触不严

质量通病　位于每块石棉水泥瓦中部的檩条与瓦垄接触不严,如图6-8所示。用钉强行连接后虽能接触严密,但使瓦产生附加应力,瓦面弯曲变形。

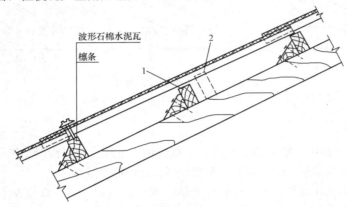

波形石棉水泥瓦
檩条

图6-8　石棉水泥瓦屋面
1—檩条低于瓦垄;2—檩条超高

防治措施

(1)应选用规格标准的波形石棉水泥瓦。铺钉时,瓦垄要吻合,搭接要严密,瓦垄的角端部分搭接重叠层数不得超过3层,并应割角铺钉。其搭接长度不应大于20 cm。

(2)檩条上表面必须铺钉平齐。檩条与瓦垄之间的缝隙不应超过6 mm;如缝隙超过6 mm,应对檩条高度进行加垫调整,或按缝隙大小加嵌板条。

二、胶合木结构

1. 胶合木结构工程施工过程质量控制

(1)层板胶合木可采用分别由普通胶合木层板、目测分等或机械分等层板按规定的构件截面组坯胶合而成的普通层板胶合木、目测分等与机械分等组合胶合木,以及异等组合的对称与非对称组合胶合木。

(2)层板胶合木构件应由经资质认证的专业加工企业加工生产。

(3)在制作工段内的温度应不低于15 ℃,空气相对湿度应为40%～75%。

(4)胶合构件养护室内的温度,当木材初始温度为18 ℃时,应不低于20 ℃;当木材初始温度为15 ℃时,应不低于25 ℃。养护空气相对湿度应不低于30%。

(5)在养护完全结束前,胶合构件不应受力或置于温度在15 ℃以下的环境中。

(6)需在胶合前进行化学处理的木材,应在胶合前完成机械加工。

2. 胶合木结构工程质量检验

主控项目

(1)胶合木结构的结构形式、结构布置和构件截面尺寸,应符合设计文件的规定。

检查数量:检验批全数。

检验方法:实物与设计文件对照、丈量。

(2)结构用层板胶合木的类别、强度等级和组坯方式,应符合设计文件的规定,并应有产品质量合格证书和产品标识。同时，应有满足产品标准规定的胶缝完整性检验和层板指接强度检验合格证书。

检查数量：检验批全数。

检验方法：实物与证明文件对照。

(3)胶合木受弯构件应做荷载效应标准组合作用下的抗弯性能见证检验。在检验荷载作用下胶缝不应开裂，原有漏胶胶缝不应发展，跨中挠度的平均值不应大于理论计算值的1.13倍，最大挠度应符合表6-20的规定。

检查数量：每一检验批同一胶合工艺，同一层板类别、树种组合、构件截面组坯的同类型构件随机抽取3根。

检验方法：《木结构工程施工质量验收规范》(GB 50206—2012)附录F。

表6-20 荷载效应标准组合作用下受弯木构件的挠度限制

序号	构件类别		挠度限值/m
1	檩条	$L \leqslant 3.3$ m	$L/200$
		$L > 3.3$ m	$L/250$
2	主梁		$L/250$

注：L 为受弯构件的跨度。

(4)弧形构件的曲率半径及其偏差应符合设计文件的规定，层板厚度不应大于 $R/125$(R 为曲率半径)。

检查数量：检验批全数。

检验方法：钢尺丈量。

(5)层板胶合木构件平均含水率不应大于15%，同一构件各层板间含水率的差别不应大于5%。

检查数量：每一检验批每一规格胶合木构件随机抽取5根。

检验方法：《木结构工程施工质量验收规范》(GB 50206—2012)附录C。

(6)钢材、焊条、螺栓、螺帽的质量应分别符合本节"方木与原木结构 主控项目(6)~(8)"的规定。

(7)各连接节点的连接件类别、规格和数量应符合设计文件的规定。桁架端节点齿连接胶合木端部的受剪面及螺栓连接中的螺栓位置，不应与漏胶胶缝重合。

检查数量：检验批全数。

检验方法：目测、丈量。

一般项目

(1)层板胶合木构造及外观应符合下列要求：

1)层板胶合木的各层木板木纹应平行于构件长度方向。各层木板在长度方向应为指接。受拉构件和受弯构件受拉区截面高度的1/10范围内同一层板上的指接间距，不应小于1.5 m，上、下层板间指接头位置应错开，不小于木板厚的10倍。层板宽度方向可用平接头，但上、下层板间接头错开的距离不应小于40 mm。

2)层板胶合木胶缝应均匀，其厚度应为0.1~0.3 mm。厚度超过0.3 mm胶缝的连续长度不应大于300 mm，且厚度不得超过1 mm。在构件承受平行于胶缝平面剪力的部位，其漏胶长度不应大于75 mm，其他部位不应大于150 mm。在第3类使用环境条件下，层板宽度方向的平接头和板底开槽的槽内均应用胶填满。

3）胶合木结构的外观质量应符合下列规定：

①A级，结构构件外露，外观要求很高。需用油漆漆刷，构件表面洞孔需用木材修补，木材表面应用砂纸打磨。

②B级，结构构件外露，外表要求用机具刨光油漆，表面允许有偶尔的漏刨、细小的缺陷和空隙，但不允许有松软节的孔洞。

③C级，结构构件不外露，构件表面无须加工刨光。

对于外观要求为C级的构件截面，可允许层板有错位，如图6-9所示，截面尺寸允许偏差和层板错位应符合表6-21的规定。

检查数量：检验批全数。

检验方法：厚薄规（塞尺）、量器、目测。

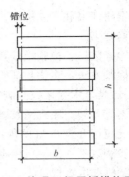

图6-9 外观C级层板错位示意
b—截面宽度；*h*—截面高度

表6-21 外观C级时的胶合木构件截面的允许偏差 mm

截面的高度或宽度	截面高度或宽度的允许偏差	错位的最大值
（h 或 b）＜100	±2	4
100≤（h 或 b）＜300	±3	5
300≤（h 或 b）	±6	6

（2）胶合木构件的制作偏差不应超出表6-17的规定。

检查数量：检验批全数。

检验方法：角尺、钢尺丈量，检查交接检验报告。

（3）齿连接、螺栓连接、圆钢拉杆及焊缝质量，应符合本节"方木与原木结构 一般项目（2）和（3）""方木与原木结构 主控项目（10）和（11）"的规定。

（4）金属节点构造、用料规格及焊缝质量应符合设计文件的规定。除设计文件另有规定外，与其相连的各构件轴线应相交于金属节点的合力作用点，与各构件相连的连接类型应符合设计文件的规定，并应符合本节"方木与原木结构 一般项目（3）～（5）"的规定。

检查数量：检验批全数。

检验方法：目测、丈量。

（5）胶合木结构安装偏差不应超出表6-18的规定。

检查数量：过程控制检验批全数，分项验收抽取总数10%复检。

检验方法：见表6-18。

三、轻型木结构

1. 轻型市结构工程施工质量控制

（1）木框架结构用材分七个规格等级，即Ⅰc、Ⅱc、Ⅲc、Ⅳc、Ⅴc、Ⅵc、Ⅶc。

（2）等级标识：所有目测分等和机械分等，规格材均盖有经认证的分等机构或组织提供的等级标识，标识应在规格材的宽面，并明确指出：生产者名称、树种组合名称、生产木材含水率及根据"统一分等标准"或等效分等标准的等级代号。

（3）楼盖主梁或屋脊梁可采用结构复合木材梁，搁栅可采用预制工字形木搁栅，屋盖框架可采用齿板连接的轻型木屋架，这3种木制品必须是按照各自的工艺标准在专门的工厂制造，并经有资质的木结构检测机构检验合格。

（4）木框架所用的木材、普通圆钢钉、麻花钉及U形钉应符合质量要求。

（5）木材端面安装前应进行隐蔽工程验收。

（6）轻型木框架结构应符合国家标准《木结构设计标准》（GB 50005—2017)的要求设计的施工图进行施工。

2. 轻型木结构工程质量检验

主控项目

（1）轻型木结构的承重墙（包括剪力墙）、柱、楼盖、屋盖布置、抗倾覆措施及屋盖抗掀起措施等，应符合设计文件的规定。

检查数量：检验批全数。

检验方法：实物与设计文件对照。

（2）进场规格材应有产品质量合格证书和产品标识。

检查数量：检验批全数。

检验方法：实物与证书对照。

（3）每批次进场目测分等规格材应由有资质的专业分等人员做目测等级见证检验或做抗弯强度见证检验；每批次进场机械分等规格材应做抗弯强度见证检验，并应符合《木结构工程施工质量验收规范》（GB 50206—2012)附录 G 的规定。

检查数量：检验批中随机取样，数量应符合《木结构工程施工质量验收规范》（GB 50206—2012)附录 G 的规定。

检验方法：《木结构工程施工质量验收规范》（GB 50206—2012)附录 G。

（4）轻型木结构各类构件所用规格材的树种、材质等级和规格，以及覆面板的种类和规格，应符合设计文件的规定。

检查数量：全数检查。

检验方法：实物与设计文件对照，检查交接报告。

（5）规格材的平均含水率不应大于 20%。

检查数量：每一检验批每一树种、每一规格等级规格材随机抽取 5 根。

检验方法：《木结构工程施工质量验收规范》（GB 50206—2012)附录 C。

（6）木基结构板材应有产品质量合格证书和产品标识，用作楼面板、屋面板的木基结构板材应有该批次干湿态集中荷载、均布荷载及冲击荷载检验的报告，其性能不应低于《木结构工程施工质量验收规范》（GB 50206—2012)附录 H 的规定。

进场木基结构板材应做静曲强度和静曲弹性模量见证检验，所测得的平均值应不低于产品说明书的规定。

检验数量：每一检验批每一树种每一规格等级随机抽取 3 张板材。

检验方法：按现行国家标准《木结构覆板用胶合板》（GB/T 22349—2008)的有关规定进行见证试验；检查产品质量合格证书，该批次木基结构板干湿态集中力、均布荷载及冲击荷载下的检验合格证书；检查静曲强度和弹性模量检验报告。

（7）进场结构复合木材和工字形木搁栅应有产品质量合格证书，并应有符合设计文件规定的平弯或侧立抗弯性能检验报告。

进场工字形木搁栅和结构复合木材受弯构件，应做荷载效应标准组合作用下的结构性能检验，在检验荷载作用下，构件不应发生开裂等损伤现象，最大挠度不应大于表 6-20 的规定，跨中挠度的平均值不应大于理论计算值的 1.13 倍。

检验数量：每一检验批每一规格随机抽取 3 根。

检验方法：按《木结构工程施工质量验收规范》（GB 50206—2012)附录 F 的规定进行，检查产品质量合格证书、结构复合木材材料强度和弹性模量检验报告及构件性能检验报告。

(8)齿板桁架应由专业加工厂加工制作，并应有产品质量合格证书。

检查数量：检验批全数。

检验方法：实物与产品质量合格证书对照检查。

(9)钢材、焊条、螺栓和圆钉应符合本节"方木与原木结构 主控项目(6)～(9)"的规定。

(10)金属连接件应冲压成型，并应具有产品质量合格证书和材质合格保证。镀锌防锈层厚度不应小于 $275\ g/m^2$。

检查数量：检验批全数。

检验方法：实物与产品质量合格证书对照检查。

(11)轻型木结构各类构件间连接的金属连接件的规格、钉连接的用钉规格与数量，应符合设计文件的规定。

检查数量：检验批全数。

检验方法：目测、丈量。

(12)当采用构造设计时，各类构件间的钉连接不应低于《木结构工程施工质量验收规范》(GB 50206—2012)附录 J 的规定。

检查数量：检验批全数。

检验方法：目测、丈量。

一般项目

(1)承重墙(含剪力墙)的下列各项应符合设计文件的规定，且不应低于现行国家标准《木结构设计标准》(GB 50005—2017)有关构造的规定。

1)墙骨间距。

2)墙体端部、洞口两侧及墙体转角和交接处，墙骨的布置和数量。

3)墙骨开槽或开孔的尺寸和位置。

4)地梁板的防腐、防潮及与基础的锚固措施。

5)墙体顶梁板规格材的层数、接头处理及在墙体转角和交接处的两层顶梁板的布置。

6)墙体覆面板的等级、厚度及铺钉布置方式。

7)墙体覆面板与墙骨钉连接用钉的间距。

8)墙体与楼盖或基础间连接件的规格尺寸和布置。

检查数量：检验批全数。

检验方法：对照实物目测检查。

(2)楼盖下列各项应符合设计文件的规定，且不应低于现行国家标准《木结构设计标准》(GB 50005—2017)有关构造的规定。

1)拼合梁钉或螺栓的排列、连续拼合梁规格材接头的形式和位置。

2)搁栅或拼合梁的定位、间距和支撑长度。

3)搁栅开槽或开孔的尺寸和位置。

4)楼盖洞口周围搁栅的布置和数量；洞口周围搁栅间的连接、连接件的规格尺寸及布置。

5)楼盖横撑、剪刀撑或木底撑的材质等级、规格尺寸和布置。

检查数量：检验批全数。

检验方法：目测、丈量。

(3)齿板桁架的进场验收，应符合下列规定：

1)规格材的树种、等级和规格应符合设计文件的规定。

2）齿板的规格、类型应符合设计文件的规定。

3）桁架的几何尺寸偏差不应超过表 6-22 的规定。

表 6-22　桁架的几何尺寸偏差

项目	相同桁架间尺寸差/mm	与设计尺寸间的误差/mm
桁架长度	12.5	18.5
桁架高度	6.5	12.5

注：1. 桁架长度是指不包括悬挑或外伸部分的桁架总长，用于限定制作误差。

　　2. 桁架高度是指不包括悬挑或外伸等上、下弦杆凸出部分的全榀桁架最高部位处的高度，为上弦顶面到下弦底面的总厚度，用于限定制作误差。

4）齿板的安装位置偏差不应超过图 6-10 所示的规定。

5）齿板连接的缺陷面积，当连接处的构件宽度大于 50 mm 时，不应超过齿板与该构件接触面积的 20%；当构件宽度小于 50 mm 时，不应超过齿板与该构件接触面积的 10%。缺陷面积应为齿板与构件接触面范围内的木材表面缺陷面积与板齿倒伏面积之和。

6）齿板连接处木构件的缝隙不应超过图 6-11 所示的规定。除设计文件有特殊规定外，宽度超过允许值的缝隙，均应用宽度不小于 19 mm、厚度与缝隙宽度相当的金属片填实，并应用螺纹钉固定在被填塞的构件上。

检查数量：检验批全数的 20%。

检验方法：目测、量器量测。

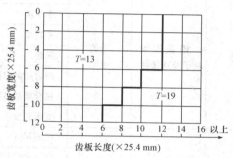
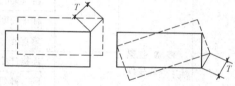

图 6-10　齿板位置偏差允许值

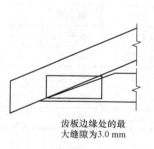

图 6-11　齿板桁架木构件间允许缝隙限值

（4）屋盖下列各项应符合设计文件的规定，且不应低于现行国家标准《木结构设计标准》（GB 50005—2017）有关构造的规定。

1）椽条、顶棚搁栅或齿板屋架的定位、间距和支承长度。

2）屋盖洞口周围椽条与顶棚搁栅的布置和数量；洞口周围椽条与顶棚搁栅间的连接、连接件的规格尺寸及布置。

3)屋面板铺钉方式及与搁栅连接用钉的间距。

检查数量:检验批全数。

检验方法:钢尺或卡尺量、目测。

(5)轻型木结构各种构件的制作与安装偏差,不应大于表6-23的规定。

检查数量:检验批全数。

检验方法:见表6-23。

表 6-23　轻型木结构制作安装的允许偏差

序号	项目			允许偏差 /mm	检验方法
1	楼盖主梁、柱子及连接件	楼盖主梁	截面宽度/高度	±6	钢板尺量
			水平度	±1/200	水平尺量
			垂直度	±3	直角尺和钢板尺量
			间距	±6	钢尺量
			拼合梁的钉间距	+30	钢尺量
			拼合梁的各构件的截面高度	±3	钢尺量
			支承长度	—6	钢尺量
2	楼盖主梁、柱子及连接件	柱子	截面尺寸	±3	钢尺量
			拼合梁的钉间距	+30	钢尺量
			柱子长度	±3	钢尺量
			垂直度	±1/200	靠尺量
3		连接件	连接件的间距	±6	钢尺量
			同一排列连接件之间的错位	±6	钢尺量
			构件上安装连接件开槽尺寸	连接件尺寸±3	卡尺量
			端距/边距	±6	钢尺量
			连接钢板的构件开槽尺寸	±6	卡尺量
4	楼(屋)盖施工	楼(屋)盖	搁栅间距	±40	钢尺量
			楼盖整体水平度	±1/250	水平尺量
			楼盖局部水平度	±1/150	水平尺量
			搁栅截面高度	±3	钢尺量
			搁栅支承长度	—6	钢尺量
5		楼(屋)盖	规定的钉间距	+30	钢尺量
			钉头嵌入楼、屋面板表面的最大深度	+3	卡尺量
6		楼(屋)盖齿板连接桁架	桁架间距	±40	钢尺量
			桁架垂直度	±1/200	直角尺和钢尺量
			齿板安装位置	±6	钢尺量
			弦杆、腹杆、支撑	19	钢尺量
			桁架高度	13	钢尺量

序号	项目			允许偏差/mm	检验方法
7	墙体施工	墙骨柱	墙骨间距	±40	钢尺量
			墙体垂直度	±1/200	直角尺和钢尺量
			墙体水平度	±1/150	水平尺量
			墙体角度偏差	±1/270	直角尺和钢尺量
			墙骨长度	±3	钢尺量
			单根墙骨柱的出平面偏差	±3	钢尺量
8		顶梁板、底梁板	顶梁板、底梁板的平直度	+1/150	水平尺量
			顶梁板作为弦杆传递荷载时的搭接长度	±12	钢尺量
9		墙面板	规定的钉间距	+30	钢尺量
			钉头嵌入墙面板表面的最大深度	+3	卡尺量
			木框架上墙面板之间的最大缝隙	+3	卡尺量

（6）轻型木结构的保温措施和隔气层的设置等，应符合设计文件的规定。

检查数量：检验批全数。

检验方法：对照设计文件检查。

任务七　钢结构工程

钢结构是指由钢板、热轧型钢和冷弯薄壁型钢等经加工制作成构件，经现场拼装连接、安装而形成的结构。一些高度或跨度较大的结构，荷载或起重机起重量较大的结构，有较大振动或较高温度的厂房结构，以及采用其他材料有困难或不经济的结构，一般都考虑钢结构。

一、钢结构原材料

（一）钢结构原材料的质量控制

（1）工程中所有的钢构件必须有出厂合格证和有关的质量证明文件。

（2）钢材、焊接材料、连接用紧固件、焊接球、螺栓球、封板、锥头和套筒、金属压型板、涂装材料等的品种、规格、性能等应符合现行国家产品标准和设计要求，使用前必须检查产品质量合格证明文件、中文标志和检验报告；进口的材料应进行商检，其产品的质量应符合设计和合同规定标准的要求。如果其不具备证明材料或对其证明材料有疑义时，应抽样复检，只有试验结果达到国家标准规定和技术文件的要求后方可使用。

(3)高强度大六角头螺栓连接副和扭剪型高强度螺栓连接副出厂时应分别随箱带有转矩系数和紧固力(与拉力)的检验报告，并应检查复验报告，施工单位应在使用前及产品质量保证期内及时复验，该复验应为见证取样、送样检验项目。

(4)凡标志不清或怀疑有质量问题的材料、钢结构件、重要钢结构主要受力构件钢材和焊接材料、高强度螺栓、需进行追踪检验的以控制和保证质量可靠性的材料与钢结构等，均应进行抽检。对于重要的构件应按设计规定增加采样数量。

(5)充分了解材料的性能、质量标准、适用范围和对施工的要求。材料的代用必须获得设计单位的认可。

(6)焊接材料必须分类堆放，并且标记明显，不得混放；高强度螺栓存放应防潮、防雨、防粉尘，并按类型、规格、批号分类存放保管。

(二)钢结构原材料质量检验

1. 钢材

主控项目

(1)钢板的品种、规格、性能应符合国家现行标准的规定并应满足设计要求。钢板进场时，应按国家现行标准的规定抽取试件且应进行屈服强度、抗拉强度、伸长率和厚度偏差检验，检验结果应符合国家现行标准的规定。

检查数量：质量证明文件全数检查；抽样数量按进场批次和产品的抽样检验方案确定。

检验方法：检查质量证明文件和抽样检验报告。

(2)钢板应按《混凝土结构工程施工质量验收规范》(GB 50204—2015)附录 A 的规定进行见证抽样复验，其复验结果应符合国家现行标准的规定并满足设计要求。

检查数量：全数检查。

检验方法：见证取样送样，检查复验报告。

一般项目

(1)钢板厚度及其允许偏差应满足其产品标准和设计文件的要求。

检查数量：每批同一品种、规格的钢板抽检 10%，且不应少于 3 张，每张检测 3 处。

检验方法：用游标卡尺或超声波测厚仪量测。

钢结构工程施工
质量验收要求

(2)钢板的平整度应满足其产品标准的要求。

检查数量：每批同一品种、规格的钢板抽检 10%，且不应少于 3 张，每张检测 3 处。

检验方法：用拉线、钢尺和游标卡尺量测。

(3)钢板的表面外观质量除应符合国家现行标准的规定外，尚应符合下列规定：

1)当钢板的表面有锈蚀、麻点或划痕等缺陷时，其深度不得大于该钢材厚度允许负偏差值的 1/2，且不应大于 0.5 mm；

2)钢板表面的锈蚀等级应符合现行国家相关标准的规定；

3)钢板端边或断口处不应有分层、夹渣等缺陷。

检查数量：全数检查。

检验方法：观察检查。

2. 型材、管材

主控项目

(1)型材和管材的品种、规格、性能应符合国家现行标准的规定并满足设计要求。型材和管材进场时，应按国家现行标准的规定抽取试件且应进行屈服强度、抗拉强度、伸长率和厚度偏差检验，检验结果应符合国家现行标准的规定。

检查数量：质量证明文件全数检查；抽样数量按进场批次和产品的抽样检验方案确定。

检验方法：检查质量证明文件和抽样检验报告。

(2)型材、管材应按《钢结构工程施工质量验收标准》(GB 50205—2020)附录 A 的规定进行抽样复验，其复验结果应符合国家现行标准的规定并满足设计要求。

检查数量：按《钢结构工程施工质量验收标准》(GB 50205—2020)附录 A 复验检验批量检查。

检验方法：见证取样送样，检查复验报告。

一般项目

(1)型材、管材截面尺寸、厚度及允许偏差应满足其产品标准的要求。

检查数量：每批同一品种、规格的型材或管材抽检 10%，且不应少于 3 根，每根检测 3 处。

检验方法：用钢尺、游标卡尺及超声波测厚仪量测。

(2)型材、管材外形尺寸允许偏差应满足其产品标准的要求。

检查数量：每批同一品种、规格的型材或管材抽检 10%，且不应少于 3 根。

检验方法：用拉线和钢尺量测。

(3)型材、管材的表面外观质量应符合《钢结构工程施工质量验收标准》(GB 50205—2020)第 4.2.5 条的规定。

检查数量：全数检查。

检验方法：观察检查。

3. 铸钢件

主控项目

(1)铸钢件的品种、规格、性能应符合国家现行标准的规定并满足设计要求。铸钢件进场时，应按国家现行标准的规定抽取试件且应进行屈服强度、抗拉强度、伸长率和端口尺寸偏差检验，检验结果应符合国家现行标准的规定。

检查数量：质量证明文件全数检查；抽样数量按进场批次和产品的抽样检验方案确定。

检验方法：检查质量证明文件和抽样检验报告。

(2)铸钢件应按《钢结构工程施工质量验收标准》(GB 50205—2020)附录 A 的规定进行抽样复验，其复验结果应符合国家现行标准的规定并满足设计要求。

检查数量：全数检查。

检验方法：见证取样送样，检查复验报告。

一般项目

(1)铸钢件及其与其他各构件连接端口的几何尺寸允许偏差应符合国家现行标准的规定并满足设计要求。

检查数量：全数检查。

检验方法：用锅尺、游标卡尺、角度仪、全站仪等量测。

(2)铸钢件表面应清理干净，修正飞边、毛刺，去除补贴、粘砂、氧化薄钢板、热处理锈斑，清除内腔残余物等，不应有裂纹、未熔合和超过允许标准的气孔、冷隔、缩松、缩孔、夹砂及明显凹坑等缺陷。

检查数量：全数检查。

检验方法：观察检查。

（3）铸钢件表面粗糙度、铸钢节点与其他构件焊接的端口表面粗糙度应符合现行产品标准的规定并满足设计要求。对有超声波探伤要求表面的粗糙度应达到探伤工艺的要求。

检查数量：按批抽检10％，且不应少于3件。

检验方法：用粗糙度计测定。

4. 拉索、拉杆、锚具

主控项目

（1）拉索、拉杆、锚具的品种、规格、性能应符合国家现行标准的规定并满足设计要求。拉索、拉杆、锚具进场时，应按国家现行标准的规定抽取试件且应进行屈服强度、抗拉强度、伸长率和尺寸偏差检验，检验结果应符合国家现行标准的规定。

检查数量：质量证明文件全数检查；抽样数量按进场批次和产品的抽样检验方案确定。

检验方法：检查质量证明文件和抽样检验报告。

（2）拉索、拉杆、锚具应按《钢结构工程施工质量验收标准》（GB 50205—2020）附录A的规定进行抽样复验，其复验结果应符合现行国家标准的规定并满足设计要求。

检查数量：全数检查。

检验方法：见证取样送样，检查复验报告。

一般项目

（1）拉索、拉杆、锚具及其连接件尺寸允许偏差应满足其产品标准和设计的要求。

检查数量：全数检查。

检验方法：用钢尺、游标卡尺及拉线量测。

（2）拉索、拉杆及其护套的表面应光滑，不应有裂纹和目视可见的折叠、分层、结疤和锈蚀等缺陷。

检查数量：全数检查。

检验方法：观察检查。

5. 焊接材料

主控项目

（1）焊接材料的品种、规格、性能应符合国家现行标准的规定并满足设计要求。焊接材料进场时，应按国家现行标准的规定抽取试件且应进行化学成分和力学性能检验，检验结果应符合国家现行标准的规定。

检查数量：质量证明文件全数检查；抽样数量按进场批次和产品的抽样检验方案确定。

检验方法：检查质量证明文件和抽样检验报告。

（2）对于下列情况之一的钢结构所采用的焊接材料应按其产品标准的要求进行抽样复验，复验结果应符合国家现行标准的规定并满足设计要求：

1）结构安全等级为一级的一、二级焊缝；

2）结构安全等级为二级的一级焊缝；

3）需要进行疲劳验算构件的焊缝；

4）材料混批或质量证明文件不齐全的焊接材料；

5）设计文件或合同文件要求复检的焊接材料。

检查数量：全数检查。

检验方法：见证取样送样，检查复验报告。

一般项目

(1)焊钉及焊接瓷环的规格、尺寸及允许偏差应符合国家现行标准的规定。

检查数量：按批量抽查1%，且不应少于10套。

检验方法：用钢尺和游标卡尺量测。

(2)施工单位应按国家现行标准《电弧螺柱焊用圆柱头焊钉》(GB/T 10433)的规定，对焊钉的机械性能和焊接性能进行复验，复验结果应符合国家现行标准的规定并满足设计要求。

检查数量：每个批号进行一组复验，且不应少于5个拉伸和5个弯曲试验。

检验方法：见证取样送样，检查复验报告。

(3)焊条外观不应有药皮脱落、焊芯生锈等缺陷，焊剂不应受潮结块。

检查数量：按批量抽查1%，且不应少于10包。

检验方法：观察检查。

6. 连接用紧固标准件

主控项目

(1)钢结构连接用高强度螺栓连接副的品种、规格、性能应符合国家现行标准的规定并满足设计要求。高强度大六角头螺栓连接副应随箱带有扭矩系数检验报告，扭剪型高强度螺栓连接副应随箱带有紧固轴力(预拉力)检验报告。高强度大六角头螺栓连接副和扭剪型高强度螺栓连接副进场时，应按国家现行标准的规定抽取试件且应分别进行扭矩系数和紧固轴力(预拉力)检验，检验结果应符合国家现行标准的规定。

检查数量：质量证明文件全数检查，抽样数量按进场批次和产品的抽样检验方案确定。

检验方法：检查质量证明文件和抽样检验报告。

(2)高强度大六角头螺栓连接副应复验其扭矩系数，扭剪型高强度螺栓连接副应复验其紧固轴力，其检验结果应符合《钢结构工程施工质量验收标准》(GB 50205—2020)附录B的规定。

检查数量：按《钢结构工程施工质量验收标准》(GB 50205—2020)附录B执行。

检验方法：见证取样送样，检查复验报告。

(3)对建筑结构安全等级为一级或跨度60 m及以上的螺栓球节点钢网架、网壳结构，其连接高强度螺栓应按现行国家标准《钢网架螺栓球节点用高强度螺栓》(GB/T 16939—2016)进行拉力荷载试验。

检查数量：按规格抽查8只。

检验方法：用拉力试验机测定。

一般项目

(1)热浸镀锌高强度螺栓镀层厚度应满足设计要求。当设计无要求时，镀层厚度不应小于40 μm。

检查数量：按规格抽查8只。

检验方法：用点接触测厚计测定。

(2)高强度大六角头螺栓连接副、扭剪型高强螺栓连接副应按包装箱配套供货。包装箱上应标明批号、规格、数量及生产日期。螺栓、螺母、垫圈表面不应出现生锈和沾染脏物，螺纹不应损伤。

检查数量：按包装箱数抽查5%，且不应少于3箱。

检验方法：观察检查。

(3)螺栓球节点钢网架、网壳结构用高强度螺栓应进行表面硬度检验，检验结果应满足其产品标准的要求。

检查数量：按规格抽查8只。

检验方法：用硬度计测定。

(4)普通螺栓、自攻螺钉、铆钉、拉铆钉、射钉、锚栓(机械型和化学试剂型)、地脚锚栓等紧固标准件及螺母、垫圈等,其品种、规格、性能等应符合国家现行产品标准的规定并满足设计要求。

检查数量:全数检查。

检验方法:检查产品的质量合格证明文件、中文产品标志及检验报告等。

7. 球节点材料

主控项目

(1)制作螺栓球所采用的原材料,其品种、规格、性能等应符合国家现行标准的规定并满足设计要求。

检查数量:全数检查。

检验方法:检查产品的质量合格证明文件、中文产品标志及检验报告等。

(2)制作封板、锥头和套筒所采用的原材料,其品种、规格、性能等应符合国家现行标准的规定并满足设计要求。

检查数量:全数检查。

检验方法:检查产品的质量合格证明文件、中文产品标志及检验报告等。

(3)制作焊接球所采用的钢板,其品种、规格、性能等应符合国家现行标准的规定并满足设计要求。

检查数量:全数检查。

检验方法:检查产品的质量合格证明文件、中文产品标志及检验报告等。

8. 压型金属板

主控项目

(1)压型金属板及制作压型金属板所采用的原材料(基板,涂层板),其品种、规格、性能等应符合国家现行标准的规定并满足设计要求。

检查数量:全数检查。

检验方法:检查产品的质量合格证明文件、中文产品标志及检验报告等。

(2)泛水板、包角板、屋脊盖板及制造泛水板、包角板、屋脊盖板所采用的原材料,其品种、规格、性能等应符合国家现行产品标准的规定并满足设计要求。

检查数量:全数检查。

检验方法:检查产品的质量合格证明文件、中文产品标志及检验报告等。

(3)压型金属板用固定支架的材质、规格尺寸、表面质量等应符合国家现行产品标准的规定并满足设计要求。

检查数量:全数检查。

检验方法:检查产品的质量合格证明文件、中文产品标志及检验报告等。

(4)压型金属板用橡胶垫、密封胶及其他材料,其品种、规格、性能等应符合国家现行产品标准的规定并满足设计要求。

检查数量:全数检查。

检验方法:检查产品的质量合格证明文件、中文产品标志及检验报告等。

一般项目

(1)压型金属板的规格尺寸及允许偏差、表面质量、涂层质量等应符合国家现行产品标准的规定并满足设计要求。

检查数量:每种规格抽查 5%,且不应少于 10 件。

检验方法:基板厚度采用测厚仪测量,涂镀层厚度采用称重法测量。

(2)压型金属板用固定支架应无变形,表面平整、光滑,无裂纹、损伤、锈蚀。

检查数量：按照检验批或每批进场数量抽取 5％检查。

检验方法：角尺量和观察检查。

（3）压型金属板用紧固件，表面应无损伤、锈蚀。

检查数量：按照检验批或每批进场数量抽取 5％检查。

检验方法：观察检查。

（4）压型金属板用橡胶垫、密封胶及其他特殊材料，外观质量应满足其产品标准要求，包装完好。

检查数量：按照每批进场数量抽取 10％检查。

检验方法：观察检查。

9. 膜结构用膜材

主控项目

（1）膜结构用膜材的品种、规格、性能等应符合国家现行标准的规定并满足设计要求。进口膜材产品的质量应满足设计和合同的要求。

检查数量：全数检查。

检验方法：检查产品的质量合格证明文件、中文产品标志及检验报告等。

（2）膜结构用膜材展开面积大于 1 000 m² 时，应对膜材的断裂强度、撕裂强度进行抽样检验，其复验结果应符合国家现行标准的规定并满足设计要求。

检查数量：全数检查。

检验方法：见证取样送样，检查复验报告。

一般项目

膜结构用膜材表面应光清平整，无明显色差。局部不应出现大于 100 mm² 涂层缺陷（涂层不均、麻点、油丝等）和无法消除的污迹。

检查数量：每批进场数量抽取 10％检查。

检验方法：观察检查。

10. 涂装材料

主控项目

（1）钢结构防腐涂料、稀释剂和固化剂等材料的品种、规格、性能等应符合国家现行标准的规定并满足设计要求。

检查数量：全数检查。

检验方法：检查产品的质量合格证明文件、中文产品标志及检验报告等。

（2）钢结构防火涂料的品种和技术性能应满足设计要求，并应经法定的检测机构检测，检测结果应符合国家现行标准的规定。

检查数量：全数检查。

检验方法：检查产品的质量合格证明文件、中文产品标志及检验报告等。

一般项目

防腐涂料和防火涂料的型号、名称、颜色及有效期应与其质量证明文件相符。开启后，不应存在结皮、结块、凝胶等现象。

检查数量：应按桶数抽查 5％，且不应少于 3 桶。

检验方法：观察检查。

11. 成品及其他

主控项目

（1）钢结构用支座、橡胶垫的品种、规格、性能等应符合国家现行标准的规定并满足设计要求。

检查数量：全数检查。

检验方法：检查产品的质量合格证明文件、中文产品标志及检验报告等。

（2）钢结构工程所涉及的其他材料和成品，其品种、规格、性能等应符合国家现行标准的规定并满足设计要求。

检查数量：全数检查。

检验方法：检查产品的质量合格证明文件、中文产品标志及检验报告等。

（三）工程质量通病及防治措施

1. 使用无质量证明书的钢材或钢材表面锈蚀严重

质量通病　无质量证明书的钢材，其性能无法保证，且钢材品种较多，容易混堆、混放，误用了无出厂质量证明的钢材，会影响钢结构的工程质量。锈蚀严重的钢材，表面会出现麻点和片状锈斑，其钢材厚度减小，达不到设计要求。

防治措施

（1）严格检查和验收进场钢材，使用的钢材应具有质量证明书，并应符合设计要求。钢材表面质量除应符合国家现行标准规定外，其表面锈蚀等级应符合现行国家有关标准的规定；当钢材表面有锈蚀、麻点或划痕等缺陷时，其深度不得大于该钢材厚度负偏差值的 1/2；不符合要求的，不得用作结构材料。

（2）使用钢材前，必须认真复核其化学成分、力学性能，符合标准及设计要求的方可使用。用于重要钢结构、新生产的钢号及进口钢材，在必要时还要进行加工工艺性能试验（如焊接性能试验等）。钢材代用必须通过设计单位核定。

（3）进场钢材应分批分规格堆放，并有防止钢材锈蚀的存放措施，遇有混堆、混放，难以区分的钢材，必须按有关标准抽样复试。

2. 对进场的钢材不进行检验

质量通病　对进场的钢材不核对质量证明书，不进行外观检查就直接使用。这样有可能会将化学成分、力学性能不符合国家标准的钢材应用到工程上而造成重大安全事故。

防治措施　对进场的钢材应核对质量证明书上的化学元素含量（硫、磷、碳）、力学性能（抗拉强度、屈服点、断后伸长率、冷弯、冲击值）是否在国家标准范围内。核对质量证明书上的炉号、批号、材质、规格是否与钢材上的标注一致。一般应全数检查，用游标卡尺或千分尺检查钢板厚度及允许偏差、型钢的规格尺寸及允许偏差是否符合有关标准的要求。每一品种、规格的钢板、型材抽查 5 处。另外，还应检查钢材的外观质量是否符合有关现行国家标准的规定。

二、钢零件及钢部件工程

（一）钢零件及钢部件工程质量控制

钢材切割面或剪切面的平面度、割纹和缺口的深度、边缘缺棱、型钢端部垂直度、构件几何尺寸偏差、矫正工艺、矫正尺寸及偏差、控制温度、弯曲加工及成型、刨边允许偏差和粗糙度、螺栓孔质量（包括精度、直径、圆度、垂直度、孔距、孔边距等）、管和球的加工质量等，均应符合设计与规范要求。

（二）钢零件及钢部件工程质量检验

1. 切割

主控项目

钢材切割面或剪切面应无裂纹、夹渣、毛刺和分层。

检查数量：全数检查。

检验方法：观察或用放大镜，有疑义时应进行渗透、磁粉或超声波探伤检查。

一般项目

(1)气割的允许偏差应符合表 6-24 的规定。

检查数量：按切割面数抽查 10％，且不应少于 3 个。

检验方法：观察检查或用钢尺、塞尺检查。

表 6-24　气割的允许偏差

项目	允许偏差/mm	项目	允许偏差/mm
零件宽度、长度	±3.0	割纹深度	0.3
切割面平面度	0.05t，且不应大于 2.0	局部缺口深度	1.0
注：t 为切割面厚度。			

机械剪切的零件厚度不宜大于 12.0 mm，剪切面应平整。碳素结构钢在环境温度低于−16 ℃、低合金结构钢在环境温度低于−12 ℃时，不得进行剪切、冲孔。

(2)机械剪切的允许偏差应符合表 6-25 的规定。

检查数量：按切割面数抽查 10％，且不应少于 3 个。

检验方法：观察检查或用钢尺、塞尺检查。

表 6-25　机械剪切的允许偏差

项目	允许偏差/mm	项目	允许偏差/mm
零件宽度、长度	±3.0	型钢端部垂直度	2.0
边缘缺棱	1.0	—	—

用于相贯连接的钢管杆件宜采用管子车床或数控相贯线切割机下料，钢管杆件加工的允许偏差应符合表 6-26 的规定。

检查数量：按杆件数抽查 10％，且不应少于 3 个。

检验方法：观察检查或用钢尺、塞尺检查。

表 6-26　钢管杆件加工的允许偏差

项目	允许偏差/mm
长度	±1.0
端面对管轴的垂直度	0.005r
管口曲线	1.0
注：r 为钢管半径。	

2. 矫正和成型

主控项目

(1)碳素结构钢在环境温度低于−16 ℃、低合金结构钢在环境温度低于−12 ℃时，不应进行冷矫正和冷弯曲。

检查数量：全数检查。

检验方法：检查制作工艺报告和施工记录。

(2)热轧碳素结构钢和低合金结构钢，当采用热加工成型或加热矫正时，加热温度、冷却温度等工艺应符合现行国家标准《钢结构工程施工规范》(GB 50755—2012)的规定。

检查数量：全数检查。

检验方法：检查制作工艺报告和施工记录。

一般项目

(1)矫正后的钢材表面，不应有明显的凹面或损伤，划痕深度不得大于 0.5 mm，且不应大于该钢材厚度允许负偏差的 1/2。

检查数量：全数检查。

检验方法：观察检查和实测检查。

(2)钢板、型钢冷矫正的最小曲率半径和最大弯曲矢高应符合表 6-27 的规定。

检查数量：按冷矫正和冷弯曲的件数抽查 10%，且不应少于 3 个。

检验方法：观察检查和实测检查。

表 6-27　冷矫正的最小曲率半径和最大弯曲矢高 　　　　　　　　　　　　　　　mm

钢材类别	图例	对应轴	冷矫正	
			最小曲率半径 r	最大弯曲矢高 f
钢板 扁钢		x—x	$50t$	$l^2/(400t)$
		y—y (仅对扁钢轴线)	$100b$	$l^2/(800b)$
角钢		x—x	$90b$	$l^2/(720b)$
槽钢		x—x	$50h$	$l^2/(400h)$
		y—y	$90b$	$l^2/(720b)$
工字钢		x—x	$50h$	$l^2/(400h)$
		y—y	$50b$	$l^2/(400b)$
注：l 为弯曲弦长；t 为钢板厚度；h 为型钢高度；r 为曲率半径；f 为弯曲矢高。				

(3)板材和型材的冷弯成型最小曲率半径应符合表 6-28 的规定。

检查数量：全数检查。

检验方法：观察检查和实测检查。

表 6-28 冷弯成型加工的最小曲率半径

钢材类别	图例		冷弯最小曲率半径 r		备注
热轧钢板	钢板卷压成钢管		碳素结构钢	$15t$	
			低合金结构钢	$20t$	
	平板弯成 $120°\sim150°$	$\alpha=120°\sim150°$	碳素结构钢	$10t$	
			低合金结构钢	$12t$	
	方矩管弯直角		碳素结构钢	$3t$	
			低合金结构钢	$4t$	
热轧无缝钢管			碳素结构钢	$20d$	
			低合金结构钢	$25d$	
冷成型直缝钢管			碳素结构钢	$25d$	焊缝放在中心线以内受压区
			低合金结构钢	$30d$	
冷成型方矩管			碳素结构钢	$30h(b)$	焊缝放置在弯弧中心线位置
			低合金结构钢	$35h(b)$	
热轧 H 型钢	焊缝		碳素结构钢	$25h$	也适用于工字钢和槽钢对高度弯曲
			低合金结构钢	$30h$	
			碳素结构钢	$20b$	
			低合金结构钢	$25b$	
槽钢、角钢			碳素结构钢	$25b$	
			低合金结构钢	$30b$	

（4）钢材矫正后的允许偏差应符合表 6-29 的规定。

检查数量：按矫正件数抽查 10%，且不应少于 3 个。

检验方法：观察检查和实测检查。

表 6-29 钢材矫正后的允许偏差

mm

项目		允许偏差	图例
钢板的局部平面度	$t\leqslant6$	3.0	
	$6<t\leqslant14$	1.5	
	$t>14$	1.0	1 000

项目	允许偏差	图例
型钢弯曲矢高	$l/1\ 000$，且不大于 5.0	
角钢肢的垂直度	$b/100$ 双肢栓接角钢的角度不得大于 90°	
槽钢翼缘对腹板的垂直度	$b/80$	
工字钢、H 型钢翼缘对腹板的垂直度	$b/100$，且不大于 2.0	

(5)钢管弯曲成型和矫正后的允许偏差应符合表 6-30 的规定。

检查数量：全数检查。

检验方法：用样板和尺(仪器)实测检查。

表 6-30　钢管弯曲成型和矫正后的允许偏差　　　　　　　　　　　mm

项目	允许偏差	检查方法	图例
直径	$\pm d/200$，且$\leqslant\pm3.0$	卡尺	
钢管、箱形杆件侧弯	$l<4\ 000$，$\Delta\leqslant2.0$ $4\ 000\leqslant l<16\ 000$，$\Delta\leqslant3.0$ $l\geqslant16\ 000$，$\Delta\leqslant5.0$	用拉线和钢尺检查	
椭圆度	$f\leqslant d/200$，且$\leqslant3.0$	用卡尺和游标卡尺检查	
曲率(弧长>1 500)	$\Delta\leqslant2.0$	用样板(弦长$\geqslant1\ 500$)检查	

(6)钢板压制或卷制钢管时，应符合下列规定：

1)完成压制或卷制后，应采用样板检查其弧度，样板与管内壁的间隙应符合表 6-31 的规定。

表 6-31　样板与管内壁的允许间隙

表 6-31　样板与管内壁的允许间隙 mm

序号	钢管直径 d	样板弦长	样板与管内壁的允许间隙
1	$d{\leqslant}1\,000$	$d/2$，且不小于 500	1.0
2	$1\,000{<}d{\leqslant}2\,000$	$d/4$，且不小于 1 500	1.5

2）完成压制或卷制后，对口错边 $t/10$（t 为壁厚）且不应大于 3 mm。

3）压制或卷制时，不得采用锤击方法矫正钢板。

检查数量：全数检查。

检验方法：用套模或游标卡尺检查。

3. 边缘加工

主控项目

气割或机械剪切的零件需要进行边缘加工时，其刨削余量不宜小于 2.0 mm。

检查数量：全数检查。

检验方法：检查工艺报告和施工记录。

一般项目

（1）边缘加工的允许偏差应符合表 6-32 的规定。

检查数量：按加工面数抽查 10%，且不应少于 3 件。

检验方法：观察检查和实测检查。

表 6-32　边缘加工的允许偏差 mm

项目	允许偏差	项目	允许偏差
零件宽度、长度	±1.0	加工面垂直度	$0.025t$，且不大于 0.5
加工边直线度	$l/3\,000$，且不大于 2.0	加工面表面粗糙度	$Ra{\leqslant}50\ \mu m$

注：l 为加工边度；t 为加工面的厚度。

（2）焊缝坡口的允许偏差应符合表 6-33 的规定。

检查数量：按加工面数抽查 10%，且不应少于 3 个。

检验方法：实测检查。

表 6-33　焊缝坡口的允许偏差

项目	允许偏差
坡口角度	±5°
钝边	±1.0 mm

（3）采用铣床进行铣削加工边缘时，加工后的允许偏差应符合表 6-34 的规定。

检查数量：按加工面数抽查 10%，且不应少于 3 个。

检验方法：用钢尺、塞尺检查。

表 6-34　零部件铣削加工后的允许偏差 mm

项目	允许偏差
两端铣平时零件长度、宽度	±1.0
铣平面的平面度	$0.02t$，且不大于 0.3

项目	允许偏差
铣平面的垂直度	$l/1\,500$，且不大于 0.5

注：t 为铣平面的厚度；h 为铣平面的高度。

4. 球节点加工

主控项目

(1)螺栓球成型后，表面不应有裂纹、褶皱和过烧。

检查数量：每种规格抽查 5%，且不应少于 3 个。

检验方法：用 10 倍放大镜观察检查或表面探伤。

(2)封板、锥头、套筒表面不应有裂纹、过烧及氧化度。

检查数量：每种规格抽查 5%，且不应少于 3 个。

检验方法：用 10 倍放大镜观察检查或表面探伤。

(3)封板、锥头与杆件连接焊缝质量应满足设计要求，当设计无要求时应符合《钢结构工程施工质量验收标准》(GB 50205—2020)规定的二级焊缝质量等级标准。

检查数量：每种规格抽查 5%，且不应少于 3 根。

检验方法：超声波探伤或检查检验报告。

(4)焊接球的半球由钢板压制而成，钢板压成半球后，表面不应有裂纹、褶皱，焊接球的两半球对接处坡口宜采用机械加工，对接焊缝表面应打磨平整。

检查数量：每种规格抽查 5%，且不应少于 3 个。

检验方法：用 10 倍放大镜观察检查或表面探伤。

(5)焊接球的焊缝质量应满足设计要求，当设计无要求时应符合《钢结构工程施工质量验收标准》(GB 50205—2020)规定的二级焊缝质量等级标准。

检查数量：每种规格抽查 5%，且不应少于 3 个。

检验方法：超声波探伤或检查检验报告。

一般项目

(1)螺栓球螺纹尺寸应符合现行国家标准《普通螺纹　基本尺寸》(GB/T 196—2003)的规定，螺纹公差应符合现行国家标准《普通螺纹　公差》(GB/T 197—2018)中 H6 级精度的规定。

检查数量：每种规格抽查 5%，且不应少于 3 个。

检验方法：用标准螺纹量规检查。

(2)螺栓球加工的允许偏差应符合表 6-35 的规定。

检查数量：每种规格抽查 5%，且不应少于 3 个。

检验方法：应符合表 6-35 的规定。

表 6-35　螺栓球加工的允许偏差

项目		允许偏差	检验方法
球直径	$D \leqslant 120$ mm	$+2.0$ mm，-1.0 mm	用卡尺和游标卡尺检查
	$D > 120$ mm	$+3.0$ mm，-1.5 mm	
球圆度	$D \leqslant 120$ mm	1.5 mm	用卡尺和游标卡尺检查
	120 mm $< D \leqslant 250$ mm	2.5 mm	
	$D > 250$ mm	3.5 mm	

项目		允许偏差	检验方法
同一轴线上两铣面平行度	$D\leqslant120$ mm	0.2 mm	用百分表 V 形块检查
	$D>120$ mm	0.3 mm	
铣平面距球中心距离		±0.2 mm	用游标卡尺检查
相邻两螺栓孔中心线夹角		$\pm30''$	用分度头检查
两铣平面与螺栓孔轴线垂直度		$0.005r$ mm	用百分表检查

注:D 为螺栓球直径;r 为铣平面半径。

(3)焊接球表面应光滑、平整,局部凹凸不平不应大于 1.5 mm。

检查数量:每种规格抽查 5%,且不应少于 3 个。

检验方法:用弧形套模、卡尺和观察检查。

(4)焊接球加工的允许偏差应符合表 6-36 的规定。

检查数量:每种规格抽查 5%,且不应少于 3 个。

检验方法:应符合表 6-36 的规定。

表 6-36 焊接球加工的允许偏差 mm

项目		允许偏差	检验方法
球直径	$D\leqslant300$	±1.5	用卡尺和游标卡尺检查
	$300<D\leqslant500$	±2.5	
	$500<D\leqslant800$	±3.5	
	$D>800$	±4.0	
球圆度	$D\leqslant300$	1.5	用卡尺和游标卡尺检查
	$300<D\leqslant500$	2.5	
	$500<D\leqslant800$	3.5	
	$D>800$	4.0	
壁厚减薄量	$t\leqslant10$	$0.18t$,且不小于 1.5	用卡尺和测厚仪检查
	$10<t\leqslant16$	$0.15t$,且不小于 2.0	
	$16<t\leqslant22$	$0.12t$,且不小于 2.5	
	$22<t\leqslant45$	$0.11t$,且不小于 3.5	
	$t>45$	$0.08t$,且不小于 4.0	
对口错边量	$t\leqslant20$	1.0	用套模和游标卡尺检查
	$20<t\leqslant40$	2.0	
	$t>40$	3.0	
焊缝余高		$0\sim1.5$	用焊缝量规检查

注:D 为焊接球的外径;t 为焊接球的壁厚。

5. 铸钢件加工

主控项目

铸钢件与其他构件连接部位四周 150 mm 的区域,应按现行国家标准《铸钢件 超声检测 第1

部分：一般用途铸钢件》(GB/T 7233.1—2009)和《铸钢件 超声检测 第 2 部分：高承压铸钢件》(GB/T 7233.2—2010)的规定进行 100％超声波探伤检测。检测结果应符合国家现行标准的规定并满足设计要求。

检查数量：全数检查。

检验方法：检查探伤报告。

一般项目

(1)铸钢件连接面的表面粗糙度 Ra 不应大于 25 μm。连接孔、轴的表面粗糙度不应大于 12.5 μm。

检查数量：按零件数抽查 10％，且不应少于 3 个。

检验方法：用粗糙度对比样板检查。

(2)有连接要求的轴(外圆)和孔机械加工的允许偏差应符合表 6-37 的规定或设计要求。

检查数量：按规格抽查 10％，且不应少于 3 个。

检验方法：用卡尺、直尺、角度尺检查。

表 6-37　轴(外圆)和孔机械加工的允许偏差

项目	允许偏差
轴(外圆)直径	$-d/200$，且不大于 -2.0 mm
孔径	$d/200$，且不大于 2.0 mm
圆度	$d/200$，且不大于 2.0 mm
端面垂直度	$d/200$，且不大于 2.0 mm
管口曲线	2.0 mm
同轴度	1.0 mm
相邻两轴线夹角	±25′
注：d 为轴(外圆)直径或孔径。	

(3)有连接要求的平面、端面、边缘机械加工的允许偏差应符合表 6-38 的规定或设计要求。

检查数量：按零件数抽查 10％，且不应少于 3 个。

检验方法：用卡尺、直尺、角度尺检查。

表 6-38　平面、端面、边缘机械加工的允许偏差

项目	允许偏差
长度、宽度	±1.0 mm
平面平行度	0.5 mm
加工面对轴线的垂直度	$L/1\,500$，且不大于 2.0 mm
平面度	$0.3/m^2$
加工边直线度	$L/3\,000$，且不大于 2.0 mm
相邻两加工边夹角	30′
注：L 为加工面边长或加工边长度。	

(4)铸钢件可用机械、加热的方法进行矫正，矫正后的表面不得有明显的凹痕或其他损伤。

检查数量：全部检查。

检验方法：观察检查。

(5)铸钢件表面质量应符合《钢结构工程施工质量验收标准》(GB 50205—2020)第 4.4.4 条的规定。

检查数量：全部检查。

检验方法：观察检查。

(6)焊接坡口采用气割方法加工时，其允许偏差应符合表 6-39 的规定或满足设计要求。

表 6-39　气割焊接坡口的允许偏差

项目	允许偏差
切割面平面度	$0.05t$，且不应大于 2.0 mm
割纹深度	0.3 mm
局部缺口深度	1.0 mm
端面垂直度	$d/500$，且不大于 2.0 mm
坡口角度	$+5°$，0
钝边	± 1.0 mm

6. 制孔

主控项目

A、B 级螺栓孔(Ⅰ类孔)应具有 H12 的精度，孔壁表面粗糙度 Ra 不应大于 12.5 μm，其孔径的允许偏差应符合表 6-40 的规定。C 级螺栓孔(Ⅱ类孔)，孔壁表面粗糙度 Ra 不应大于 25 μm，其允许偏差应符合表 6-41 的规定。

检查数量：按钢构件数量抽查 10%，且不应少于 3 件。

检验方法：用游标卡尺或孔径量规检查。

表 6-40　A、B 级螺栓孔径的允许偏差　　　　　　　　　mm

序号	螺栓公称直径、螺栓孔直径	螺栓公称直径允许偏差	螺栓孔直径允许偏差
1	10～18	0.00，−0.18	+0.18，0.00
2	18～30	0.00，−0.21	+0.21，0.00
3	30～50	0.00，−0.25	+0.25，0.00

表 6-41　C 级螺栓孔的允许偏差

项目	允许偏差
直径	+1.0，0.0
圆度	2.0
垂直度	$0.03t$，且不大于 2.0

注：t 为钢板厚度。

一般项目

(1)螺栓孔孔距的允许偏差应符合表 6-42 的规定。

检查数量：按钢构件数量抽查 10%，且不应少于 3 件。

检验方法：用钢尺检查。

表 6-42 螺栓孔孔距的允许偏差   mm

螺栓孔孔距范围	≤500	501~1 200	1 201~3 000	>3 000
同一组内任意两孔间距离	±1.0	±1.5	—	—
相邻两组的端孔间距离	±1.5	±2.0	±2.5	±3.0

注：1. 在节点中连接板与一根杆件相连的所有螺栓孔为一组。

2. 对接接头在拼接板一侧的螺栓孔为一组。

3. 在两相邻节点或接头间的螺栓孔为一组，但不包括上述两款所规定的螺栓孔。

4. 受弯构件翼缘上的连接螺栓孔，每 1 m 长度范围内的螺栓孔为一组。

(2)螺栓孔孔距的允许偏差超过表 6-42 规定时，应采用与母材材料相匹配的焊条补焊后重新制孔。

检查数量：全数检查。

检验方法：观察检查。

(三)工程质量通病及防治措施

1. 号线下料时不注意留足切割、加工余量

质量通病 由于切割、加工、焊接收缩都会引起工件尺寸的变化，不留足余量，将会使工件组装后不符合制作尺寸要求，导致返工、返修甚至报废，增加成本。

防治措施 号线下料前，应仔细学习、审核图纸，逐个核对图纸之间的尺寸和方向等，熟悉制作工艺。对需切割、刨、铣、边缘加工的工件，应依据工件尺寸的长短留足切割、加工余量。

对于焊接量大、尺寸精度要求高的工件，要根据焊缝的多少及尺寸的大小，留出焊接收缩余量，其值可根据经验或与工艺师研究确定。

2. 钢材切割面或剪切面出现裂纹、夹渣等缺陷

质量通病 钢材切割后在切割面或剪切面出现裂纹、夹渣、分层和大于 1 mm 的缺棱等，影响钢结构连接的力学性能和工程质量。尤其是承受动荷载的结构存在裂纹、夹渣、分层等缺陷，将会造成质量安全事故。

防治措施 钢材经气割或机械切割后，应通过观察或用放大镜及百分尺全数检查切割面或剪切面。对有特殊要求的切割面或剪切面，或对外观检查有疑问时，应做渗透、磁粉或超声波探伤检查。

3. 钢构件组装拼接口超差

质量通病 钢构件组装拼接口错位(错边)、不平、间隙大小不符合规定、不均匀，从而造成拼接口误差超差，受力不均，降低拼接口强度，影响构件质量。

防治措施

(1)仔细检查组装零部件的外观、材质、规格、尺寸和数量，应符合图纸和规范要求，并控制在允许偏差范围内。

(2)构件组装拼接口错位(错边)应控制在允许偏差范围内，接口应平整，连接间隙必须按有关焊接规范规定，做到大小均匀一致。

(3)组装大样定形后应进行自检、监理检查，首件组装完成后也应进行自检、监理检查。

4. 大型构件焊缝尺寸达不到要求

质量通病 大型构件上的节点焊缝宽度、厚度、饱满度等不符合设计和规范要求，使节点

焊缝强度降低，影响构件的承载力。

防治措施

(1)对尺寸大且要求严的腹板坡口，应采用机械加工，组对时注意间隙均匀，使其符合规范要求。

(2)自动焊时要注意调整焊嘴对准焊缝。

(3)加强焊工技术培训、操作控制与焊缝的监测检查，对不符合要求的要进行及时处理。

5. 钢构件预拼装超差

质量通病 钢构件预拼装的几何尺寸、对角线、拱度、弯曲矢高超过允许值，质量达不到设计要求。

防治措施

(1)预拼装比例按合同和设计要求，一般按实际平面情况预装 10%～20%。

(2)钢构件制作、预拼用的钢直尺必须经计量检验，并相互核对，测量时间宜在早晨日出前或下午日落后。

(3)钢构件预拼装地面应坚实，胎架强度、刚度必须经设计计算确定，各支撑点的水平精度可用已计量检验的各种仪器逐点测定调整。

(4)高强度螺栓连接预拼装时，使用冲钉直径必须与孔径一致，每个节点要多于 3 只，临时普通螺栓数量一般为螺栓孔的 1/3。对孔径检测，试孔器必须垂直自由穿落。

(5)在预拼装中，由于钢构件制作误差或预拼装状态误差造成预拼装不能在自由状态下进行时，应对预拼装状态及钢构件进行修正，确保预拼装在自由状态下进行，预拼装的允许偏差应符合相关规定。

6. 构件跨度不准确

质量通病 构件跨度值大于或小于设计数值，造成组装困难。

防治措施

(1)由于构件制作偏差，起拱与跨度值发生矛盾时，应先满足起拱数值。

(2)构件在制作、拼装、吊装中所用的钢直尺应统一，小拼构件偏差必须在中拼时消除。

三、钢构件焊接工程

(一)钢构件焊接工程质量控制

(1)焊工必须经考试合格并取得合格证书。持证焊工必须在其考试合格项目及其认可范围内施焊。

(2)焊条、焊丝、焊剂、电渣焊熔嘴等焊接材料，与母材的匹配应符合设计及规范要求。焊条、焊剂药芯焊丝、熔嘴等在使用前，应按其产品说明书及焊接工艺文件的规定进行烘焙和存放。

(3)焊接材料应存放在通风干燥、温度适宜的仓库内，存放时间超过 1 年的，原则上只进行焊接工艺及机械性能复验。

(4)根据工程的重要性、特点、部位，必须进行同环境焊接工艺评定试验，其试验方法、内容及结果必须符合国家有关标准、规范的要求，并应得到监理和质量监督部门的认可。

(5)钢结构手工焊接用焊条的质量，应符合现行国家标准《非合金钢及细晶粒钢焊条》(GB/T 5117—2012)或《热强钢焊条》(GB/T 5118—2012)的规定。

(6)自动焊接或半自动焊接采用的焊丝和焊剂，应与母材强度相适应，焊丝应符合现行国家标准《熔化焊用钢丝》(GB/T 14957—1994)的规定。

（7）碳素结构应在焊缝冷却到环境温度、低合金结构应在完成焊接24 h以后，再进行焊缝探伤检验。

（二）钢构件焊接工程质量检验

主控项目

（1）焊接材料与母材的匹配应符合设计要求及国家现行标准的规定。焊接材料在使用前，应按其产品说明书及焊接工艺文件的规定进行烘焙和存放。

检查数量：全数检查。

检验方法：检查质量证明书和烘焙记录。

（2）持证焊工必须在其考试合格规定的认可范围内施焊，严禁无证焊工施焊。

检查数量：全数检查。

检验方法：检查焊工合格证及其认可范围、有效期。

（3）施工单位应按现行国家标准《钢结构焊接规范》（GB 50661—2011）进行焊接工艺评定，根据评定报告确定焊接工艺编定焊接工艺程并进行全过程质量控制。

检查数量：全数检查。

检验方法：检查焊接工艺评定报告焊接工艺规程，焊接过程参数测定、记录。

（4）设计要求的一、二级焊缝应进行内部缺陷的无损检验，一级、二级焊缝的质量等级及无损检测要求应符合表6-43的规定。

检查数量：全数检查。

检验方法：检查超声波或射线探伤记录。

表 6-43　一级、二级焊缝的质量等级及无损检测要求

焊缝质量等级		一级	二级
内部缺陷超声波探伤	评定等级	Ⅱ	Ⅲ
	缺陷检验等级	B级	B级
	探测比例	100%	20%
内部缺陷射线探伤	评定等级	Ⅱ	Ⅲ
	缺陷检验等级	B级	B级
	探伤比例	100%	20%

注：二级焊缝检测比例的计数方法应按以下原则确定：
1. 工厂制作焊缝按照焊缝长度计算百分比，且探伤长度应不小于200 mm，当焊缝长度小于200 mm时，应对整条焊缝探伤；
2. 现场安装焊缝应按同一类型、同一施焊条件的焊缝条数计算百分比，且不少于3条焊缝。

（5）焊缝内部缺陷的无损检测应符合下列规定：

1）采用超声波检测时，超声波检测设备、工艺要求及缺陷评定等级应符合现行国家标准《钢结构焊接规范》（GB 50661—2011）的规定；

2）当不能采用超声波探伤或对超声波检测结果有疑义时，可采用射线检测验证，射线检测技术应符合现行国家标准《焊缝无损检测射线检测 第1部分：X和伽玛射线的胶片技术》（GB/T 3323.1—2019）或《焊缝无损检测射线检测 第2部分：使用数字化探测器的X和伽玛射线技术》

（GB/T 3323.2—2019）的规定，缺陷评定等级应符合现行国家标准《钢结构焊接规范》（GB 50661—2011）的规定；

3）焊接球节点网架、螺栓球节点网架及圆管 T、K、Y 节点焊缝的超声波探伤方法及缺陷分级应符合国家和行业现行标准的有关规定。

检查数量：全数检查。

检验方法：检查超声波或射线探伤记录。

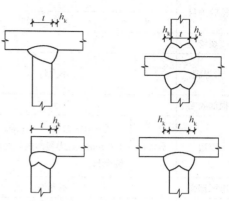

图 6-12　焊脚尺寸

（6）T 形接头、十字接头、角接接头等要求焊透的对接和角接组合焊缝（图 6-12），其加强焊脚尺寸 h、不应小于 $t/4$ 且不大于 10 mm，其允许偏差为 0~4 mm。

检查数量：资料全数检查，同类焊缝抽查 10%，且不应少于 3 条。

检验方法：观察检查，用焊缝量规抽查测量。

一般项目

（1）焊缝外观质量应符合表 6-44 和表 6-45 的规定。

检查数量：承受静荷载的二级焊缝每批同类构件抽查 10%，承受静荷载的一级焊缝和承受动荷载的焊缝每批同类构件抽查 15%，且不应少于 3 件。被抽查构件中，每一类型焊缝应按条数抽查 5%。且不应少于 1 条；每条应抽查 1 处，总抽查数不应少于 10 处。

检验方法：观察检查或使用放大镜、焊缝量规和钢尺检查，当有疲劳验算要求时，采用渗透或磁粉探伤检查。

表 6-44　无疲劳验算要求的钢结构焊缝外观质量要求

检验项目	焊缝质量等级		
	一级	二级	三级
裂纹	不允许		
未焊满	不允许	≤0.2 mm+0.02t 且≤1 mm，每 100 mm 长度焊缝内未焊满累积长度≤25 mm	≤0.2 mm+0.04t 且≤2 mm，每 100 mm 长度焊缝内未焊满累积长度≤25 mm
根部收缩	不允许	≤0.2 mm+0.02t 且≤1 mm，长度不限	≤0.2 mm+0.04t 且≤2 mm，长度不限
咬边	不允许	深度≤0.05t 且≤0.5 mm，连续长度≤100 mm，且焊缝两侧咬边总长≤10%焊缝全长	深度≤0.1t 且≤1 mm，长度不限
电弧擦伤	不允许		允许存在个别电弧擦伤
接头不良	不允许	缺口长度≤0.05t 且≤0.5 mm，每 1 000 mm 长度焊缝内不得超过 1 处	缺口深度≤0.1t 且≤1 mm，每 1 000 mm 长度焊缝内不得超过 1 处
表面气孔	不允许		每 50 mm 长度焊缝内允许存在直径≤0.4t 且≤3 mm 的气孔 2 个；孔距应≥6 倍孔径
表面夹渣	不允许		深≤0.2t，长≤0.5t 且≤20 mm

注：t 为母材厚度。

表 6-45　有疲劳验算要求的钢结构焊缝外观质量要求

检验项目	焊缝质量等级		
	一级	二级	三级
裂纹	不允许		
未焊满	不允许		$\leqslant 0.2$ mm$+0.02t \leqslant 1$ mm，每 100 mm 长度焊缝内未焊满累积长度$\leqslant 25$ mm
根部收缩	不允许		$\leqslant 0.2$ mm$+0.02t$ 且$\leqslant 1$ mm，长度不限
咬边	不允许	$\leqslant 0.05t$ 且$\leqslant 0.3$ mm，连续长度$\leqslant 100$ mm，且焊缝两侧咬边总长$\leqslant 10\%$焊缝全长	$\leqslant 0.1\ t$ 且$\leqslant 0.5$ mm，长度不限
电弧擦伤	不允许		允许存在个别电弧擦伤
接头不良	不允许		缺口深度$\leqslant 0.05t$ 且$\leqslant 0.5$ mm，每 1 000 mm 长度焊缝内不得超过 1 处
表面气孔	不允许		直径小于 1.0 mm，每米不多于 3 个，间距不小于 20 mm
表面夹渣	不允许		深$\leqslant 0.2t$，长$\leqslant 0.5t$ 且$\leqslant 20$ mm

注：t 为接头较薄件母材厚度。

（2）焊缝外观尺寸要求应符合表 6-46 和表 6-47 的规定。

表 6-46　无疲劳验算要求的钢结构焊缝外观尺寸允许偏差　　　　　　　　　mm

序号	项目	示意图	外观尺寸允许偏差	
			一级、二级	三级
1	对接焊缝余高 C		$B<20$ 时，C 为 $0\sim3.0$；$B\geqslant 20$ 时，C 为 $0\sim4.0$	$B<20$ 时，C 为 $0\sim3.5$；$B\geqslant 20$ 时，C 为 $0\sim5.0$
2	对接焊缝错边 Δ		$\Delta<0.1t$，且$\leqslant 2.0$	$\Delta<0.15t$，且$\leqslant 3.0$
3	角焊缝余高 C		$h_f\leqslant 6$ 时，C 为 $0\sim1.5$；$h_f>6$ 时，C 为 $0\sim3.0$	
4	对接和角接组合焊缝余高 C		$h_k\leqslant 6$ 时，C 为 $0\sim1.5$；$h_k>6$ 时，C 为 $0\sim3.0$	

表 6-47　有疲劳验算要求的钢结构焊缝外观尺寸允许偏差

项目	焊缝种类	外观尺寸允许偏差
焊脚尺寸	对接与角接组合焊缝 h_k	0，+2.0 mm
	角焊缝 h_f	−1.0 mm，+2.0 mm
	手工焊角焊缝 h_f(全长的 10%)	−1.0 mm，+3.0 mm
焊缝高低差	角焊缝	≤2.0 mm(任意 25 mm 范围高低差)
余高	对接焊缝	≤2.0 mm(焊缝宽 b≤20 mm)
		≤3.0 mm(b>20 mm)
余高铲磨后表面	横向对接焊缝	表面不高于母材 0.5 mm
		表面不低于母材 0.3 mm
		粗糙度 50 μm

检查数量：承受静荷载的二级焊缝每批同类构件抽查 10%，承受静荷载的一级焊缝和承受动荷载的焊缝每批同类构件抽查 15%，且不应少于 3 件。被抽查构件中，每种焊缝应按条数各抽查 5%，但不应少于 1 条；每条应抽查 1 处，总抽查数不应少于 10 处。

检验方法：用焊缝量规检查。

(3)对于需要进行预热或后热的焊缝，其预热温度或后热温度应符合国家现行标准的规定或通过焊接工艺评定确定。

检查数量：全数检查。

检验方法：检查预热或后热施工记录和焊接工艺评定报告。

(三)工程质量通病及防治措施

1. 焊接材料与焊接母材材质不匹配，或使用不符合要求的焊接材料

质量通病　焊接材料与焊接母材的化学成分、力学性能不相匹配，其原因多由于图纸出现错误或不明确而选错了焊材却未被发现。如母材为 Q345 钢，选用了 T422 焊条、H08A 焊丝，或使用了不符合设计要求的焊材，或不同强度的母材，选用了与较低强度母材相适应的焊材等，从而导致焊材的强度指标与母材相差甚大，不相匹配，对焊接质量产生严重影响。

防治措施　焊接材料的选择和使用应符合下列要求：

(1)焊接材料应按设计文件的要求选用，其化学成分、力学性能和其他要求必须符合现行国家标准与行业标准的规定，并应具有生产厂家出具的质量证明书，不准使用无质量证明书的焊接材料。

(2)焊接材料应注意需同母材的钢材材质相匹配。

(3)焊条、焊丝、焊剂和粉芯焊丝均应储存在干燥、通风的室内仓库，并由专人保管。焊条药皮脱落、严重污染或过期产品严禁使用。

(4)焊条、焊丝、焊剂和粉芯焊丝在使用前，必须按产品说明书及有关工艺文件规定进行烘烤。

2. 焊缝尺寸不符合要求

质量通病　焊缝尺寸不符合要求，包括焊缝外形高低不平、焊波宽窄不齐、焊缝增高量过大或过小、焊缝宽度太宽或太窄、焊缝和母材之间的过渡不平滑等，如图 6-13 所示。产生焊缝尺寸不符合要求的原因往往是焊接坡口角度不当或装配间隙不均匀、焊接参数选择不当、运条速度或操作不当及焊条角度掌握不合适等。其危害性有连接强度达不到规范要求、不美观等几个方面。

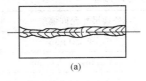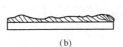

(a)   (b)   (c)   (d)

图 6-13 焊缝尺寸不符合要求

(a)焊波宽窄不齐；(b)焊缝高低不平；(c)焊缝与母材过渡不良；(d)焊脚尺寸相差过大

防治措施 对尺寸过小的焊缝应加焊到所要求的尺寸；坡口角度要合适，装配间隙要均匀；正确地选择焊接参数；焊条电弧焊操作人员要熟练地掌握运条速度和焊条角度，以获得成型、美观的焊缝。

项目小结

本项目主要介绍了钢筋工程、混凝土工程、模板工程、砌体工程、屋面工程、木结构工程、钢结构工程在施工过程中的质量控制验收标准、验收方法及质量通病的防治。通过本项目的学习，学生应具有参与编制专项施工方案的能力，能够对钢筋工程施工质量进行检验和验收，能够规范填写检验批检查验收记录。

思考与练习

一、填空题

1. 钢筋从钢厂发出时，应具有_____，每捆(盘)钢筋均应有_____。

2. 钢筋加工过程中，若发现钢筋脆断、焊接性能不良或力学性能显著不正常等现象时，应立即_____。

3. 钢筋连接方法有_____、_____、_____等。

4. 钢筋机械连接技术包括_____连接和_____连接，钢筋应先调直再下料。

5. 焊接操作工作只能在其_____规定的施焊范围实施操作。

6. 钢筋安装时应检查钢筋的_____、_____、_____、_____是否符合设计要求，检查钢筋骨架、钢筋网绑扎方法是否正确、是否牢固可靠。

7. 水泥进场时必须有_____、_____，进场同时还要对水泥品种、级别、包装或散装仓号、出厂日期等进行检查验收。

8. 检查混凝土搅拌的时间，并在混凝土搅拌后和浇筑地点分别抽样检测混凝土的_____。

9. 施工缝的位置应在混凝土浇筑前按_____和_____确定。

10. 采用先进的模板技术，对于_____、_____、_____、_____和_____，都具有十分重要的意义。

11. 根据模板形式又可分为_____、_____、_____及_____和_____等。

12. 模板_____会造成混凝土外观蜂窝麻面，直接影响混凝土质量。

13. 水平灰缝砌筑方法宜采用"三一"砌砖法，即"_____、_____、_____"的操作方法。

二、判断题

1. 钢筋下料时，切口端面应与钢筋轴线垂直，不得有马蹄形或挠曲，不得用气割下料。
（ ）

2. 钢筋的接头宜设置在受力较小处，同一纵向受力钢筋设置两个或两个以上接头。（ ）

3. 当受力钢筋采用机械连接接头或焊接接头时，设置在同一构件内的接头可以搭接。
（ ）

4. 集料进场后，应按品种、规格分别堆放，集料中严禁混入烧过的白云石和石灰石。
（ ）

5. 对于现浇混凝土结构外形尺寸偏差，检查主要轴线、中心线位置时，应沿纵向量测，并取其中的较大值。
（ ）

6. 一般情况下，模板自上而下地安装。在安装过程中要注意模板的稳定，可设临时支撑稳住模板，待安装完毕且校正无误后方可固定牢固。
（ ）

7. 对于跨度不大于 4 m 的现浇赶紧混凝土梁、板，其模板应按设计要求起拱。（ ）

三、简答题

1. 钢筋原材料质量有哪些要求？

2. 如何防止钢筋成型后弯曲处外侧产生横向裂纹？

3. 电弧焊的施工质量控制操作要点有哪些？

4. 钢筋安装工程中常见的质量通病有哪些？

5. 施工缝的留置应符合哪些规定？

6. 现浇混凝土常见的质量通病有哪些？如何防治？

7. 砌筑毛石挡土墙应符合哪些规定？

8. 屋面保温层工程的质量通病有哪些？如何防治？

项目七 装饰装修工程质量管理

知识目标

1. 了解抹灰工程、门窗工程、饰面工程的质量控制要点。
2. 了解抹灰工程、门窗工程、饰面工程的质量验收标准。
3. 掌握抹灰工程、门窗工程、饰面工程的验收方法及质量通病的防治。

能力目标

1. 能够依据质量控制要点、施工质量验收标准，对抹灰工程施工质量进行检查、控制和验收。
2. 能够依据质量控制要点、施工质量验收标准，对木门窗制作、安装工程质量进行检查、控制和验收。
3. 能够依据质量控制要点、施工质量验收标准，对饰面板安装与饰面砖粘贴施工质量进行检查、控制和验收。
4. 能够掌握如何防范质量通病。

任务一 抹灰工程

抹灰工程按使用的材料及其装饰效果可分为一般抹灰和装饰抹灰两种。一般抹灰为采用石灰砂浆、水泥混合砂浆、水泥砂浆、聚合物水泥砂浆、麻刀灰、纸筋石灰和石膏灰等抹灰材料进行的抹灰工程施工；装饰抹灰主要通过操作工艺及选用材料等方面的改进，使抹灰更富有装饰效果，主要有水刷石、斩假石、干粘石和假面砖等。

一、一般抹灰工程

(一)一般抹灰工程质量控制

1. 材料质量要求

(1)抹灰用石灰膏。抹灰工程中所采用的石灰膏应用块状石灰淋制，淋制时必须用孔径不大于 3 mm×3 mm 的筛过滤。石灰膏熟化时间，常温下一般不少于 15 d；用于罩面时，不少于 30 d。使用时，石灰膏内不得含未熟化的生石灰颗粒及其他杂质等。在条件许可时，抹灰用的石灰膏可用磨细生石灰粉代替，其细度应通过 4 900 孔/cm² 筛；用于罩面板时，磨细石灰粉的熟化时间不应少于 3 d。

抹灰工程质量
验收要求

（2）抹灰用砂子。抹灰用的砂子宜采用中砂，砂子应过筛，不得含有泥块、贝壳、草根等杂质。装饰抹灰用的石粒、砾石等应耐磨、坚硬，使用前必须用水冲洗干净。

（3）抹灰工程所用水泥强度等级不宜过高，不得使用火山灰水泥。

（4）抹灰工程的砂浆品种。抹灰工程采用的砂浆品种，应按照设计要求；如果设计无具体要求，可遵循下列规定：

1）外墙门窗洞口的外侧壁、屋檐、勒脚、压檐墙等应用水泥砂浆或水泥混合砂浆。

2）湿度较大的房间和车间应用水泥砂浆或水泥混合砂浆。

3）混凝土板和墙的底层应用水泥混合砂浆、水泥砂浆或聚合物水泥砂浆。

4）硅酸盐砌块、加气混凝土块和板的底层可用水泥混合砂浆或聚合物水泥砂浆。

5）板条、金属网顶棚和墙的底层和中层抹灰，可用麻刀石灰砂浆或纸筋石灰砂浆。

（5）抹灰砂浆的配合比和稠度等应经检查合格后，方可使用。水泥砂浆及掺有水泥或石膏拌制的砂浆，应在初凝前使用完毕。

2. 施工过程的质量控制

（1）抹灰前，砖、混凝土等基体表面应洁净，基层上残留的砂浆、灰尘、油渍、污垢应清理干净。太光滑的表面应采取适当的技术措施进行处理（如凿毛、喷浆、刷界面剂等）。

（2）正式大面积抹灰前宜先做样板间，经各方鉴定合格后，方可正式安排施工。

（3）抹灰前，应纵横拉通线，用与抹灰层相同的砂浆设置标志。

（4）检查普通抹灰表面是否光滑、洁净，接槎是否平整，分割缝是否清晰；高级抹灰表面应光滑、洁净、颜色均匀、无抹纹，分割缝和灰线应清晰美观。

（5）水泥砂浆不得抹在石灰砂浆层上；罩面石膏灰不得抹在水泥砂浆层上。

（6）室内墙面、柱面和门窗洞口的阳角做法应符合设计要求，当设计无要求时应采用1:2的水泥砂浆做暗护角，其高度不低于2 m，宽度不小于50 mm。

（7）各种砂浆的抹灰层，在凝结前应防止快干、水冲、碰撞和振动。水泥类砂浆终凝后要适度喷水养护。

（二）一般抹灰工程质量检验

主控项目

（1）一般抹灰所用材料的品种和性能应符合设计要求及国家现行标准的有关规定。

检验方法：检查产品合格证书、进场验收记录、性能检验报告和复验报告。

（2）抹灰前基层表面的尘土、污垢、油渍等应清除干净，并应洒水润湿或进行界面规定。

检验方法：检查施工记录。

（3）抹灰工程应分层进行。当抹灰总厚度大于或等于35 mm时，应采取加强措施。不同材料基体交接处表面的抹灰，应采取防止开裂的加强措施，当采用加强网时，加强网与各基体的搭接宽度不应小于100 mm。

检验方法：检查隐蔽工程验收记录和施工记录。

（4）抹灰层与基层之间及各抹灰层之间应黏结牢固，抹灰层应无脱层、空鼓，面层应无爆灰和裂缝。

检验方法：观察、用小锤轻击检查；检查施工记录。

一般项目

（1）一般抹灰工程的表面质量应符合下列规定：

1）普通抹灰表面应光滑、洁净，接槎平整，分格缝应清晰。

2) 高级抹灰表面应光滑、洁净、颜色均匀、无抹纹，分格缝和灰线应清晰美观。

检验方法：观察，手摸检查。

(2) 护角、孔洞、槽、盒周围的抹灰表面应整齐、光滑；管道后面的抹灰表面应平整。

检验方法：观察。

(3) 抹灰层的总厚度应符合设计要求；水泥砂浆不得抹在石灰砂浆层上；罩面石膏灰不得抹在水泥砂浆层上。

检验方法：检查施工记录。

(4) 抹灰分格缝的设置应符合设计要求，宽度和深度应均匀，表面应光滑，棱角应整齐。

检验方法：观察，尺量检查。

(5) 有排水要求的部位应做滴水线(槽)。滴水线(槽)应整齐顺直，滴水线应内高外低，滴水槽的宽度和深度均不应小于 10 mm。

检验方法：观察，尺量检查。

(6) 一般抹灰工程质量的允许偏差和检验方法应符合表 7-1。

表 7-1　一般抹灰的允许偏差和检验方法

序号	项　目	允许偏差/mm		检 验 方 法
		普通抹灰	高级抹灰	
1	立面垂直度	4	3	用 2 m 垂直检测尺检查
2	表面平整度	4	3	用 2 m 靠尺和塞尺检查
3	阴阳角方正	4	3	用 200 mm 直角检测尺检查
4	分格条(缝)直线度	4	3	拉 5 m 线，不足 5 m 拉通线，用钢直尺检查
5	墙裙、勒脚上口直线度	4	3	拉 5 m 线，不足 5 m 拉通线，用钢直尺检查

注：1. 普通抹灰，本表第 3 项阴角方正可不检查。
　　2. 顶棚抹灰，本表第 2 项表面平整度可不检查，但应平顺。

(三)工程质量通病及防治措施

1. 室内灰线不顺直，结合不牢固、开裂，表面粗糙

质量通病

(1) 基层处理不干净，有浮灰和污物，浇水不透彻。基层湿度差可导致灰线砂浆失水过快，或抹灰后没有及时养护而产生底灰与基层黏结不牢，在砂浆硬化过程中缺水造成开裂；抹灰线的砂浆配合比不当或未涂抹结合层而造成空鼓。

(2) 靠尺松动，冲筋损坏，推拉灰线模用力不均，手扶不稳可导致灰线变形、不顺直；喂灰不足，推拉灰线模时灰浆挤压不密实，罩面灰稠稀不均匀，使灰线表面产生蜂窝、麻面。

防治措施

(1) 灰线必须在墙面的罩面灰施工前进行，且墙面与顶棚的交角必须垂直方正，符合高级抹灰面层的验收标准。抹灰线底灰之前，应将基层表面清理干净，在施抹前浇水湿润，抹灰线时再洒水 1 次，保证基层湿润。

(2) 灰线模型体应规整，线条清晰，工作面光滑。按灰线尺寸固定靠尺要平直、牢固，与线模紧密结合。抹灰线砂浆时，应先抹一层水泥石灰砂浆过渡结合层，并认真控制各层砂浆配合比。同一种砂浆也应分层施抹，喂灰应饱满，推拉挤压要密实，接槎要平整，如有缺陷，应用细筋(麻刀)灰修补，再用线模赶平压光，使灰线表面密实、光滑、平顺、均匀，线条清晰，色泽一致。

2. 内墙罩面灰接槎明显、色泽不匀

质量通病 罩面灰施工时，留槎位置未加控制，随意性大，留槎没规矩，不留直槎，乱甩槎，如果槎子接不好，就会造成接槎处开裂；接槎处由于重复压抹，所以，接槎部位颜色变重、变黑，并明显加厚，影响使用功能和美观。

防治措施

(1)内墙抹灰留槎应甩在阴角处及管道后边，室内墙面如预留施工洞，为保持其抹灰颜色一致，可将整个墙面的抹灰甩下，待施工洞补砌后一起施抹。

(2)要求抹灰留槎应留直槎，分层呈踏步状留槎，接槎时以衔接好为准，不应使压槎部位重叠。

(3)用塑料抹子抹压罩面灰，以解决钢抹子压活发黑的弊病。

(4)为保持内墙踢脚和墙裙颜色一致，应选用同品种、同批量、同强度等级的水泥。

(5)要有专人掌握配合比及控制加水量，以保证灰浆颜色一致。

二、装饰抹灰工程

(一)装饰抹灰工程质量控制

1. 材料质量要求

(1)水泥、砂质量控制要点同一般抹灰质量控制要点。

(2)水刷石、干粘石、斩假石的集料，其质量要求是颗粒坚韧、有棱角、洁净且不得含有分化的石粒，使用时应冲洗干净并晾干。

(3)应控制彩色瓷粒质量，其粒径为1.6～3 mm，且应具有大气稳定性好、表面瓷粒均匀等特性。

(4)装饰砂浆中的颜料，应采用耐碱和耐晒(光)的矿物颜料，常用的有氧化铁黄、铬黄、氧化铁红、群青、钴蓝、铬绿、氧化铁黑、钛白粉等。

(5)建筑胶粘剂应选择无醛胶粘剂，产品性能参照《水溶性聚乙烯醇建筑胶粘剂》(JC/T 438—2019)的要求，有害物质限量符合《室内装饰装修材料 胶粘剂中有害物质限量》(GB 18583—2008)的要求，聚乙烯醇缩甲醛类胶粘剂不得用于医院、老年建筑、幼儿园、学校教师等民用建筑的室内装饰装修工程。

(6)水刷石浪费水资源，并对环境有污染，应尽量减少使用。

2. 施工过程的质量控制

(1)装饰抹灰应在基体或基层的质量检查合格后才能进行。

(2)装饰抹灰面层的厚度、颜色、图案应符合设计要求。

(3)正式抹灰前，应按施工方案(或安全技术交底)及设计要求抹出样板件，待有关方检验合格后，方可正式进行。

(4)装饰抹灰面层有分格要求时，分格条应宽、窄、厚、薄一致，粘贴在中层砂浆面上应横平竖直，交接严密，完工后应适时全部取出。

(5)装饰抹灰面层应做在已硬化、粗糙且平整的中层砂浆面上，涂抹前应洒水湿润。

(6)装饰抹灰的施工缝，应留在分格缝、墙面阴角、落水管背后或独立装饰组成部分的边缘处，每个分块必须连续作业，不显接槎。

(7)刷石、水磨石、斩假石和干粘石所用的彩色石粒应洁净，统一配料，干拌均匀。

(8)水刷石、水磨石、斩假石面层涂抹前，应在已浇水湿润的中层砂浆面上刮水泥浆(水胶比为0.37～0.40)一遍，以使面层与中层结合牢固。

(9)喷涂、弹涂等工艺不能在雨天进行；干粘石等工艺在大风天气不宜施工。

(10)水刷石表面应石粒清晰、分布均匀、紧密平整、色泽一致，且无掉粒和接槎痕迹。

（二）装饰抹灰工程质量检验

主控项目

(1)抹灰前基层表面的尘土、污垢、油渍等应清除干净，并应洒水润湿或进行界面处理。

检验方法：检查施工记录。

(2)装饰抹灰工程所用材料的品种和性能应符合设计要求及国家现行标准有关规定。

检验方法：检查产品合格证书、进场验收记录、性能检验报告和复验报告。

(3)抹灰工程应分层进行。当抹灰总厚度大于或等于 35 mm 时，应采取加强措施。不同材料基体交接处表面的抹灰，应采取防止开裂的加强措施。当采用加强网时，加强网与各基体的搭接宽度不应小于 100 mm。

检验方法：检查隐蔽工程验收记录和施工记录。

(4)各抹灰层之间及抹灰层与基体之间应黏结牢固，抹灰层应无脱层、空鼓和裂缝。

检验方法：观察；用小锤轻击检查；检查施工记录。

一般项目

(1)装饰抹灰工程的表面质量应符合下列规定：

1)水刷石表面应石粒清晰、分布均匀、紧密平整、色泽一致，应无掉粒和接槎痕迹。

2)斩假石表面剁纹应均匀顺直、深浅一致，应无漏剁处；阳角处应横剁并留出宽窄一致的不剁边条，棱角应无损坏。

3)干粘石表面应色泽一致、不露浆、不漏粘，石粒应黏结牢固、分布均匀，阳角处应无明显黑边。

4)假面砖表面应平整、沟纹清晰、留缝整齐、色泽一致，应无掉角、脱皮、起砂等缺陷。

检验方法：观察；手摸检查。

(2)装饰抹灰分格条(缝)的设置应符合设计要求，宽度和深度应均匀，表面应平整、光滑，棱角应整齐。

检验方法：观察。

(3)有排水要求的部位应做滴水线(槽)。滴水线(槽)应整齐、顺直，滴水线应内高外低，滴水槽的宽度和深度均应不小于 10 mm。

检验方法：观察；尺量检查。

(4)装饰抹灰工程质量的允许偏差和检验方法应符合表 7-2 的规定。

表 7-2 装饰抹灰的允许偏差和检验方法

项次	项目	允许偏差/mm				检验方法
		水刷石	斩假石	干粘石	假面砖	
1	立面垂直度	5	4	5	5	用 2 m 垂直检测尺检查
2	表面平整度	3	3	5	4	用 2 m 靠尺和塞尺检查
3	阳角方正	3	3	4	4	用 200 mm 直角检测尺检查
4	分格条(缝)直线度	3	3	3	3	拉 5 m 线，不足 5 m 拉通线，用钢直尺检查
5	墙裙、勒脚上口直线度	3	3	—	—	拉 5 m 线，不足 5 m 拉通线，用钢直尺检查

任务二 门窗工程

一、木门窗安装工程

(一)木门窗安装工程质量控制

1. 材料质量要求

(1)木门窗的木材品种、材质等级、规格、尺寸、框扇的线型及人造木板的甲醛含量均应符合设计要求。

门窗工程质量
验收要求

(2)木门窗的防火、防腐、防虫处理应符合设计要求。制作木门窗所用的胶料，宜采用国产的酚醛树脂胶和脲醛树脂胶。普通木门窗可采用半耐水的脲醛树脂胶，高档木门窗应采用耐水的酚醛树脂胶。

(3)工厂生产的木门窗必须有出厂合格证。对于因运输堆放等原因而受损的门窗框、门窗扇，应进行预处理，达到合格要求后，方可用于工程中。

(4)小五金及其配件的种类、规格、型号必须符合设计要求，质量必须合格，并与门窗框、门窗扇相匹配，且产品质量必须有出厂合格证。

(5)对人造木板的甲醛含量应进行复验。

(6)防腐剂氟硅酸钠，其纯度不应小于 95%，含水率不应大于 1%，细度要求应全部通过 1 600 孔/cm² 的筛。或用稀释的冷底子油，涂刷木材面与墙体接触部位。

2. 施工过程质量控制

(1)门窗工程施工前，应进行样板间的施工，经业主、设计、监理验收确认后，才能全面施工。

(2)木门窗及门窗五金运到现场，必须按图样检查框、扇型号，检查产品防锈红丹漆有无薄刷、漏涂等现象，严禁不合格产品用于工程。

(3)门窗框、门窗扇进场后，框的靠墙、靠地一面应刷防腐涂料，其他各面应刷清漆一道，刷油后将其码放在干燥通风仓库内。门窗框安装应安排在地面、墙面的湿作业完成后，窗扇安装应在室内抹灰施工前进行；门窗安装应在室内抹灰完成和水泥地面达到一定强度后再进行。

(4)木门窗框安装宜采用预留洞口的施工方法(后塞口的施工方法)。若采用先立框的方法施工，则应注意避免门窗框在施工中被污染、挤压变形、受损等现象。

(5)木门窗与砖石砌体、混凝土或抹灰层接触处应做防腐处理。对埋入砌体或混凝土的木砖应进行防腐处理。

(6)在砌体上安装门窗时，严禁采用射钉固定。

(7)木门窗与墙体间缝隙的填嵌料应符合设计要求，填嵌要饱满。寒冷地区外门窗(或门窗框)与砌体间的空隙应填充保温材料。

(8)对预埋件、锚固件及隐蔽部位的防腐、填嵌处理，应进行隐蔽工程的质量验收。

(二)木门窗安装工程质量检验

主控项目

(1)木门窗的木材品种、类型、规格、尺寸、开启方向、安装位置、连接方式及性能应符合设计要求及国家现行标准的有关规定。

检验方法：观察；尺量检查；检查产品合格证书、性能检验报告、进场验收记录和复验报告；检查隐蔽工程验收记录。

(2)木门窗应采用烘干的木材，含水率及饰面质量应符合相关国家现行标准的规定。

检验方法：检查材料进场验收记录、复验报告及性能检验报告。

(3)木门窗的防火、防腐、防虫处理应符合设计要求。

检验方法：观察；检查材料进场验收记录。

(4)木门窗框的安装应牢固。预埋木砖的防腐处理、木门窗框固定点的数量、位置和固定方法应符合设计要求。

检验方法：观察；手扳检查；检查隐蔽工程验收记录和施工记录。

(5)木门窗扇应安装牢固、开关灵活、关闭严密、无倒翘。

检验方法：观察；开启和关闭检查；手扳检查。

(6)木门窗配件的型号、规格和数量应符合设计要求，安装应牢固，位置应正确，功能应满足使用要求。

一般项目

(1)木门窗表面应洁净，不得有刨痕、锤印。

检验方法：观察。

(2)木门窗的割角、拼缝应严密平整。门窗框、扇裁口应顺直，刨面应平整。

检验方法：观察。

(3)木门窗上的槽、孔应边缘整齐，无毛刺。

检验方法：观察。

(4)木门窗与墙体间的缝隙应填嵌饱满。寒冷地区外门窗(或门窗框)与砌体间的空隙应填充保温材料。

检验方法：轻敲门窗框检查；检查隐蔽工程验收记录和施工记录。

(5)木门窗批水、盖口条、压缝条、密封条的安装应顺直，与门窗结合应牢固、严密。

检验方法：观察、手扳检查。

(6)平开木门窗安装的留缝限值、允许偏差和检验方法应符合表7-3的规定。

表7-3 平开木门窗安装的留缝限值、允许偏差和检验方法

项次	项目	留缝限值/mm	允许偏差/mm	检验方法
1	门窗框的正、侧面垂直度	—	2	用1 m垂直检测尺检查
2	框与扇接缝高低差	—	1	用塞尺检查
	扇与扇接缝高低差	—	1	
3	门窗扇对口缝	1～4	—	用塞尺检查
4	工业厂房、围墙双扇大门对口缝	2～7	—	
5	门窗扇与上框间留缝	1～3	—	
6	门窗扇与合页侧框间留缝	1～3	—	
7	室外门扇与锁侧框间留缝	1～3	—	
8	门扇与下框间留缝	3～5	—	用塞尺检查
9	窗扇与下框间留缝	1～3	—	
10	双层门窗内外框间距	—	4	用钢直尺检查

项次	项目		留缝限值/mm	允许偏差/mm	检验方法
11	无下框时门扇与地面间留缝	室外门	4～7	—	用钢直尺或塞尺检查
		室内门	4～8	—	
		卫生间门		—	
		厂房大门	10～20	—	
		围墙大门		—	
12	框与扇搭接宽度	门	—	2	用钢直尺检查
		窗	—	1	用钢直尺检查

(三)工程质量通病及防治措施

1. 加工门窗框、扇配(截)料时预留的加工余量不足

质量通病 木门窗框、门窗扇的毛料加工余量不足。一是影响门窗框、门窗扇表面不平、不光、戗槎;二是造成门窗框、门窗扇截面尺寸达不到设计要求,影响门窗框、门窗扇的强度和刚度。

防治措施 门窗框、门窗扇的毛料应有一定的加工余量,宽度和厚度的加工余量如下:

(1)一面刨光者留 3 mm,两面刨光者留 5 mm。

(2)有走头的门窗框冒头,要考虑锚固长度,可加长 200 mm;无走头者,为防止打眼拼装时加楔劈裂,也应加长 40 mm,其他门窗框中冒头、窗框中竖梃、门窗扇冒头、玻璃棂子应按图纸规格加长 10 mm,门窗扇梃加长 40 mm。

(3)门框立梃要按图纸规格加长 70 mm,以便下端固定在粉刷层内。

2. 门窗框安装不牢、松动

质量通病 由于木砖的数量少、间距大,或木砖本身松动,门窗框与木砖固定用的钉子小,钉嵌不牢,门窗框安装后松动,造成边缝空裂,无法进行门窗扇的安装,影响使用。

防治措施

(1)进行结构施工时一定要在门窗洞口处预留木砖,其数量及间距应符合规范要求,木砖一定要进行防腐处理;加气墙、空心砖墙应采用混凝土块木砖;现制混凝土墙及预制混凝土隔断应在混凝土浇筑前安装燕尾式木砖固定在钢筋骨架上,木砖的间距控制在 50～60 cm 为宜。

(2)门框安装好后,要搞好成品保护,防止推车时碰撞,必须将其门框后缝隙嵌实,并达到规定强度后,方可进行下道工序。

(3)严禁将门窗框作为脚手板的支撑或提升重物的支点,以防止门窗框损坏和变形。

3. 框与扇接触面不平

质量通病 门窗扇安装好关闭时,扇和框的边框不在同一平面内,扇边高出框边,或者框边高出扇边,影响美观,同时也降低了门窗的密封性能。

防治措施

(1)在制作门窗框时,裁口的宽度必须与门窗扇的边梃厚度相适应,裁口要宽窄一致,顺直平整,边角方正。

(2)在安装门窗扇前,根据实测门窗框裁口尺寸画线,按线将门窗扇锯正刨光,使表面平整、顺直,边缘嵌入框的裁口槽内,缝隙合适,接触面平整。

(3)对门窗框与扇接触面不平的,可按以下方法处理:

1)如扇面高出框面不超过 2 mm 时,可将门窗扇的边梃适当刨削至基本平整。

2)如扇面高出框面超过 2 mm 时，可将裁口宽度适当加宽至与扇梃厚度吻合。

3)如局部不平，可根据情况进行刨削平整。

二、塑料门窗安装工程

(一)塑料门窗安装工程质量控制

1. 原材料质量控制

(1)塑料门窗进场时应检查原材料的质量证明文件，即门窗材料应有产品合格证书、性能检测报告、进场验收记录和复验报告。外观质量不得有开焊、端裂、变形等损坏现象。

(2)门窗采用的异型材、密封条等原材料应符合国家现行标准《门、窗用未增塑聚氯乙烯(PVC—U)型材》(GB/T 8814—2017)和《塑料门窗用密封条》(GB 12002—1989)中的有关规定。

(3)门窗采用的紧固件、五金件、增强型钢及金属衬板等应进行表面防腐处理。

(4)紧固件的镀层金属及其厚度宜符合现行国家标准《紧固件电镀层》(GB/T 5267.1—2002)中的有关规定，紧固件的尺寸、螺纹、公差、十字槽及机械性能等技术条件应符合现行国家标准《十字槽盘头自攻螺钉》(GB/T 845—2017)、《十字槽沉头自攻螺钉》(GB/T 846—2017)中的有关规定。

(5)五金件的型号、规格和性能均应符合现行国家标准的有关规定，滑撑铰链不得使用铝合金材料。

(6)组合窗及其拼樘料应采用与其内腔紧密吻合的增强型钢作为内衬，型钢两端应比拼樘料长出 10～15 mm。外窗拼樘料的截面尺寸及型钢的形状、壁厚应符合要求。

(7)固定片材质应采用 Q235-A 冷轧钢板，其厚度应不小于 1.5 mm，最小宽度应不小于 15 mm，且表面应进行镀锌处理。

(8)全防腐型门窗应采用相应的防腐型五金件及紧固件。

(9)建筑外窗的水密性、气密性、抗风压性能、保温性能、中空玻璃露点、玻璃遮阳系数和可见风透射比，应符合设计要求。

(10)建筑外窗进入施工现场时，应按地区类别对其水密性、气密性、抗风压性能、保温性能、中空玻璃露点、玻璃遮阳系数和可见风透射比等性能进行复验，复验合格后方可用于工程。

2. 施工过程的质量控制

(1)安装前应按设计要求核对门窗洞口的尺寸和位置，左右位置挂垂线控制，窗台标高通过50 线控制，合格后方可进行安装。

(2)储存塑料门窗的环境温度应小于 50 ℃，与热源的距离不应小于 1 m。门窗在安装现场放置的时间不应超过两个月。

(3)塑料门窗安装应采用预留洞口的施工方法(后塞口的施工方法)，不得采用边安装边砌口或先安装后砌口的施工方法。

(4)当洞口需要设置预埋件时，要检查其数量、规格、位置是否符合要求。

(5)塑料门窗安装前，应先安装五金配件及固定片(安装五金配件时，必须加衬增强金属板)。安装时应先钻孔，然后再拧入自攻螺钉，不得直接钉入。

(6)检查组合窗的拼樘料与窗框的连接是否牢固，通常是先将两窗框与拼樘料卡接，卡接后用紧固件双向拧紧，其间距应小于或等于 600 mm。

(7)塑料门、窗框放入洞口后，按已弹出的水平线、垂直线位置，检查其垂直、水平、对中、内角方正等，符合要求后才可以临时固定。

(8)窗框与洞口之间的伸缩缝内腔，应采用闭孔泡沫塑料、发泡聚苯乙烯等弹性材料分层填塞。对于保温、隔声等级较高的工程，应采用相应的隔热、隔声材料填塞。填塞后，一定要撤掉临时固定的木楔或垫块，其空隙也要用弹性闭孔材料填塞。

(9)检查排水孔是否畅通，位置和数量是否符合设计要求。

(10)塑料门窗框与墙体间缝隙用闭孔弹性材料填嵌饱满后，检查其表面是否应采用密封胶密封。检查密封胶是否黏结牢固，表面是否光滑、顺直、有无裂纹。

(二)塑料门窗安装工程质量检验

主控项目

(1)塑料门窗的品种、类型、规格、尺寸、开启方向、安装位置、连接方式和填嵌密封处理应符合设计要求及国家现行标准的有关规定，内衬增强型钢的壁厚及设置应符合国家现行标准《建筑用塑料门》(GB/T 28886—2012)和《建筑用塑料窗》(GB/T 28887—2012)的规定。

检验方法：观察；尺量检查；检查产品合格证书、性能检验报告、进场验收记录和复验报告；检查隐蔽工程验收记录。

(2)塑料门窗框、附框和扇的安装应牢固。固定片或膨胀螺栓的数量与位置应正确，连接方式应符合设计要求。固定点应距窗角、中横框、中竖框150~200 mm，固定点间距应不大于600 mm。

检验方法：观察；手扳检查；检查隐蔽工程验收记录。

(3)塑料组合门窗使用的拼樘料截面尺寸及内衬增强型钢的形状和壁厚应符合设计要求。承受风荷载的拼樘料应采用与其内腔紧密吻合的增强型钢作为内衬，其两端应与洞口固定牢固。窗框应与拼樘料连接紧密，固定点间距不应大于600 mm。

检验方法：观察；手扳检查；尺量检查；吸铁石检查；检查进场验收记录。

(4)窗框与洞口之间的伸缩缝内应采用聚氨酯发泡胶填充，发泡胶填充应均匀、密实。发泡胶成型后不宜切割。表面应采用密封胶密封。密封胶应黏结牢固，表面应光滑、顺直、无裂纹。

检验方法：观察；检查隐蔽工程验收记录。

(5)滑撑铰链的安装应牢固，紧固螺钉应使用不锈钢材质。螺钉与框扇连接处应进行防水密封处理。

检验方法：观察；手扳检查；检查隐蔽工程验收记录。

(6)推拉门窗扇应安装防止扇脱落的装置。

检验方法：观察。

(7)门窗扇关闭应严密，开关应灵活。

检验方法：观察；尺量检查；开启和关闭检查。

(8)塑料门窗配件的型号、规格和数量应符合设计要求，安装应牢固，位置应正确，使用应灵活，功能应满足各自使用要求。平开窗扇高度大于900 mm时，窗扇锁闭点不应少于2个。

检验方法：观察；手扳检查；尺量检查。

一般项目

(1)安装后的门窗关闭时，密封面上的密封条应处于压缩状态，密封层数应符合设计要求。密封条应连续完整，装配后应均匀、牢固，应无脱槽、收缩和虚压等现象；密封条接口应严密，且应位于窗的上方。

检验方法：观察。

(2)塑料门窗扇的开关力应符合下列规定：

1)平开门窗扇平铰链的开关力不应大于80 N；滑撑铰链的开关力不应大于80 N，并不应小于30 N；

2)推拉门窗扇的开关力不应大于100 N。

检验方法：观察；用测力计检查。

(3)门窗表面应洁净、平整、光滑，颜色应均匀一致。可视面应无划痕、碰伤等缺陷，门窗不得有焊角开裂和型材断裂等现象。

检验方法：观察。

(4)旋转窗间隙应均匀。

检验方法：观察。

(5)排水孔应畅通，位置和数量应符合设计要求。

检验方法：观察。

(6)塑料门窗安装的允许偏差和检验方法应符合表7-4的规定。

表7-4 塑料门窗安装的允许偏差和检验方法

项次	项目		允许偏差/mm	检验方法
1	门窗框外形(高、宽)尺寸长度差	≤1 500 mm	2	用钢卷尺检查
		>1 500 mm	3	
2	门窗框两对角线长度差	≤2 000 mm	3	用钢卷尺检查
		>2 000 mm	5	
3	门窗框(含拼樘料)正、侧面垂直度		3	用1 m垂直检测尺检查
4	门窗框(含拼樘料)水平度		3	用1 m水平尺和塞尺检查
5	门窗下横框的标高		5	用钢卷尺检查，与基准线比较
6	门窗竖向偏离中心		5	用钢卷尺检查
7	双层门窗内外框间距		4	用钢卷尺检查
8	平开门窗及上悬、下悬、中悬窗	门窗扇与框搭接宽度	2	用深度尺或钢直尺检查
		同樘门窗相邻扇的水平高度差	2	用靠尺和钢直尺检查
		门窗框扇四周的配合间隙	1	用楔形塞尺检查
9	推拉门窗	门窗扇与框搭接宽度	2	用深度尺或钢直尺检查
		门窗扇与框或相邻扇立边平行度	2	用钢直尺检查
10	组合门窗	平整度	3	用2 m靠尺和钢直尺检查
		缝直线度	3	用2 m靠尺和钢直尺检查

(三)工程质量通病及防治措施

质量通病 因无保护膜，施工时的砂浆及浆液等极易造成塑料门窗表面污染，清理时用开刀、刮板等刮铲，则其表面极易出现划痕。

防治措施

(1)安装前必须认真查看已粘好的保护膜有无损坏。

(2)湿作业前应加强对塑料门窗的保护和遮挡，发现污染及时清理，并用软棉丝擦净。

任务三　饰面工程

饰面工程是指在墙、柱表面镶贴或安装具有保护和装饰功能的块料而形成的饰面层。块料的种类可分为饰面板和饰面砖两大类。

一、饰面板安装工程

(一)饰面板安装工程质量控制

1. 材料质量要求

(1)饰面板的品种、规格、质量、花纹、颜色和性能及木龙骨、木饰面、塑料饰面板的燃烧性能均应符合设计要求，进场产品应有合格证书和性能检测报告，并应做进场验收记录。

饰面工程质量
验收要求

(2)饰面板工程采用的石材有花岗石、大理石、青石板和人造石材；采用的瓷板有抛光板和磨边板两种，面积不大于 $1.2 \ m^2$，不小于 $0.5 \ m^2$。

(3)天然大理石、花岗石饰面板，表面不得有隐伤、风化等缺陷，不宜采用易褪色材料包装。人造大理石饰面板可分为水泥型、树脂型、复合型和烧结型四类，质量要求同大理石，不宜用于室外装饰。

(4)金属饰面板表面应平整、光滑、无裂缝和褶皱、颜色一致、边角齐全、涂膜厚度均匀。预制水磨石饰面板要求表面平整、光滑，石子显露均匀、无磨纹、色泽鲜明、棱角齐全、底面整齐。

2. 施工过程质量控制

(1)饰面板安装工程应在主体结构、穿过墙体的所有管道、线路等施工完毕，并经验收合格后进行。

(2)饰面板安装工程安装前，应先编制施工方案再进行安全技术交底，并监督其有效实施。

(3)墙面和柱面安装饰面板，应先抄平、分块弹线，并按厂牌、品种、规格和颜色、弹线尺寸及花纹图案进行预拼和编号。

(4)固定饰面板的钢筋网，应与锚固件连接牢固。锚固件应在结构施工时埋设。固定饰面板的连接件，其直径、厚度大于饰面板的接缝宽度时，应凿槽埋置。

(5)饰面板安装前，应将其侧面和背面清理干净，并修边打眼，每块板的上、下边打眼数均不得少于两个；如板边长超过 500 mm，则其打眼数应不小于 3 个。

(6)安装饰面板时，应用镀锌钢丝或铜丝穿入饰面板上、下边的孔眼并与固定饰面板的钢筋网固定，并保证板与板交接处四角平整。

(7)饰面板灌注砂浆时，应先在竖缝内填塞 15～20 mm 深的麻丝，以防漏浆。砂浆硬化后，将填缝材料清除。

(8)饰面板安装时，应用支撑架临时固定，防止灌注砂浆时移动偏位。固定饰面板后，用 1∶1.5～1∶2.5 的水泥砂浆灌浆，每层灌注高度为 150～200 mm，并随即插捣密实，待其初凝后再灌注上一层砂浆。施工缝应留在饰面板的水平接缝以下 50～100 mm 处。采用浅色大理石饰面块材时，灌浆应用白水泥和白石渣。

(9)石材饰面板的接缝宽度应符合表 7-5 的规定。

表 7-5　石材饰面板的接缝宽度

序号	项目名称		接缝宽度/mm
1	天然石	光面、镜面	1
2		粗磨面、麻面、条纹面	5
3		天然面	10

序号	项目名称		接缝宽度/mm
4	人造石	水磨石	2
5		水刷石	10
6		大理石、花岗石	1

(10)饰面板的勾缝应用水泥砂浆。饰面板完工后,表面应清洗干净。光面及镜面饰面板需清洗晾干后,方可打蜡擦亮。

(二)饰面板安装工程质量检验

1. 石板安装工程

主控项目

(1)石板的品种、规格、颜色和性能应符合设计要求及国家现行标准的有关规定。

检验方法:观察;检查产品合格证书、进场验收记录、性能检验报告和复验报告。

(2)石板孔、槽的数量位置和尺寸应符合设计求。

检验方法:检查进场验收记录和施工记录。

(3)石板安装工程的预埋件(或后置埋件)、连接件的材质、数量、规格、位置、连接方法和防腐处理应符合设计要求。后置埋件的现场拉拔力应符合设计要求。石板安装应牢固。

检验方法:手扳检查;检查进场验收记录、现场拉拔检验报告、隐蔽工程验收记录和施工记录。

(4)采用满粘法施工的石板工程,石板与基层之间的粘结料应饱满、无空鼓。石板粘结应牢固。

检验方法:用小锤轻击检查;检查施工记录;检查外墙石板粘结强度检验报告。

一般项目

(1)石板表面应平整、洁净、色泽一致,应无裂痕和缺损。石板表面应无泛碱等污染。

检验方法:观察。

(2)石板填缝应密实、平直,宽度和深度应符合设计要求,填缝材料色泽应一致。

检验方法:观察;尺量检查。

(3)采用湿作业法施工的石板安装工程,石板应进行防碱封闭处理。石板与基体之间的灌注材料应饱满、密实。

检验方法;用小锤轻击检查;检查施工记录。

(4)石板上的孔洞应套割吻合,边缘应整齐。

检验方法:观察。

(5)石板安装的允许偏差和检验方法应符合表7-6的规定。

表7-6 石板安装的允许偏差和检验方法

项次	项目	允许偏差/mm			检验方法
		光面	剁斧石	蘑菇石	
1	立面垂直度	2	3	3	用2 m垂直检测尺检查
2	表面平整度	2	3	—	用2 m靠尺和塞尺检查
3	阴阳角方正	2	4	4	用200 mm直角检测尺检查
4	接缝直线度	2	4	4	拉5 m线,不足5 m拉通线,用钢直尺检查
5	墙裙、勒脚上口直线度	2	3	3	

项次	项目	允许偏差/mm			检验方法
		光面	剁斧石	蘑菇石	
6	接缝高低差	1	3	—	用钢直尺和塞尺检查
7	接缝宽度	1	2	3	用钢直尺检查

2. 金属板安装工程

主控项目

(1)金属板的品种、规格、颜色和性能应符合设计要求及国家现行标准的有关规定。

检验方法：观察；检查产品合格证书、进场验收记录和性能检验报告。

(2)金属板安装工程的龙骨、连接件的材质、数量、规格、位置、连接方法和防腐处理应符合设计要求。金属板安装应牢固。

检验方法：手扳检查；检查进场验收记录、隐蔽工程验收记录和施工记录。

(3)外墙金属板的防雷装置应与主体结构防雷装置可靠接通。

检验方法：检查隐蔽工程验收记录。

一般项目

(1)金属板表面应平整、洁净色泽一致。

检验方法：观察。

(2)金属板接缝应平直，宽度应符合设计求。

检验方法：观察；尺量检查。

(3)金属板上的孔洞应套割吻合，边缘应整齐。

检验方法：观察。

(4)金属板安装的允许偏差和检验方法应符合表7-7的规定。

表 7-7　金属板安装的允许偏差和检验方法

项次	项目	允许偏差/mm	检验方法
1	立面垂直度	2	用 2 m 垂直检测尺检查
2	表面平整度	3	用 2 m 靠尺和塞尺检查
3	阴阳角方正	3	用 200 mm 直角检测尺检查
4	接缝直线度	2	拉 5 m，不足 5 m 拉通线，用钢直尺检查
5	墙裙、勒脚上口直线度	2	拉 5 m 线，不足 5 m 拉通线，用钢直尺检查
6	接缝高低差	1	用钢直尺和塞尺检查
7	接缝宽度	1	用钢直尺检查

(三)工程质量通病及防治措施

1. 金属饰面板与骨架的固定不牢固、有松动

质量通病　金属饰面板与骨架的固定不牢固、有松动，使建筑物存在安全隐患，尤其在受到风雪荷载或地震荷载作用时，松动就会更加严重。

防治措施

(1)使用的龙骨架要符合设计要求。

(2)安装的每个节点要严格检查验收，不得遗漏。

(3)检查不合格的要返工重做。

2. 金属饰面板起棱、翘曲、尺寸不一

质量通病 金属饰面板如发生起棱、翘曲、尺寸不一等现象，就会使面层产生不平整、接缝不严、缝宽不一等缺陷，影响其美观和使用功能。

防治措施

(1)根据设计要求，加工订货时就要选准厂家及金属饰面板的规格、型号等。

(2)金属饰面板应有出厂合格证。

(3)金属饰面板进厂后要认真进行验收，不合格的不得使用。

(4)对于起棱、翘曲的金属饰面板应做适当修理，修理不好的要退回厂家。

二、饰面砖粘贴工程

(一)饰面砖粘贴工程质量控制

1. 材料质量要求

(1)饰面砖的品种、规格、图案、颜色和性能应符合设计要求。进场后应派人进行挑选，并分类堆放备用。使用前，应在清水中浸泡 2 h 以上，晾干后方可使用。

(2)釉面瓷砖要求尺寸一致，颜色均匀，无缺釉、脱釉现象，无凹凸扭曲和裂纹、夹心等缺陷，边缘和棱角整齐，吸水率不大于 1.8％，其常被用于厕所、浴室、厨房、游泳池等场所。

(3)陶瓷锦砖要求规格、颜色一致，无受潮、变色现象，拼接在纸板上的图案应符合设计要求。

(4)面砖的表面应光洁、色泽一致，不得有暗痕和裂纹。

2. 施工过程质量控制

(1)饰面砖粘贴前，应编制施工方案和进行安全技术交底，并监督其有效实施。镶贴饰面砖的基体表面应湿润，并涂抹 1∶3 水泥砂浆找平层。

(2)饰面砖粘贴前应预排，以使接缝均匀。在同一墙面上的横竖排列，均不得有一行以上的非整砖。非整砖应在次要部位或阴角处。

(3)饰面砖的接缝宽度应符合设计要求。粘贴室内釉面砖如无设计要求，接缝宽度为 1～1.5 mm。

(4)釉面砖和外墙面砖粘贴前应清理干净，并浸水 2 h 以上，待表面晾干后方可使用。

(5)釉面砖和外墙砖宜采用 1∶2 水泥砂浆粘贴，砂浆厚度为 6～10 mm。为改善砂浆和易性，可在水泥砂浆中掺入不大于水泥重量 15％的石灰膏。

(6)釉面砖和外墙面砖的室外接缝应用水泥浆或水泥砂浆勾缝，室内宜用与釉面砖相同或相近的石膏灰或水泥浆嵌缝。

(7)粘贴陶瓷锦砖还应符合以下规定：

1)宜用水泥浆或聚合物水泥浆粘贴。

2)粘贴应自下而上进行，对整间或独立部位的粘贴宜一次完成。

3)粘贴时位置应准确，粘贴牢固，表面平整，待稳固后，可将纸面湿润、揭净。

4)接缝宽度应在水泥浆初凝前调整，并用与面层相同颜色的水泥浆嵌缝。

(二)饰面砖粘贴工程质量检验

1. 内墙饰面砖粘贴工程

主控项目

(1)内墙饰面砖的品种、规格、图案、颜色和性能应符合设计要求及国家现行标准的有关规定。

检验方法：观察；检查产品合格证书、进场验收记录、性能检验报告和复验报告。

(2)内墙饰面砖粘贴工程的找平、防水、粘结和填缝材料及施工方法应符合设计要求及国家现行标准的有关规定。

检验方法：检查产品合格证书、复验报告和隐蔽工程验收记录。

(3)内墙饰面砖粘贴应牢固。

检验方法：手拍检查，检查施工记录。

(4)满粘法施工的内墙饰面砖应无裂缝，大面和阳角应无空鼓。

检验方法：观察；用小锤轻击检查。

一般项目

(1)内墙饰面砖表面应平整、洁净、色泽一致，应无裂痕和缺损。

检验方法：观察。

(2)内墙面凸出物周围的饰面砖应整砖套割吻合，边缘应整齐。墙裙、贴脸突出墙面的厚度应一致。

检验方法：观察；尺量检查。

(3)内墙饰面砖接缝应平直、光滑，填嵌应连续、密实；宽度和深度应符合设计要求。

检验方法：观察；尺量检查。

(4)内墙饰面砖粘贴的允许偏差和检验方法应符合表7-8的规定。

表 7-8　内墙饰面砖粘贴的允许偏差和检验方法

项次	项目	允许偏差/mm	检验方法
1	立面垂直度	2	用2 m垂直检测尺检查
2	表面平整度	3	用2 m靠尺和塞尺检查
3	阴阳角方正	3	用200 mm直角检测尺检查
4	接缝直线度	2	拉5 m线，不足5 m拉通线，用钢直尺检查
5	接缝高低差	1	用钢直尺和塞尺检查
6	接缝宽度	1	用钢直尺检查

2. 外墙饰面砖粘贴工程

主控项目

(1)外墙饰面砖的品种、规格、图案、颜色和性能应符合设计要求及国家现行标准的有关规定。

检验方法：观察；检查产品合格证书、进场验收记录、性能检验报告和复验报告。

(2)外墙饰面砖粘贴工程的找平、防水、粘结、填缝材料及施工方法应符合设计要求和现行行业标准《外墙饰面砖工程施工及验收规程》(JGJ 126—2015)的规定。

检验方法：检查产品合格证书、复验报告和隐蔽工程验收记录。

(3)外墙饰面砖粘贴工程的伸缩缝设置应符合设计求。

检验方法：观察；尺量检查。

(4)外墙饰面砖粘贴应牢固。

检验方法：检查外墙饰面砖粘结强度检验报告和施工记录。

(5)外墙饰面砖工程应无空鼓、裂缝。

检验方法：观察；用小锤轻击检查。

一般项目

(1)外墙饰面砖表面应平整、洁净、色泽一致，应无裂痕和缺损。

检验方法：观察。

(2)饰面砖外墙阴阳角构造应符合设计要求。

检验方法：观察。

(3)墙面凸出物周围的外墙饰面砖应整砖套割吻合，边缘应整齐。墙裙、贴脸凸出墙面的厚度应一致。

检验方法：观察；尺量检查。

(4)外墙饰面砖接缝应平直、光滑，填嵌应连续、密实；宽度和深度应符合设计要求。

检验方法：观察；尺量检查。

(5)有排水要求的部位应做滴水线(槽)。滴水线(槽)应顺直，流水坡向应正确，坡度应符合设计要求。

检验方法：观察；用水平尺检查。

(6)外墙饰面砖粘贴的允许偏差和检验方法应符合表 7-9 的规定。

表 7-9　外墙饰面砖粘贴的允许偏差和检验方法

项次	项目	允许偏差/mm	检验方法
1	立面垂直度	3	用 2 m 垂直检测尺检查
2	表面平整度	4	用 2 m 靠尺和塞尺检查
3	阴阳角方正	3	用 200 mm 直角检测尺检查
4	接缝直线度	3	拉 5 m，不足 5 m 拉通线，用钢直尺检查
5	接缝高低差	1	用钢直尺和塞尺检查
6	接缝宽度	1	用钢直尺检查

(三)工程质量通病及防治措施

墙面采用非整砖随意拼凑，粘贴质量通病及防治如下：

质量通病　墙面如果用非整砖拼凑过多，就会影响装饰效果和观感质量，尤其是窗洞口处拼凑，造成外立面窗帮不直，砖缝呈锯齿状。

防治措施

(1)粘贴前应先选砖预拼，以使拼缝均匀。

(2)在同一墙面上横竖排列，不宜有一行以上的非整砖。

(3)门窗洞口上下坎和窗帮处排整砖。

(4)非整砖行应排在次要部位或阴角处，严禁随意拼凑粘贴。

项目小结

本项目主要介绍了抹灰工程、门窗工程、饰面工程在施工过程中的质量控制验收标准、验收方法以及质量通病的防治。通过本项目的学习，学生能够依据有关规范标准对饰面工程施工质量进行检验和验收，能够规范填写检验批验收记录。

思考与练习

一、填空题

1.抹灰工程按使用的材料及其装饰效果可分为_____和_____。

2. 抹灰前，砖、混凝土等基体表面应洁净，基层上残留的砂浆、灰尘、油渍、污垢应清理干净。太光滑的表面应取适当的技术措施进行处理，如_____、_____、_____等。

3. 抹灰工程应_____进行。当抹灰总厚度_____35 mm 时，应采取加强措施。

4. 装饰抹灰应在_____或_____的质量检查合格后才能进行。

5. 装饰抹灰面层应做在_____、_____且_____的中层砂浆面上，涂抹前应洒水湿润。

6. 装饰抹灰的施工缝，应留在_____、_____、落水管背后或独立装饰组成部分的边缘处。

7. 门窗工程施工前，应进行样板间的施工，经_____、_____、_____验收确认后，才能全面施工。

8. 木门窗的品种、类型、规格、_____、_____、_____及_____应符合设计要求及国家现行标准的有关规定。

9. 饰面板工程采用的石材有_____、_____、_____和_____。

二、判断题

1. 水泥砂浆不得抹在石灰砂浆层上；罩面石膏灰不得抹在水泥砂浆层上。　　　　（　　）

2. 正式抹灰前，满足施工方案（或安全技术交底）及设计要求抹灰方可正式进行。　（　　）

3. 喷涂、弹涂等工艺不能在雨天进行；干粘石等工艺在大风天气不宜施工。　　　（　　）

4. 有排水要求的部位应做滴水线（槽）。滴水线（槽）应整齐、顺直，滴水线应内高外低，滴水槽的宽度和深度均应不小于 15 mm。　　　　　　　　　　　　　　　　　　　　　（　　）

5. 检查木门框和厚度大于 40 mm 的门窗扇是否采用双榫连接，未采用双榫连接的必须用双榫连接。　　　　　　　　　　　　　　　　　　　　　　　　　　　　　　　　　　　　（　　）

6. 在砌体上安装门窗时，可以采用射钉固定。　　　　　　　　　　　　　　　　（　　）

7. 塑料门窗安装前应按设计要求核对门窗洞口的尺寸和位置，左右位置挂垂线控制，窗台标高通过 50 线控制，合格后方可进行安装。　　　　　　　　　　　　　　　　　　　　（　　）

8. 塑料门窗安装应采用边安装边砌口或先安装后砌口的施工方法。　　　　　　（　　）

9. 饰面板安装前，应将其侧面和背面清理干净，并修边打眼，每块板的上、下边打眼数均不得少于两个；如板边长超过 500 mm，其打眼数应不小于三个。　　　　　　　　　　（　　）

三、简答题

1. 一般抹灰工程材料质量有哪些要求？

2. 抹灰工程对砂浆品种有哪些规定？

3. 一般抹灰工程的表面质量应符合哪些规定？

4. 装饰抹灰工程的表面质量应符合哪些规定？

5. 水刷石抹灰面石子不均匀或脱落、饰面浑浊，如何进行防治？

6. 塑料门窗扇的开关力应符合哪些规定？

7. 饰面板安装工程质量控制要点有哪些？

8. 墙面采用非整砖随意拼凑，粘贴质量通病及防治措施有哪些？

9. 粘贴陶瓷锦砖应符合哪些规定？

下篇　建筑工程安全管理

项目八　建筑工程安全管理概论

知识目标

1. 了解安全生产的概念、施工项目安全生产的特点、制定安全生产法的必要性、建筑工程安全生产的相关法规与行业标准。

2. 熟悉建筑施工安全生产管理的概念、程序、管理体系及各方责任。

3. 掌握安全生产责任制度、安全教育制度、安全生产检验。

能力目标

1. 能够结合工程实际情况分析某一工程实践的安全生产特点及不安全因素。

2. 能够编制该工程项目安全控制的方法、目标及程序。

3. 能够编制安全生产技术措施。

任务一　建筑工程安全生产基本概念

一、安全与安全生产

1. 安全

安全即没有危险、不出事故，是指人的身体健康不受伤害、财产不受损伤，保持完整无损的状态。安全可分为人身安全和财产安全两种情形。

2. 安全生产

狭义的安全生产，是指生产过程处于避免人身伤害、物的损坏及其他不可接受的损害风险（危险）的状态。不可接受的损害风险（危险）通常是指超出了法律、法规和规章的要求，超出了安全生产的方针、目标和企业的其他要求，超出了人民普遍接受（通常是隐含）的要求。

广义的安全生产除直接对生产过程的控制外，还应包括劳动保护和职业卫生健康。

二、安全生产管理

安全生产管理是管理科学的一个重要分支，它是为实现安全目标而进行的有关决策、计划、组织和控制等方面的活动；它主要运用现代安全管理原理、方法和手段，分析和研究各种不安全因素，在技术上、组织上和管理上采取有力的措施，解决和消除各种不安全因素，防止事故的发生。因此，安全管理可定义为：以安全为目的，进行有关决策、计划、组织和控制方面的活动。

控制事故是安全生产管理工作的核心，而控制事故最好的方式就是实施事故预防，即通过管理和技术手段的结合，消除事故隐患，控制不安全行为，保障劳动者的安全，这也是"预防为主"的本质所在。但根据事故的特性可知，由于受技术水平、经济条件等各方面的限制，有些事故是难以完全避免的。因此，控制事故的第二种手段就是应急措施，即通过抢救、疏散、抑制等手段，在事故发生后控制事故的蔓延，将事故的损失减至最小。

事故总是带来损失。对于一家企业来说，重大事故在经济上对其的打击是相当沉重的，有时甚至是致命的，因此，在实施事故预防和应急措施的基础上，通过购买财产保险、工伤保险、责任保险等，以保险补偿的方式保证企业的经济平衡和在发生事故后恢复生产的基本能力，这也是控制事故的手段之一。

所以，安全管理也可以说是利用管理的活动，将事故预防、应急措施与保险补偿 3 种手段有机地结合在一起，以达到保障安全的目的。

三、建筑工程安全生产管理的含义

所谓建筑工程安全生产管理，是指为保证建筑工程生产安全而进行的计划、组织、指挥、协调和控制等一系列管理活动，目的是保护劳动者在生产过程中的安全与健康，避免国家和人民的财产受到损失，保证建筑工程生产任务的顺利完成。建筑工程安全生产管理包括住房城乡建设主管部门对于建筑工程活动过程中安全生产的行业管理；安全生产行政主管部门对建筑工程活动过程中安全生产的综合性监督管理；从事建筑工程活动的主体(包括建筑施工企业、建筑勘察单位、设计单位和工程监理单位)为保证建筑工程活动的安全生产所进行的自我管理等。

四、安全生产管理的基本方针

"安全第一、预防为主、综合治理"是我国安全生产管理的基本方针。《中华人民共和国建筑法》(以下简称《建筑法》)规定："建筑工程安全生产管理必须坚持安全第一、预防为主的方针"。《中华人民共和国安全生产法》(以下简称《安全生产法》)在总结我国安全生产管理经验的基础上，再一次将"安全第一、预防为主"规定为我国安全生产管理的基本方针。

我国安全生产管理的基本方针经历了一个从"安全生产"到"安全生产、预防为主"，再到"安全生产、预防为主、综合治理"的发展过程，而且强调在生产中要做好预防工作，尽可能地将事故消灭在萌芽状态之中。因此，对于我国安全生产管理的基本方针的含义，应从这一方针的产生和发展去理解，归纳起来主要有以下几个方面内容：

(1)安全生产的重要性。生产过程中的安全是生产发展的客观需要，特别是现代化生产。更不允许有所忽视，必须强化安全生产，在生活、生产中将安全工作放在第一位，尤其是当生产与安全发生矛盾时，生产必须服从安全，这是安全第一的含义。在社会主义国家里，安全生产又有其重要意义，它是国家的一项重要政策，是社会主义企业管理的一项重要原则，这是由社会主义制度决定的。

(2)安全与生产的辩证关系。在生产建设中，必须用辩证统一的观点处理好安全与生产的关系。这就是说，企业领导者必须善于安排好安全工作与生产工作，特别是在生产任务繁重的情况下，安全工作与生产工作发生矛盾时，更应处理好两者的关系，不要把安全工作挤掉。生产任务越是繁重，越要重视安全工作，把安全工作搞好，否则，就会导致工程事故，既妨碍生产，又影响企业信誉，这是多年来生产实践证明了的一条重要经验。

（3）安全生产工作必须强调预防为主。安全生产工作的预防为主是现代生产发展的需要。现代科学技术日新月异，而且往往是多学科综合运用，安全问题十分复杂，稍有疏忽就会酿成事故。预防为主，就是要在事故前做好安全工作，"防患于未然"。依靠科技进步，加强安全科学管理，搞好科学预测与分析工作，将工伤事故和职业危害消灭在萌芽状态中。安全第一、预防为主是相辅相成、相互促进的。"预防为主"，是实现"安全第一"的基础。要做到安全第一，首先要搞好预防措施。预防工作做好了，就可以保证安全生产、实现"安全第一"，否则"安全第一"就是一句空话。这也是在实践中被证明了的一条重要经验。

（4）安全生产工作必须强调综合治理。现阶段我国安全生产工作出现的严峻形势，原因是多方面的，既有安全监管体制和制度方面的原因，也有法律制度不健全的原因，又有科技发展落后的原因，还与整个民族安全文化素质有密切的关系，所以，要搞好安全生产工作就要在完善安全生产管理的体制机制、加强安全生产法制建设、推动安全科学技术创新、弘扬安全文化等方面进行综合治理。

任务二　建筑工程安全生产的相关法律、法规

安全生产法律法规，是指国家为改善劳动条件，实现安全生产，保护劳动者在生产过程中的安全和健康而制定的各种法律、法规、规章与规范性文件的总和。在建筑活动中，施工单位管理者必须遵循相关的法律、法规及标准，同时，应了解法律、法规及标准各自的地位及相互关系。

一、建筑法律

建筑法律一般由全国人民代表大会及其常务委员会制定，经国家主席签署主席令予以公布，是由国家政权保证执行的规范性文件。它是对建筑管理活动的宏观规定，侧重于对政府机关、社会团体、企事业单位的组织、职能、权利、义务等，以及建筑产品生产组织管理和生产基本程序进行规定，是建筑法律体系的最高层次，具有最高法律效力，其地位和效力仅次于宪法。典型的建筑法律有《建筑法》《安全生产法》和《中华人民共和国消防法》。

1.《建筑法》

《建筑法》是我国第一部规范建筑活动的部门法律，它的颁布施行强化了建筑工程质量和安全的法律保障。《建筑法》总计 85 条，通篇贯穿了质量与安全问题，具有很强的针对性，对影响建筑工程质量和安全的各方面因素作了较为全面的规范。

中华人民共和国
建筑法

《建筑法》颁布的意义在于以下几个方面：

（1）规范了我国各类房屋建筑及其附属设施建造和安装活动。

（2）它的基本精神是保证建筑工程质量与安全，规范和保障建筑各方主体的权益。

（3）对建筑施工许可、建筑工程发包与承包、建筑安全生产管理、建筑工程质量管理等主要方面作出原则规定，对加强建筑质量管理发挥了积极的作用。

（4）为加强建筑工程活动的监督管理，维护建筑市场秩序，保证建设工程质量和安全，促进建筑业的健康发展，提供了法律保障。

（5）实现了"三个规范"，即规范市场主体行为、规范市场主体的基本关系和规范市场竞争秩序。

《建筑法》主要规定了建筑许可、建筑工程发包承包、建筑工程监理、建筑安全生产管理、建筑工程质量管理及相应法律责任等方面的内容；确立了施工许可证制度、单位和人员从业资格制度、安全生产责任制度、群防群治制度、项目安全技术管理制度、施工现场环境安全防护制度、安全生产教育培训制度、意外伤害保险制度和伤亡事故处理报告制度等各项制度。

《建筑法》针对安全生产管理制度制定的相关措施如下：

（1）建筑工程设计应当符合按照国家规定制定的建筑安全规程和技术规范及保证工程的安全措施。

（2）建筑施工企业在编制施工组织设计时，应当根据建筑工程的特点制定相应的安全技术措施。

（3）施工现场对比邻的建筑物、构筑物的特殊作业环境可能造成损害的，建筑施工企业应当采取安全防护措施。

（4）建筑施工企业的法定代表人对本企业的安全生产负责，施工现场安全由建筑施工企业负责，实行施工总承包的，由总承包单位负责。

（5）建筑施工企业必须为从事危险作业的职工办理意外伤害保险，支付保险费。

（6）涉及建筑主体和承重结构变动的装修工程，施工前应提出设计方案，没有设计方案的不得施工。

（7）房屋拆除应当由具备保证安全条件的建筑施工单位承担，由建筑施工单位负责人对安全负责。

2.《安全生产法》

《安全生产法》是安全生产领域的综合性基本法，是我国第一部全面规范安全生产的专门法律；是我国安全生产法律体系的主体法；是各类生产经营单位及其从业人员实现安全生产所必须遵循的行为准则；是各级人民政府及其有关部门进行监督管理和行政执法的法律依据；是制裁各种安全生产违法犯罪的有力武器。

中华人民共和国
安全生产法

这部法律的意义在于：明确了生产经营单位必须做好安全生产的保证工作，既要在安全生产条件上、技术上符合生产经营的要求，也要在组织管理上建立健全安全生产责任并进行有效落实；明确了从业人员为保证安全生产所应尽的义务，以及从业人员进行安全生产所享有的权利；明确规定了生产经营单位负责人的安全生产责任；明确了对违法单位和个人的法律责任追究制度；规定了要建立事故应急救援制度，制定应急救援预案，形成应急救援预案体系。

《安全生产法》中提供了4种监督途径，即工会民主监督、社会舆论监督、公众举报监督和社区服务监督。

《安全生产法》确立了其基本法律制度，如政府的监管制度、行政责任追究制度、从业人员的权利义务制度、安全救援制度、事故处理制度、隐患处置制度、关键岗位培训制度、生产经营单位安全保障制度、安全中介服务制度等。

二、建筑行政法规

建筑行政法规是对法律的进一步细化，是国务院根据有关法律中的授权条款和管理全国建筑行政工作的需要制定的，是建筑法律体系的第二层次，以国务院令形式公布。

在建筑行政法规层面上，《安全生产许可证条例》和《建设工程安全生产管理条例》是建筑工程安全生产法规体系中主要的行政法规。在《安全生产许可证条例》中，我国第一次以法律形式确立了企业安全生产的准入制度，是强化安全生产源头管理，全面落实"安全第一、预防为主"的安全生产方针的重大举措。《建设工程安全生产管理条例》是根据《建筑法》和《安全生产法》制定的一部关于建筑工程安全生产的专项法规。

1.《建设工程安全生产管理条例》的主要内容

《建设工程安全生产管理条例》确立了建筑工程安全生产的基本管理制度，其中，确认了政府部门的安全生产监管制度和《建筑法》对施工企业的5项安全生产管理制度的规定；规定了建筑工程活动各方主体的安全责任及相应的法律责任，其中包括：明确规定了建筑工程活动各方主体应承担的安全生产责任；规定了建设工程安全生产监督管理体制；规定了建立生产安全事故的应急救援预案制度。

该条例较为详细地规定了建设单位、勘察设计单位、工程监理单位、其他有关单位的安全责任和施工单位的安全责任，以及政府部门对建筑工程安全生产实施监督管理的责任等。

2.《安全生产许可证条例》的主要内容

《安全生产许可证条例》的颁布施行标志着我国依法建立起了安全生产许可制度，其主要内容如下：国家对矿山企业、建筑施工企业和危险化学品、烟花爆竹、民用爆破器材生产企业（以下统称"企业"）实行安全生产许可制度；企业取得安全生产许可证应当具备安全生产条件；企业进行生产前，应当依照该条例的规定向安全生产许可证颁发管理机关申请领取安全生产许可证，并提供该条例第六条规定的相关文件、资料；安全生产许可证颁发管理机关应当自收到申请之日起45日内审查完毕，经审查符合该条例规定的安全生产条件的，颁发安全生产许可证；不符合该条例规定的安全生产条件的，不予颁发安全生产许可证，书面通知企业并说明理由；安全生产许可证的有效期为3年。

3.《生产安全事故报告和调查处理条例》的主要内容

《生产安全事故报告和调查处理条例》于2007年3月28日国务院第172次常务会议通过，自2007年6月1日起施行。国务院1989年3月29日公布的《特别重大事故调查程序暂行规定》和1991年2月22日公布的《企业职工伤亡事故报告和处理规定》同时废止。该条例就事故报告、事故调查、事故处理和事故责任作出了明确的规定。

4.《国务院关于特大安全事故行政责任追究的规定》的主要内容

《国务院关于特大安全事故行政责任追究的规定》对各级政府部门对特大安全事故的预防、处理职责作了相应规定，并明确了对特大安全事故行政责任进行追究的有关规定。其主要内容包括：各级政府部门对特大安全事故的预防、各级政府部门对特大安全事故的处理和各级政府部门负责人对特大安全事故应承担的法律责任。

5.《特种设备安全监察条例》的主要内容

《特种设备安全监察条例》规定了特种设备的生产（含设计、制造、安装、改造、维修）、使用、检验检测及其监督检查，应当遵守该条例。军事装备、核设施、航空航天器、铁路机车、海上设施和船舶及矿山井下使用的特种设备、民用机场专用设备的安全监察不适用该条例。房屋建筑工地和市政工程工地用起重机械、场（厂）内专用机动车辆的安装、使用的监督管理，由住房城乡建设主管部门依照有关法律、法规的规定执行。

6.《国务院关于进一步加强安全生产工作的决定》的主要内容

国务院于2004年1月9日发布了《国务院关于进一步加强安全生产工作的决定》（国发〔2004〕2号）。该决定共23条，分5部分，包括提高认识，明确指导思想和奋斗目标；完善政策，大力推进安全生产各项工作；强化管理，落实生产经营单位安全生产主体责任；完善制度，加强安全生产监督管理；加强领导，形成齐抓共管的合力。

三、工程建设标准

工程建设标准，是做好安全生产工作的重要技术依据，对规范建筑工程活动各方责任主体的行为、保障安全生产具有重要的意义。根据《中华人民共和国标准化法》的规定，标准包括国家标准、行业标准、地方标准和团体标准、企业标准。

国家标准是指由国家标准化行政主管部门或者其他有关主管部门对需要在全国范围内统一的技术要求制定的技术规范。

行业标准是指国务院有关主管部门对没有国家标准而又需要在全国某个行业范围内统一的技术要求所制定的技术规范。

我国的立法部门和相关行业则结合国情与行业特点制定了许多有关建筑安全的法规及行业标准，主要名称见表 8-1。

表 8-1　建筑安全行业标准

编号	名称	备注
GB 50194—2014	《建设工程施工现场供用电安全规范》	2015 年 1 月 1 日实施
JGJ 59—2011	《建筑施工安全检查标准》	2012 年 7 月 1 日实施
JGJ 128—2019	《建筑施工门式钢管脚手架安全技术标准》	2020 年 1 月 1 日实施
JGJ 130—2011	《建筑施工扣件式钢管脚手架安全技术规范》	2011 年 12 月 1 日实施
JGJ 33—2012	《建筑机械使用安全技术规程》	2012 年 11 月 1 日实施
JGJ/T 77—2010	《施工企业安全生产评价标准》	2010 年 11 月 1 日实施
JGJ 146—2013	《建设工程施工现场环境与卫生标准》	2014 年 6 月 1 日实施
JGJ 147—2016	《建筑拆除工程安全技术规范》	2017 年 5 月 1 日实施
JGJ 46—2005	《施工现场临时用电安全技术规范》	2005 年 7 月 1 日实施

任务三　建立健全安全生产管理制度

一、安全生产责任制度

安全生产责任制是最基本的安全管理制度，是所有安全生产管理制度的核心。安全生产责任制是按照安全生产管理方针和管生产的同时必须管安全的原则，将各级负责人员、各职能部门及其工作人员和各岗位生产工人在安全生产方面应做的事及应负的责任加以明确规定的一种制度。

企业实行安全生产责任制必须做到在计划、布置、检查、总结、评比生产工作的同时计划、布置、检查、总结、评比安全工作。其内容大体分为纵向和横向两个方面。纵向方面是各级人员的安全生产责任制，即各类人员（从最高管理者、管理者代表到项目经理）的安全生产责任制；横向方面是各个部门的安全生产责任制，即各职能部门（如安全环保、设备、技术、生产、财务等部门）的安全生产责任制。只有这样，才能建立健全安全生产责任制，做到群防群治。

二、安全教育制度

(一)安全生产教育的对象

(1)工程项目经理、项目执行经理、项目技术负责人：工程项目主要管理人员必须经过当地政府或上级主管部门组织的安全生产专项培训，培训时间不得少于 24 h，经考核合格后，持《安全生产资质证书》上岗。

(2)工程项目基层管理人员：施工项目基层管理人员每年必须接受公司安全生产年审，经考试合格后，持证上岗。

(3)分包负责人、分包队伍管理人员：必须接受政府主管部门或总包单位的安全培训，经考试合格后持证上岗。

(4)特种作业人员：必须经过专门的安全理论培训和安全技术实际训练，经理论和实际操作的双项考核，合格者持《特种作业操作证》上岗作业。

(5)操作工人：新入场工人必须经过三级安全教育，考试合格后持上岗证上岗作业。

(二)安全生产教育的内容

1. 安全生产思想教育

安全生产思想教育如图 8-1 所示。

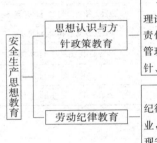

安全生产思想教育 — 思想认识与方针政策教育 — 一是提高各级管理人员和广大职工群众对安全生产重要意义的认识，从思想上、理论上认识在社会主义制度下搞好安全生产的重要意义，以增强关心人、保护人的责任感，树立牢固的群众观点；二是通过安全生产方针、政策教育，提高各级技术、管理人员和广大职工的政策水平，使他们正确、全面地理解党和国家的安全生产方针、政策，严肃、认真地执行安全生产方针、政策和法规

安全生产思想教育 — 劳动纪律教育 — 主要是使广大职工懂得严格执行劳动纪律对实现安全生产的重要性，企业的劳动纪律是劳动者进行共同劳动时必须遵守的法则和秩序。反对违章指挥、反对违章作业，严格执行安全操作规程。遵守劳动纪律是贯彻安全生产方针、减少伤害事故、实现安全生产的重要保证

图 8-1　安全生产思想教育

2. 安全生产知识教育

企业所有职工必须具备安全生产知识。因此，全体职工都必须接受安全生产知识教育，并且每年应按规定学时进行安全培训。安全生产知识教育的主要内容是：企业的基本生产概况；施工(生产)流程、方法；企业施工(生产)危险区域及其安全防护的基本知识和注意事项；机械设备、厂(场)内运输的有关安全知识；有关电气设备(动力照明)的基本安全知识；高处作业安全知识；生产(施工)中使用的有毒、有害物质的安全防护基本知识；消防制度及灭火器材应用的基本知识；个人防护用品的正确使用知识等。

3. 安全生产技能教育

安全生产技能教育，就是结合本工种专业特点，实现安全操作、安全防护所必须具备的基本技术知识要求。每个职工都要熟悉本工种、本岗位的专业安全技术知识。安全生产技能知识是比较专门、细致和深入的知识。它包括安全技术、劳动卫生和安全操作规程。国家规定建筑登高架设、起重、焊接、电气、爆破、压力容器、锅炉等特种作业人员必须进行专门的安全技术培训。宣传先进经验，既是教育职工找差距的过程，又是学、赶先进的过程；事故教育可以

从事故教训中吸取有益的东西，防止以后类似事故的重复发生。

4. 法制教育

法制教育就是要采取各种有效形式，对全体职工进行安全生产法制教育，从而提高职工遵纪守法的自觉性，以达到安全生产的目的。

(三)常见安全生产教育的形式

1. 新工人"三级安全教育"

三级安全教育是企业必须坚持的安全生产基本教育制度。对新工人(包括新招收的合同工、临时工、学徒工、农民工及实习和代培人员)必须进行公司、项目、作业班组三级安全教育，时间不得少于 40 h。

三级安全教育由安全、教育和劳资等部门配合组织进行。经教育考试合格者才准许进入生产岗位；不合格者必须补课、补考。对新工人的三级安全教育情况，要建立档案(印制职工安全生产教育卡)。新工人工作一个阶段后还应进行重复性的安全再教育，加深对安全的感性、理性知识的认识。

三级安全教育的主要内容包括以下三个方面：

(1)公司进行安全知识、法规、法制教育，主要内容如下：

1)党和国家的安全生产方针、政策。

2)安全生产法规、标准和法制观念。

3)本单位施工(生产)过程及安全生产规章制度、安全纪律。

4)本单位安全生产形势、历史上发生的重大事故及应吸取的教训。

5)发生事故后如何抢救伤员、排险、保护现场和及时进行报告。

(2)项目部进行现场规章制度和遵章守纪教育，主要内容如下：

1)本单位(工区、工程处、车间)施工(生产)特点及施工(生产)安全基本知识。

2)本单位(包括施工、生产场地)安全生产制度、规定及安全注意事项。

3)本工种的安全技术操作规程。

4)机械设备、电气安全及高处作业等安全基本知识。

5)防火、防雷、防尘、防爆知识及紧急情况安全处置和安全疏散等知识。

6)防护用品发放标准及防护用具、用品使用的基本知识。

(3)班组安全生产教育由班组长主持进行，或由班组安全员及指定技术熟练、重视安全生产的老工人讲解。进行本工种岗位安全操作及班组安全制度、纪律教育的主要内容如下：

1)本班组作业特点及安全操作规程。

2)班组安全活动制度及纪律。

3)爱护和正确使用安全防护装置(设施)及个人劳动防护用品。

4)本岗位易发生事故的不安全因素及其防范对策。

5)本岗位的作业环境及使用的机械设备、工具的安全要求。

2. 特种作业安全教育

从事特种作业的人员必须经过专门的安全技术培训，经考试合格取得操作资格证后方准独立作业。

3. 班前安全活动交底(班前讲话)

班前安全讲话作为施工队伍经常性安全教育活动之一，即各作业班组长于每班工作开始前(包括夜间工作前)必须对本班组全体人员进行不少于 15 min 的班前安全活动交底。班组长要将安全活动交底内容记录在专用的记录本上，各成员在记录本上签名。

班前安全活动交底的内容应包括以下三点：

(1)本班组安全生产须知。

(2)本班组工作中的危险点和应采取的对策。

(3)上一班组工作中存在的安全问题和应采取的对策。

在实施特殊性、季节性和危险性较大的作业前，责任工长要参加班前安全讲话并对工作中应注意的安全事项进行重点交底。

4. 周一安全活动

周一安全活动作为施工项目经常性安全活动之一，每周一开始工作前应对全体在岗工人开展至少1 h的安全生产及法制教育活动。活动形式可采取看录像、听报告、分析事故案例、图片展览、急救示范、智力竞赛、热点辩论等形式进行。工程项目主要负责人要进行安全讲话，主要包括以下内容：

(1)上周安全生产形势、存在问题及对策。

(2)最新安全生产信息。

(3)重大和季节性的安全技术措施。

(4)本周安全生产工作的重点、难点和危险点。

(5)本周安全生产工作目标和要求。

5. 季节性施工安全教育

进入雨期或冬期施工前，在现场经理的部署下，由各区域责任工程师负责组织本区域内施工的分包队伍管理人员及操作工人进行专门的季节性施工安全技术教育，时间不得少于2 h。

6. 节假日安全教育

节假日前后应特别注意各级管理人员及操作者的思想动态，有意识、有目的地进行教育，稳定他们的思想情绪，预防事故的发生。

7. 特殊情况安全教育

施工项目出现以下几种情况时，工程项目经理应及时安排有关部门和人员对施工工人进行安全生产教育，时间不得少于2 h：

(1)因故改变安全操作规程。

(2)实施重大和季节性安全技术措施。

(3)更新仪器、设备和工具，推广新工艺、新技术。

(4)发生因工伤亡事故、机械损坏事故及重大未遂事故。

(5)出现其他不安全因素，安全生产环境发生了变化。

三、安全生产检查

(一)安全检查的目的与意义

1. 安全检查的目的

工程项目安全检查是消除隐患、防止事故、改善劳动条件及提高员工安全生产意识的重要手段，是安全控制工作的一项重要内容。通过安全检查可以发现工程中的危险因素，以便有计划地采取措施，保证安全生产。施工项目的安全检查应由项目经理组织，并定期进行。

2. 安全检查的意义

(1)通过检查，可以发现施工(生产)中的不安全(人的不安全行为和物的不安全状态)、不卫生问题，从而采取对策，消除不安全因素，保障安全生产。

(2)利用安全生产检查，进一步宣传、贯彻、落实党和国家安全生产方针、政策和各项安全生产规章制度。

（3）安全检查实质也是一次群众性的安全教育。通过检查，增强领导和群众安全意识，纠正违章指挥、违章作业，提高搞好安全生产的自觉性和责任感。

（4）通过检查可以互相学习，总结经验，取长补短，有利于进一步促进安全生产工作。

（5）通过安全生产检查，了解安全生产状态，为分析安全生产形势，研究加强安全管理提供信息和依据。

(二)安全检查的形式

安全检查可分为经常性检查、专业性检查、季节性检查、节假日前后检查和不定期检查五类。

（1）经常性检查。经常性检查是指在施工(生产)过程中经常进行的预防检查。其作用是及时发现隐患，消除隐患，保证施工(生产)的正常进行。企业一般每年进行1～4次；工程项目组、车间、科室每月至少进行1次；班组每周、每班次都应进行检查；专职安全技术人员的日常检查应有计划，针对重点部位周期性地进行。

（2）专业性检查。专业性检查应由企业有关部门组织有关专业人员对某项专业的安全问题或在施工(生产)中存在的普遍性安全问题进行单项检查，如电焊、气焊、起重机、脚手架等。

（3）季节性检查。季节性检查是针对气候特点可能给施工(生产)带来的危害而组织的安全检查，如春季风大，要着重防火、防爆；夏季高温多雨、多雷电，要着重防暑、降温、防汛、防雷击、防触电；冬季着重防寒、防冻等。

（4）节假日前后检查。节假日前后检查是节假日(特别是重大节日，如元旦、劳动节、国庆节)前、后防止职工纪律松懈、思想麻痹等进行的检查。检查应由单位领导组织有关部门人员进行。节日加班，更要重视对加班人员的安全教育，同时认真检查安全防范措施的落实。

（5）不定期检查。不定期检查是指在工程或设备开工和停工前、检修中、工程或设备竣工及试运转时进行的安全检查。

(三)建筑施工安全检查评分方法及评定等级

1. 检查评分方法

（1）建筑施工安全检查评定中，保证项目应全数检查。

（2）建筑施工安全检查评定应符合各检查评定项目的有关规定，并应按相关的评分表进行评分。检查评分表应分为安全管理、文明施工、脚手架、基坑工程、模板支架、高处作业、施工用电、物料提升机与施工升降机、塔式起重机与起重吊装、施工机具分项检查评分表和检查评分汇总表。

（3）各评分表的评分应符合下列规定：

1）分项检查评分表和检查评分汇总表的满分分值均应为100分，评分表的实得分值应为各检查项目所得分值之和。

2）评分应采用扣减分值的方法，扣减分值总和不得超过该检查项目的应得分值。

3）当按分项检查评分表评分时，保证项目中有一项未得分或保证项目小计得分不足40分，此分项检查评分表不应得分。

4）检查评分汇总表中各分项项目实得分值应按下式计算：

$$A_1 = \frac{B \times C}{100}$$

式中　A_1——汇总表各分项项目实得分值；

　　　B——汇总表中该项应得满分值；

C——该项检查评分表实得分值。

5)当评分遇有缺项时，分项检查评分表或检查评分汇总表的总得分值应按下式计算：

$$A_2 = \frac{D}{E} \times 100$$

式中　A_2——遇有缺项时总得分值；

　　　D——实查项目在该表的实得分值之和；

　　　E——实查项目在该表的应得满分值之和。

6)脚手架、物料提升机与施工升降机、塔式起重机与起重吊装项目的实得分值，应为所对应专业的分项检查评分表实得分值的算术平均值。

2. 检查评定等级

建筑施工安全检查评分，应按汇总表的总得分和分项检查评分表的得分，对建筑施工安全检查评定划分为优良、合格、不合格三个等级。

(1)优良。分项检查评分表无零分，汇总表得分值应在 80 分及以上。

(2)合格。分项检查评分表无零分，汇总表得分值应在 80 分以下、70 分及以上。

(3)不合格。

1)当汇总表得分值不足 70 分时。

2)当有一分项检查评分表为零时。

当建筑施工安全检查评定的等级为不合格时，必须限期整改达到合格。

(四)安全生产检查制度

为了全面提高项目安全生产管理水平，及时消除安全隐患，落实各项安全生产制度和措施，在确保安全的情况下正常地进行施工、生产，施工项目实行逐级安全生产检查制度。

(1)公司对项目实施定期检查和重点作业部位巡检制度。

(2)项目经理部每月由现场经理组织，安全总监配合，对施工现场进行一次安全大检查。

(3)区域责任工程师每半个月组织专业责任工程师(工长)，分包商(专业公司)，行政、技术负责人，工长对所管辖的区域进行安全大检查。

(4)专业责任工程师(工长)实行日巡检制度。

(5)项目安全总监对上述人员的活动情况实施监督与检查。

(6)项目分包单位必须建立各自的安全检查制度，除参加总包组织的检查外，必须坚持自检，及时发现、纠正、整改本责任区的违章行为、安全隐患。对危险和重点部位要跟踪检查，做到预防为主。

(7)施工(生产)班组要做好班前、班中、班后和节假日前后的安全自检工作，尤其作业前必须对作业环境进行认真检查，做到身边无隐患，班组不违章。

(8)各级检查都必须有明确的目的，做到"四定"，即定整改责任人、定整改措施、定整改完成时间、定整改验收人，并做好检查记录。

项目小结

本项目主要介绍了建筑工程安全生产的基本概念、相关法规，建筑工程安全生产管理制度，对如何建立安全生产管理体系、安全生产责任制，落实安全技术措施，进行安全教育。通过本项目的学习，学生应正确认识建筑工程安全的特点，具备编写和审查施工组织设计安全方案的能力。

一、填空题

1. _____ 是指预知人类在生产和生活各个领域存在的固有的或潜在的危险，并且为消除这些危险所采取的各种方法、手段和行动的总称。

2. _____ 是指建筑施工安全管理部门或管理人员对安全生产工作进行的策划、组织、指挥、协调、控制和改进的一系列活动，目的是保证建筑施工中的人身安全、财产安全，促进建筑施工的顺利进行，维持社会的稳定。

3. _____ 是为贯彻执行安全生产法律法规、强制性标准、工程施工设计和安全技术措施，确保施工安全而提供制度的支持与保证。

4. 建设单位应当自开工报告批准之日起 _____，将保证安全施工的措施报送建设工程所在地的县级以上人民政府住房城乡建设主管部门或者其他有关部门备案。

5. _____ 是指根据工程要求，查明、分析、评价建设场地的地理环境特征和岩土工程条件，编制建设工程勘察文件的活动。

6. _____ 是最基本的安全管理制度，是所有安全生产管理制度的核心。

7. 安全检查可分为 _____、_____、_____、_____ 和 _____。

二、多项选择题

1. 安全生产涵盖了（　　）的内容。
   A. 安全生产的对象包含人和设备等一切不安全因素，其中人是第一位的
   B. 安全生产的范围覆盖了各个行业、各种企业以及生产、生活中的各个环节
   C. 安全生产的目的，是使生产在保证劳动者安全健康、国家财产及人民生命财产安全的前提下顺利进行，从而实现经济的可持续发展，树立企业文明生产的良好形象
   D. 安全生产的责任是通过努力改善劳动条件，克服不安全因素，防止伤亡事故的发生

2. 建立建筑工程安全生产管理体系的原则是（　　）。
   A. 贯彻"安全第一、预防为主"的方针，建立健全安全生产责任制和群防群治制度等，确保工程项目施工过程的人身和财产安全，减少一般事故的发生
   B. 必须包含安全生产管理体系的基本要求和内容，并结合工程项目实际情况和特点，加以充实、完善生产管理体系，确保工程项目的施工安全
   C. 具有多样性，要适用于建设工程施工全过程的安全管理和安全控制
   D. 持续改进的原则，施工企业应加强对建设工程施工的安全管理，指导、帮助项目经理部建立、实施并持续改进安全生产管理体系

3. 建筑工程安全生产管理体系的管理职责是（　　）。
   A. 安全管理目标　　　　　　　　　B. 安全管理组织机构
   C. 安全职责与权限　　　　　　　　D. 事故隐患的控制

4. 建设单位在申请领取施工许可证前，应当提供（　　）。
   A. 施工现场总平面布置图、临时设施规划方案和已搭建情况
   B. 施工现场安全防护设施（防护网、棚）搭设（设置）计划
   C. 施工进度计划、安全措施费用计划、施工组织设计（方案、措施）
   D. 个人经济收入情况

三、简答题

1. 简述施工项目安全生产的特点。

2. 什么是安全生产法规？什么是安全技术规范？

3. 简述施工安全管理的程序。

4. 建设工程安全生产管理体系的作用有哪些？

5. 项目负责人的安全责任主要包括哪些？

项目九 建筑工程施工安全技术

知识目标

1. 掌握土石方工程、地基基础工程、主体工程、装饰装修工程、脚手架工程的安全技术。

2. 了解砌体工程、钢结构工程的安全技术；掌握钢筋工程、混凝土工程、模板安拆的安全技术。

3. 掌握"三宝""四口"和高处作业的安全防护。

能力目标

1. 能阅读和审查土石方工程施工专项施工方案，能组织安全技术交底活动。

2. 能阅读和参与编写、审查脚手架施工专项施工方案；能提出自己的见解和意见；能编制脚手架施工安全交底资料；能组织安全技术交底活动；能记录和收录安全技术交底活动的有关安全管理档案资料。

3. 能正确佩戴、使用安全帽、安全带，安装安全网；能做好"三宝""四口"和高处作业的安全防护。

任务一 地基基础工程施工安全技术

一、土石方工程

(一)场地平整

1. 一般规定

(1)作业前应查明地下管线、障碍物等情况，制定处理方案后方可开始场地平整工作。

(2)土石方施工区域应在行车行人可能经过的路线点处设置明显的警示标志。有爆破、塌方、滑坡、深坑、高空滚石、沉陷等危险的区域应设置防护栏栅或隔离带。

(3)施工现场临时用电应符合现行行业标准《施工现场临时用电安全技术规范》(JGJ 46—2005)的规定。

(4)施工现场的临时供水管线应埋设在安全区域，冬期应有可靠的防冻措施。供水管线穿越道路时应有可靠的防振、防压措施。

2. 场地平整作业要求

(1)场地内有洼坑或暗沟时，应在平整时填埋压实。未及时填实的，必须设置明显的警示标志。

(2)雨期施工时，现场应根据场地泄排量设置防洪排涝设施。

(3)施工区域不宜积水。当积水坑深度超过 500 mm 时，应设置安全防护措施。

(4)有爆破施工的场地应设置保证人员安全撤离的通道和庇护场所。

(5)在房屋旧基础或设备旧基础的开挖清理过程中，应符合下列规定：

1)当旧基础埋置深度大于 2.0 m 时，不宜采用人工开挖和清除。

2)对旧基础进行爆破作业时，应按相关标准的规定执行。

3)土质均匀且地下水水位低于旧基础底部，开挖深度不超过下列限值时，其挖方边坡可做成直立壁不加支撑。开挖深度超过下列限值时，应按规定放坡或采取支护措施：

①稍密的杂填土、素填土、碎石类土、砂土 1 m；

②密实的碎石类土(充填物为黏土)1.25 m；

③可塑状的黏性土 1.5 m；

④硬塑状的黏性土 2 m。

(6)当现场堆积物高度超过 1.8 m 时，应在四周设置警示标志或防护栏。清理时严禁掏挖。

(7)在河、沟、塘、沼泽地(滩涂)等场地施工时，应了解淤泥、沼泽的深度和成分，并应符合下列规定：

1)施工中应做好排水工作；对有机质含量较高、有刺激性臭味及淤泥厚度大于 1.0 m 的场地，不得采用人工清淤。

2)根据淤泥、软土的性质和施工机械的质量，可采用抛石挤淤或木(竹)排(筏)铺垫等措施，确保施工机械移动作业安全。

3)施工机械不得在淤泥、软土上停放、检修。

4)第一次回填土的厚度不得小于 0.5 m。

(8)围海造地填土时，应遵守下列安全技术规定：

1)填土的方法、回填顺序应根据冲(吹)填方案和降排水要求进行。

2)配合填土作业人员，应在冲(吹)填作业范围外工作。

3)第一次回填土的厚度不得小于 0.8 m。

3. 场内道路

(1)施工场地修筑的道路应坚固、平整。

(2)道路宽度应根据车流量进行设计且不宜少于双车道，道路坡度不宜大于 10°。

(3)路面高于施工场地时，应设置明显可见的路险警示标志；其高差超过 600 mm 时应设置安全防护栏。

(4)道路交叉路口车流量超过 300 车次/d 时，宜在交叉路口设置交通指示灯或指挥岗。

(二)土石方爆破

1. 一般规定

(1)土石方爆破工程应由具有相应爆破资质和安全生产许可证的企业承担。爆破作业人员应取得有关部门颁发的资格证书，做到持证上岗。爆破工程作业现场应由具有相应资格的技术人员负责指导施工。

(2)A 级、B 级、C 级和对安全影响较大的 D 级爆破工程均应编制爆破设计书，并对爆破方案进行专家论证。

（3）爆破前应对爆区周围的自然条件和环境状况进行调查，了解危及安全的不利环境因素，采取必要的安全防范措施。

（4）爆破作业环境有下列情况时，严禁进行爆破作业：

1）爆破可能产生不稳定边坡滑坡、崩塌的危险。

2）爆破可能危及建（构）筑物、公共设施或人员的安全。

3）恶劣天气条件下。

（5）爆破作业环境有下列情况时，不应进行爆破作业：

1）药室或炮孔温度异常，而无有效针对措施。

2）作业人员和设备撤离通道不安全或堵塞。

（6）装药工作应遵守下列规定：

1）装药前应对药室或炮孔进行清理和验收。

2）爆破装药量应根据实际地质条件和测量资料计算确定；当炮孔装药量与爆破设计量差别较大时，应经爆破工程技术人员核算同意后方可调整。

3）应使用木质或竹质炮棍装药。

4）装起爆药包、起爆药柱和敏感度高的炸药时，严禁投掷或冲击。

5）装药深度和装药长度应符合设计要求。

6）装药现场严禁烟火和使用手机。

（7）填塞工作应遵守下列规定：

1）装药后必须保证填塞质量，深孔或浅孔爆破不得采用无填塞爆破。

2）不得使用石块和易燃材料填塞炮孔。

3）填塞时不得破坏起爆线路；发现有填塞物卡孔应及时进行处理。

4）不得用力捣固直接接触药包的填塞材料或用填塞材料冲击起爆药包。

5）分段装药的炮孔，其间隔填塞长度应按设计要求执行。

（8）严禁硬拉或拔出起爆药包中的导爆索、导爆管或电雷管脚线。

（9）爆破警戒范围由设计确定。在危险区边界，应设有明显标志，并派出警戒人员。

（10）爆破警戒时，应确保指挥部、起爆站和各警戒点之间有良好的通信联络。

（11）爆破后应检查有无盲炮及其他险情。当有盲炮及其他险情时，应及时上报并处理，同时在现场设立危险标志。

2. 浅孔爆破作业要求

（1）浅孔爆破宜采用台阶法爆破。在台阶形成之前进行爆破时应加大警戒范围。

（2）装药前应进行验孔，对于炮孔间距和深度偏差大于设计允许范围的炮孔，应由爆破技术负责人提出处理意见。

（3）装填的炮孔数量，应当以当天一次爆破为限。

（4）起爆前，现场负责人应对防护体和起爆网路进行检查，并对不合格处提出整改措施。

（5）起爆后，应至少 5 min 后方可进入爆破区检查。当发现问题时，应立即上报并提出处理措施。

3. 深孔爆破作业要求

（1）深孔爆破装药前必须进行验孔，同时应将炮孔周围（半径 0.5 m 范围内）的碎石、杂物清除干净；对孔口岩石不稳固者，应进行维护。

（2）有水炮孔应使用抗水爆破器材。

（3）装药前应对第一排各炮孔的最小抵抗线进行测定，当有与设计最小抵抗线差距较大的部位时，应采取调整药量或间隔填塞等相应的处理措施，使其符合设计要求。

（4）深孔爆破宜采用电爆网路或导爆管网路起爆；大规模深孔爆破应预先进行网路模拟试验。

（5）在现场分发雷管时，应认真检查雷管的段别编号，并应由有经验的爆破员和爆破工程技术人员连接起爆网路，并经现场爆破和设计负责人检查验收。

（6）在装药和填塞过程中，应保护好起爆网路；当发生装药卡堵时，不得用钻杆捣捅药包。

（7）起爆后，应至少经过 15 min 并等待炮烟消散后方可进入爆破区检查。当发现问题时，应立即上报并提出处理措施。

4. 光面爆破或预裂爆破作业要求

（1）高陡岩石边坡应采用光面爆破或预裂爆破开挖。钻孔、装药等作业应在现场爆破工程技术人员指导监督下，由熟练爆破员操作。

（2）施工前应做好测量放线和钻孔定位工作，钻孔作业应做到"对位准、方向正、角度精"，炮孔的偏斜误差不得超过 1°。

（3）光面爆破或预裂爆破宜采用不耦合装药，应按设计装药量、装药结构制作药串。药串加工完毕后应标明编号，并按药串编号送入相应炮孔内。

（4）填塞时应保护好爆破引线，填塞质量应符合设计要求。

（5）光面（预裂）爆破网路采用导爆索连接引爆时，应对裸露地表的导爆索进行覆盖，降低爆破冲击波和爆破噪声。

二、边坡工程

（1）对土石方开挖后不稳定或欠稳定的边坡应根据边坡的地质特征和可能发生的破坏形态，采取有效处置措施。

（2）土石方开挖应按设计要求自上而下分层实施，严禁随意开挖坡脚。

（3）开挖至设计坡面及坡脚后，应及时进行支护施工，尽量减少暴露时间。

（4）在山区挖填方时，应遵守下列规定：

1）土石方开挖宜自上而下分层分段依次进行，并应确保施工作业面不积水。

2）在挖方的上侧和回填土还未压实或临时边坡不稳定的地段不得停放、检修施工机械和搭建临时建筑。

3）在挖方的边坡上如发现岩（土）内有倾向挖方的软弱夹层或裂隙面时，应立即停止施工，并应采取防止岩（土）下滑的措施。

（5）山区挖填方工程不宜在雨期施工。当需在雨期施工时，应编制雨期施工方案，并应遵守下列规定：

1）随时掌握天气变化情况，暴雨前应采取防止边坡坍塌的措施。

2）雨期施工前，应对施工现场原有排水系统进行检查、疏浚或加固，并采取必要的防洪措施。

3）雨期施工应随时检查施工场地和道路的边坡被雨水冲刷的情况，做好防止滑坡、坍塌工作，保证施工安全；道路路面应根据需要加铺炉渣、砂砾或其他防滑材料，确保施工机械作业安全。

（6）在有滑坡地段进行挖方时，应遵守下列规定：

1）遵循先整治后开挖的施工程序。

2)不得破坏开挖土方坡体的自然植被和排水系统。

3)应先做好地面和地下排水设施。

4)严禁在滑坡体上部堆土、堆放材料、停放施工机械或搭设临时设施。

5)应遵循由上至下的开挖顺序，严禁在滑坡的抗滑段通长大断面开挖。

6)爆破施工时，应采取减振和监测措施防止爆破振动对边坡与滑坡体的影响。

(7)冬期施工应及时清除冰雪，采取有效的防冻、防滑措施。

(8)人工开挖时应遵守下列规定：

1)作业人员相互之间应保持安全作业距离。

2)打锤与扶钎者不得对面工作，打锤者应戴防滑手套。

3)作业人员严禁站在石块滑落的方向撬挖或上下层同时开挖。

4)作业人员在陡坡上作业应系安全绳。

应用案例

一、事故概况

四川省凉山州某商品住宅楼工程由四川省某置业开发公司开发，新都县某建筑公司承建。2002年5月27日在基础开挖时，施工单位将挖出的土方就近堆积在附近围墙的一侧，因围墙受到外力作用，从而导致围墙坍塌，造成围墙外人行道上的3名儿童被砸死亡。

二、事故原因分析

1.技术原因

(1)该围墙厚度仅为120 mm，且砂浆标号低，围墙整体稳定性差。

(2)围墙一侧堆土过高，时间又长，使原就稳定性较差的围墙，又在一侧增加了水平力而倒塌。

(3)基槽挖土距离围墙较近，基础施工又正值连续三天阴雨，加速了围墙不稳，致使坍塌事故的发生。

2.事故主要原因

本次事故是由于各级抢施工进度，放松管理，违章指挥而造成的。基槽施工前未制定施工方案，运土随意堆置，没有总体安排，为抢进度，而忽视安全管理。

3.主要责任

(1)施工现场负责人不能因加快进度而蛮干，不编制施工方案，不对现场条件进行检测，应负违章指挥责任。

(2)该施工单位主要负责人，未能在各级催工程进度的同时，全面考虑施工现场的困难，并对现场进行检查指导，应负全面管理不到位的责任。

任务二 主体工程施工安全技术

一、钢筋工程

1.钢筋加工制作

(1)钢筋调直、切断、弯曲、除锈、冷拉等各道工序的加工机械必须遵守国家现行标准《建筑机械使用安全技术规程》(JGJ 33—2012)的规定，保证安全装置齐全有效，动力线路用钢管从地坪下引入，机壳要有保护零线。

(2)施工现场用电必须符合国家现行标准《施工现场临时用电安全技术规范》(JGJ 46—2005)的规定。

(3)制作成型钢筋时，场地要平整，工作台要稳固，照明灯具必须要加网罩。

(4)钢筋加工场地必须设专人看管，非钢筋加工制作人员不得擅自进入钢筋加工场地。

(5)各种加工机械在作业人员下班后一定要拉闸断电。

2. 钢筋运输、安装与绑扎安全技术要求

(1)钢筋制作棚必须符合安全要求，工作台必须稳固，制作棚内设置、照明灯具及用电线路应符合有关规定，照明灯具必须加装防护网罩。制作棚内的各种原材料、半成品、废料等应按规格、品种分别堆放整齐。

(2)参加钢筋搬运和安装的人员，衣着必须灵便。两个人抬运钢筋时，两人必须同肩，步伐一致，上坡和拐弯时，要前呼后应，步伐放慢，并注意钢筋头尾摆动，防止碰撞人身和电线；到达目的地时，二人同时轻轻放下，严禁反肩抛掷；多人运送钢筋时，起落、转停动作要一致。

(3)人工垂直传递钢筋时，上下作业人员不得在同一垂直方向上，且必须有可靠的立足点，高处传递时必须搭设符合要求的操作平台。

(4)在建筑物内堆放钢筋应分散。钢筋在模板上短时堆放，不宜集中，且不得妨碍交通，脚手架上严禁堆放钢筋。在新浇筑的楼板混凝土强度未达到 1.2 MPa 前，严禁堆放钢筋。

(5)人工调直钢筋时，铁锤的木柄要坚实牢固，不得使用破头、缺口的锤子，敲击时用力应适中，前后不准站人。

(6)人工錾断钢筋时，作业前应仔细检查使用的工具，以防伤人。

(7)钢筋除锈时，操作人员要戴好防护眼镜、口罩、手套等防护用品，并将袖口扎紧。

(8)电动除锈时，应先检查钢丝刷固定有无松动，检查封闭式防护罩装置、吸尘设备和电气设备的绝缘及接零或接地保护是否良好，防止机械和触电事故。

(9)拉直钢筋，卡头要卡牢，地锚要结实牢固，拉筋 2 m 区域内禁止行人。人工绞磨钢筋拉直，要步调一致，稳步进行，缓慢松解，不得一次松开，以防回弹伤人。

(10)在制作台上使用齿口板弯曲钢筋时，操作台必须可靠，三角板应与操作台台面固定牢固。弯曲长钢筋时，应两人抬上桌面，齿口板放在弯曲处后扣紧，操作者要紧握扳手，脚站稳，用力均匀，以防扳手滑移或钢筋突断伤人。

(11)在高处、深坑绑扎钢筋和安装骨架，需搭设脚手架和马道，圆盘展开拉直剪断时，应脚踩两端剪断，避免断筋弹人。

(12)绑扎立柱、墙体钢筋和安装骨架，不得站在骨架上和墙体上安装或攀登骨架上下。

(13)绑扎高层建筑圈梁、挑檐、外墙、边柱钢筋，或 2 m 以上无牢固立脚点和大于 45°斜屋面、陡坡安装钢筋时，应系好安全带。

(14)绑扎基础和楼层钢筋时，应按施工规定，摆放好钢筋支架或马凳，架起上层钢筋，不得任意减少支架或马凳。

(15)吊运钢筋骨架和半成品时，下方禁止站人，必须待吊物降落离地 1 m 以内，方准靠近，就位固定后，方可摘钩。

(16)在操作台上安装钢筋时，工具、箍筋等离散材料必须放稳妥，以免坠落伤人。

(17)高处安装钢筋，应避免在高处修整及扳弯粗钢筋，如必须操作，则应巡视周边环境是否安全，并系好安全带，操作时人要站稳，手应抓紧扳手或采取防止扳手脱落的措施，以防止扳手脱落伤人。

应用案例

一、事故概况

2002年10月1日，在上海某建筑公司承建的某别墅小区工地上，项目部钢筋组组长罗某和班组其他成员一起在F型38号房绑扎基础底板钢筋，并进行固定柱子钢筋的施工作业。因用斜撑固定钢筋柱子较麻烦，钢筋工张某（死者）就擅自将电焊机装在架子车上拉到基坑内，停放在基础底板钢筋网架上，然后将电焊机一次侧电缆线插头插进开关箱插座，准备用电焊固定柱子钢筋。当张某将电焊机焊把线拉开后，发现焊把到钢筋桩子距离不够，于是就将焊把线放在底板钢筋网架上，将电焊机二次侧接地电缆缠绕在小车扶手上，并把接地连接钢板搭在车架上，当脚穿破损鞋子的张某双手握住车扶手去拉架车时，遭电击受伤倒地。事故发生后，现场负责人立即将张某急送医院，经抢救无效死亡。

二、事故原因分析

1. 直接原因

钢筋班组工人张某在移动电焊机时，未切断电焊机一次侧电源，把焊把线放在钢筋网架上，将电焊机二次侧接地连接钢板搭在车架上，在空载电压作用下，经二次侧接地钢板、车架、人体、钢筋、焊把线形成通电回路，而张某鞋底破损不绝缘，是造成本次事故的直接原因。

2. 间接原因

职工未按规定穿着劳防用品，自我保护意识差，项目部对施工机具的管理无专人负责，对作业人员缺乏针对性安全技术交底，是造成本次事故的间接原因。

3. 主要原因

项目部未按规定对电焊机配置二次空载降压保护装置，在基础等潮湿部位施工未采取有效地防止触电的措施，使用前也未按规定对电焊机进行验收，致使存在安全隐患的机具直接投入施工，张某无证违章作业，是造成本次事故的主要原因。

二、混凝土工程

(1)采用手推车运输混凝土时，不得争先抢道，装车不应过满，卸车时应有挡车措施，不得用力过猛或撒把，以防车把伤人。

(2)使用井架提升混凝土时，应设制动安全装置，升降应有明确信号，操作人员未离开提升台时，不得发升降信号。提升台内停放手推车要平衡，车把不得伸出台外，车轮前后应挡牢。

(3)混凝土浇筑前，应对振动器进行试运转，振动器操作人员应穿绝缘靴、戴绝缘手套；振动器不能挂在钢筋上，湿手不能接触电源开关。

(4)混凝土运输、浇筑部位应装有安全防护栏杆和操作平台。

(5)现场施工负责人应为机械作业提供道路、水电、机棚或停机场地等必备的条件，并消除对机械作业有妨碍或不安全的因素。夜间作业应设置充足的照明。

(6)机械进入作业地点后，施工技术人员应向操作人员进行施工任务和安全技术措施交底。操作人员应熟悉作业环境和施工条件，听从指挥，遵守现场安全规则。

(7)操作人员在作业过程中，应集中精力正确操作，注意机械工作状况，不得擅自离开工作岗位或将机械交给其他无证人员操作。严禁无关人员进入作业区或操作室内。

(8)使用机械与安全生产发生矛盾时，必须首先服从安全要求。

(9)作业时，脚手架上堆放材料不得过于集中，存放砂浆的灰斗、灰桶应放平放稳。

(10)混凝土浇筑完后应进行场地清理，将脚手板上的余浆清除干净，将灰斗、灰桶内的余浆刮尽，用水清洗干净。

三、模板工程

1. 模板安装

(1)支模过程中应遵守安全操作规程，如遇途中停歇，应将就位的支顶、模板连接稳固，不得空架浮搁。

(2)模板及其支撑系统在安装过程中，必须设置临时固定设施，严防倾覆。

(3)拼装完毕的大块模板或整体模板，吊装前应确定吊点位置，先进行试吊，确认无误后，方可正式吊运安装。

(4)安装整块柱模板时，不得将其支在柱子钢筋上代替临时支撑。

(5)支设高度在3 m以上的柱模板，四周应设斜撑，并应设立操作平台，低于3 m的可用马凳操作。

(6)支设悬挑形式的模板时，应有稳定的立足点。支设临空构筑物模板时，应搭设支架。模板上有预留洞时，应在安装后将洞盖好。

(7)在支模时，操作人员不得站在支撑上，而应设置立人板，以便操作人员站立。立人板应用木质50 mm×200 mm的中板为宜，并适当绑扎固定。不得用钢模板、50 mm×100 mm的木板。

(8)承重焊接钢筋骨架和模板一起安装时，模板必须固定在承重焊接钢筋骨架的节点上。

(9)当层间高度大于5 m时，若采用多层支架支模，则在两层支架立柱之间应铺设垫板，且应平整，上下层支柱要垂直，并应在同一垂直线上。

(10)当模板高度大于5 m时，应搭脚手架，设防护栏，禁止上下在同一垂直面操作。

(11)特殊情况下在临边、洞口作业时，如无可靠的安全设施，必须系好安全带并扣好保险钩，高挂低用。经医生确认不宜在高处作业的人员，不得进行高处作业。

(12)在模板上施工时，堆物(钢筋、模板、木方等)不宜过多，不准集中在一处堆放。

(13)模板安装就位后，要采取防止触电的保护措施，施工楼层上的漏电箱必须设漏电保护装置，防止漏电伤人。

2. 模板拆除

(1)高处、复杂结构模板的装拆，事先应有可靠的安全措施。

(2)拆楼层外边模板时，应有防高空坠落及防止模板向外跌倒的措施。

(3)在模板拆装区域周围，应设置围栏，并挂明显的标志牌，禁止非作业人员入内。

(4)拆模起吊前，应检查对拉螺栓是否拆净，在确无遗漏并保证模板与墙体完全脱离后方准起吊。

(5)模板拆除后，在清扫和涂刷隔离剂时，模板要临时固定好，板面相对停放之间，应留出50～60 cm宽的人行通道，模板上方要用拉杆固定。

(6)拆模后模板或木方上的钉子，应及时拔除或敲平，防止钉子扎脚。

(7)在施工现场不得乱扔模板所用的脱模剂，以防止影响环境质量。

(8)拆模时，临时脚手架必须牢固，不得用拆下的模板作为脚手架。

（9）拆除组合钢模板时，上下应有人接应，模板随拆随运走，严禁从高处向下抛掷。

（10）拆除基础及地下工程的模板时，应先检查基坑土壁状况，如有不安全因素，必须采取安全措施后，方可作业。拆除的模板和支撑件不得在基坑上口 1 m 以内堆放，应随拆随运走。

（11）拆模必须一次性拆清，不得留有无撑模板。混凝土板有预留孔洞时，拆模后，应随时在其周围做好安全护栏，或用板将孔洞盖住。以防止作业人员因扶空、踏空而坠落。

（12）拆模间歇时，应将已活动的模板、拉杆、支撑等固定牢固，防止其突然掉落伤人。

（13）拆模时，应逐块拆卸，不得成片松动、撬落或拉倒，严禁作业人员在同一垂直面上同时操作。

（14）拆 4 m 以上模板时，应搭脚手架或工作台，并设防护栏杆。严禁站在悬臂结构上敲拆底模。

（15）两人抬运模板时，应相互配合，协同工作。传递模板、工具，应用运输工具或绳索系牢后升降，不得乱抛。

3. 模板存放

（1）施工楼层上不得长时间存放模板，当模板临时在施工楼层存放时，必须有可靠的防止倾倒措施，禁止沿外墙周边存放在外挂架上。

（2）模板放置时应满足自稳角要求，两块大模板应采取板面相对的存放方法。

（3）大模板停放时，必须满足自稳角的要求，对自稳角不足的模板，必须另外拉结固定。

（4）没有支撑架的大模板应存放在专用的插放支架上，叠层平放时，叠放高度不应超过 2 m（10 层），底部及层间应加垫木，且应上、下对齐。

4. 滑模、爬模

（1）滑模装置的电路、设备均应接零、接地，手持电动工具设漏电保护器，平台下照明采用 36 V 低压照明，动力电源的配电箱按规定配置。主干线采用钢管穿线，跨越线路采用流体管穿线，平台上不允许乱拉电线。

（2）滑模平台上设置一定数量的灭火器，施工用水管可代用作消防用水管使用。操作平台上严禁吸烟。

（3）各类机械操作人员应按机械操作技术规程操作、检查和维修，以确保机械安全，吊装索具应按规定经常进行检查，防止吊物伤人，任何机械均不允许非机械操作人员操作。

（4）滑模装置拆除要严格按照拆除方法和拆除顺序进行。在割除支承杆前，提升架必须加临时支护，防止倾倒伤人，支承杆割除之后，及时在台上拔除，防止吊运过程中掉下伤人。

（5）滑模平台上的物料不得集中堆放，一次吊运钢筋数量不得超过平台上的允许承载能力，并应分布均匀。

（6）为防止扰民，振动器宜采用低噪声新型振动棒。

（7）爬模施工为高处作业，必须按照《建筑施工高处作业安全技术规范》（JGJ 80—2016）的要求进行。

（8）每项爬模工程在编制施工组织设计时，要制定具体的安全、防火意识。

（9）设专职安全、防火员跟班负责安全防火工作，广泛宣传安全第一的思想，认真进行安全教育、安全交底，提高全员的安全防火意识。

（10）经常检查爬模装置的各项安全设施，特别是安全网、栏杆、挑架、吊架、脚手板、安全关键部位的紧固螺栓等。检查施工的各种洞口防护，检查电器、设备、照明安全用电的各项措施。

应用案例

一、事故概况

南京市某演播厅舞台工程屋盖梁底标高为+27.7 m，模板支架材料采用脚手架钢管及扣件，支架立杆最底部标高为-8.7 m，支架高度为36.4 m。2000年10月25日上午，在浇筑混凝土过程中，模板支架发生倒塌，造成6人死亡35人受伤的重大事故。

二、事故原因分析

1. 技术方面

影响钢管支架的整体稳定性的主要因素有立杆间距、步距、立杆的接长、连墙件的竖向距离及扣件的紧固程度。从现场实测情况看，以上诸因素完全失控。

(1)立杆间距。没有完全按照施工组织设计中的要求尺寸搭设，有的梁底三排立杆，有的梁底两排立杆，造成立杆之间受力不均。

(2)水平杆步距。舞台地下室处立杆步距达2.6 m，这在一般脚手架中也是不允许的，尤其是位置处在最底部立杆受力最大处，过大的细长比影响了支架整体稳定性。上部个别处立杆由于漏设水平杆，使立杆计算长度达3.9 m，这些施工隐患，都会造成支架的局部失稳而导致整体失稳。

(3)立杆接长。按照规定，钢管立杆的接长必须采用对接，且相邻各接头不应在同一水平面上。而此支架经查，在27 m高度处，立杆接长采用了从水平杆上接长的做法，使立杆悬空，存在如此严重违章的做法，表明作业人员未经培训，管理人员不懂支架搭设的基本要求。

(4)连墙件的连接。支架的整体稳定性，在较大的程度上依靠支架与建筑结构的牢固连接。而此支架高度达36 m以上，却与周边结构联系不足，这也是导致整体失稳的重要原因。

(5)扣件的紧固程度。扣件是连接钢管的结点，是传递荷载的关键，从脚手架的荷载试验中看，当扣件紧固力矩为30 N·m时，将使此40~50 N·m力矩的脚手架承载能力下降20%，当紧固力矩再降低时，脚手架将失去起码的承载能力。而此模板支架所用扣件，不仅材质不合格（直角扣件经抗滑试验抽测，均达不到规定标准），且无扣件紧固程度的检验资料，因此支架的整体稳定性无从保障。

(6)由于大梁底模下的方木采取了顺梁长度方向铺设，因而上部荷载不能沿大梁两侧于较大范围内分布，造成荷载只集中在2~3排立杆上，立杆超载导致模板支架整体失稳。

2. 事故主要原因

本次事故主要是管理失误造成的。模板施工前不按规定编制施工方案，浇筑混凝土前未对模板支撑情况进行检查，由于模板支撑稳定性不够造成坍塌事故。

3. 主要责任

某建筑集团上海分公司项目负责人应付违章指挥管理要求，未确认模板稳定情况便浇筑混凝土导致模板坍塌。

某建筑集团主要负责人对分公司缺乏严格管理要求，对高架支模等技术性强、危险性大的工程不编方案、不经设计随意施工。公司技术主管部门也不审查、不过问，以致造成严重后果，应负全面管理责任。

任务三　装饰装修工程施工安全技术

一、抹灰工程

(1)墙面抹灰的高度超过1.5 m时，要搭设脚手架或操作平台，大面积墙面抹灰时，要搭设脚手架。

(2)搭设抹灰用高大架子必须有设计和施工方案，参加搭架子的人员，必须经培训合格，持证上岗。

(3)高大架子必须经相关安全部门检验合格后方可开始使用。

(4)施工操作人员严禁在架子上打闹、嬉戏，使用的灰铲、刮木等工具不要乱丢乱扔。

(5)高空作业人员的衣着要轻便，禁止穿硬底鞋和带钉易滑鞋，并且要求系挂安全带。

(6)遇有恶劣气候(如风力在6级以上)，影响安全施工时，禁止高空作业。

(7)提拉灰斗的绳索，要结实牢固，防止绳索断裂造成灰斗坠落伤人。

(8)施工作业中尽可能避免交叉作业，抹灰人员不要在同一垂直面上工作。

(9)施工现场的脚手架、防护设施、安全标志和警告牌，不得擅自拆动，如需拆动应经施工负责人同意，并经专业人员加固后拆动。

(10)乘人的外用电梯、吊笼应有可靠的安全装置，禁止人员随同运料吊篮、吊盘上下。

(11)对安全帽、安全网、安全带要定期检查，不符合要求的严禁使用。

二、门窗工程

(1)进入现场必须戴安全帽。严禁穿拖鞋、高跟鞋、带钉易滑或光滑的鞋进入现场。

(2)作业人员在搬运玻璃时应戴手套，或用布、纸垫住，将玻璃与手及身体裸露部分隔开，以防被玻璃划伤。

(3)裁划玻璃要小心，并在规定的场所进行。边角余料要集中堆放，并及时处理，不得乱丢乱扔，以防扎伤他人。

(4)安装玻璃门用的梯子应牢固可靠，不应缺档，梯子放置不宜过陡，其与地面夹角以60°~70°为宜。严禁两人同时站在一个梯子上作业。

(5)在高凳上作业的人要站在中间，不能站在端头，防止跌落。

(6)材料要堆放平稳，工具要随手放入工具袋内。上下传递工具物件时，严禁抛掷。

(7)要经常检查机电器具有无漏电现象，一经发现应立即修理，绝不能勉强使用。

(8)安装窗扇玻璃时要按顺序依次进行，不得在垂直方向的上、下两层同时作业，以避免玻璃破碎掉落伤人。大屏幕玻璃安装应搭设吊架或挑架，从上至下逐层安装。

(9)天窗及高层房屋安装玻璃时，施工点的下面及附近严禁行人通过，以防玻璃及工具掉落伤人。

(10)门窗等安装好的玻璃应平整、牢固，不得有松动现象，并在安装完毕后，将风钩挂好或插上插销，以防风吹窗扇碰碎玻璃掉落伤人。

(11)安装完成后所剩下的残余破碎玻璃应及时清扫和集中堆放，并要尽快处理，以避免玻璃碎屑扎伤人。

三、饰面工程

(1)操作开机前应检查脚手架是否稳固，操作中也应随时检查。

(2)不准在门窗、暖气片、洗脸池上搭设脚手架。阳台部位施工时，外侧必须挂安全网。严禁踏踩脚手架的护身栏和阳台板进行操作。

(3)作业人员应戴安全帽。

(4)对贴面使用的预制件、大理石、瓷砖等，应堆放整齐平稳，边用边运。安装要稳拿稳放，待灌浆凝固稳定后，方可拆除临时设施。

(5)使用磨石机应戴绝缘手套、穿胶靴，电源线不得破皮漏电，金刚砂块安装牢固，经试运转正常，方可操作。

(6)操作中严禁向下甩物件和砂石，防止坠物伤人。

(7)夜间操作应有足够的照明。

任务四　脚手架工程施工安全技术

脚手架是建筑施工中必不可少的临时设施，例如砖墙的砌筑、墙面的抹灰、装饰和粉刷、结构构件的安装，都需要在其近旁搭设脚手架，以便在其上进行施工操作、传送施工用料和必要时的短距离水平运输。脚手架虽然是随着工程进度而搭设的，工程完毕拆除，但它对建筑施工速度、工作效率、工程质量以及工人的人身安全有着直接的影响。如果脚手架搭设不及时，势必会拖延工程进度；脚手架搭设不符合施工需要，工人操作就不方便，质量得不到保证，工效也提不高，脚手架搭设不牢固、不稳定，就容易造成施工中的伤亡事故。因此，脚手架的选型、构造、搭设质量等决不可疏忽大意，轻率处理。

一、扣件式钢管脚手架工程安全技术

(1)脚手架的放线定位应根据立柱的位置进行。脚手架的立柱不能直接立在地面上，立柱下必须加设底座或垫块。底座、垫板均应准确地放在定位线上；垫块应采用长度不少于2跨、厚度不小于50 mm、宽度不小200 mm的木垫板。

(2)立杆搭设应符合下列规定：

1)当立杆采用对接接长时，立杆的对接扣件应交错布置，两根相邻立杆的接头不应设置在同步内，同步内隔一根立杆的两个相隔接头在高度方向错开的距离不宜小于500 mm；各接头中心至主节点的距离不宜大于步距的1/3。当立杆采用搭接接长时，搭接长度不应小于1 m，并应采用不少于2个旋转扣件固定。端部扣件盖板的边缘至杆端的距离不应小于100 mm。

2)脚手架开始搭设立杆时，应每隔6跨设置一根抛撑，直至连墙件安装稳定后，方可根据情况拆除。

3)当架体搭设至有连墙件的主结点时，在搭设完该处的立杆、纵向水平杆、横向水平杆后，应立即设置连墙件。

(3)脚手架必须设置纵、横向扫地杆。纵向扫地杆应采用直角扣件固定在距钢管底端不大于

200 mm处的立杆上。横向扫地杆应采用直角扣件固定在紧靠纵向扫地杆下方的立杆上。

(4)脚手架立杆基础不在同一高度上时，必须将高处的纵向扫地杆向低处延长两跨与立杆固定，高低差不应大于1 m。靠边坡上方的立杆轴线到边坡的距离不应小于500 mm。

(5)开口型脚手架的两端必须设置连墙件，连墙件的垂直间距不应大于建筑物的层高，并且不应大于4 m。连墙件中连墙杆的设置应呈水平，当不能水平设置时，应向脚手架一端下斜连接。连墙件必须采用可承受拉力和压力的构造，对高度64 m以上的双排脚手架，应采用刚性连墙件与建筑物连接。

(6)一字形、开口形双排钢管扣件式脚手架的两端均必须设置横向斜撑。高度在24 m以上的封闭型脚手架，除拐角应设置横向斜撑外，中间每隔6跨设置一道。横向斜撑应在同一节间，由底至顶层呈之字形连续布置。

二、门式钢管脚手架

(1)门式脚手架的搭设应与施工进度同步，一次搭设高度不宜超过最上层连墙件的两步，且自由高度不应当大于4 m。门式脚手架的组装应自一端向另一端延伸，应自下而上按步架设，并应逐层改变搭设方向；每搭设完两步门式脚手架后，应校验门架的水平度及立杆的垂直度。

(2)门式脚手架的内侧立杆离墙面净距不宜大于150 mm；当大于150 mm时，应采取内设挑架板或其他隔离防护的安全措施。门式脚手架顶端栏杆宜高出女儿墙上端或檐口上端1.5 m。

(3)门式脚手架的两侧应设置交叉支撑，并应与门架立杆上的锁销锁牢。门式脚手架上下榀门架的组装必须设置连接棒，连接棒插入立杆的深度不应小于30 mm，连接棒与门架立杆配合间隙不应大于2 mm。

(4)门式脚手架作业层应连续满铺与门架配套的挂扣式脚手板，并应当有防止脚手板松动或脱落的措施。当脚手板上有孔洞时，孔洞的内切圆直径不应大于25 mm。

(5)当门式脚手架搭设高度在24 m及以下时，在脚手架的转角处、两端及中间间隔不超过15 m的外侧立面必须各设置一道剪刀撑，并应由底至顶连续设置，当脚手架搭设高度超过24 m时，在脚手架全外侧立面上必须设置连续剪刀撑。

(6)门式脚手架应在门架两侧的立杆上设置纵向水平加固杆，并应采用扣件与门架立杆扣紧。水平加固杆设置应符合下列要求：

1)在顶层、连墙件设置层必须设置。

2)当脚手架每步铺设挂扣式脚手板时，至少每4步应设置1道，并宜在有连墙件的水平层设置。

3)当脚手架搭设高度小于或等于40 m时，至少每两步门架应设置1道；当脚手架搭设高度大于40 m时，每步门架应设置1道。

4)在脚手架的转角处、开口型脚手架端部的两个跨距内，每步门架应设置1道。

5)悬挑脚手架每步门架应设置1道。

6)在纵向水平加固杆设置层面上应连续设置。

(7)门式脚手架的底层门架下端应设置纵、横向通长的扫地杆，纵向扫地杆应固定在距门架立杆底端不大于200 mm处的门架立杆上，横向扫地杆宜固定在紧靠纵向扫地杆下方的门架立杆上。

(8)在门式脚手架的转角处或开口型脚手架端部，必须增设连墙件，连墙件的垂直间距不应大于建筑物的层高，且不应大于4.0 m。

三、碗扣式钢管脚手架

(1)双排脚手架搭设应按立杆、横杆、斜杆、连墙件的顺序逐层搭设，底层水平框架的纵向直线度偏差应小于1/200架体长度；横杆间水平度偏差应小于1/400架体长度。

(2)双排脚手架的搭设应分阶段进行，每段搭设后必须经检查验收合格，方可投入使用。

(3)双排脚手架的搭设应与建筑物的施工同步上升，并应高于作业面1.5 m。

(4)当双排脚手架高度 H 小于或等于30 m时，垂直度偏差应小于或等于 $H/500$；当高度 H 大于30 m时，垂直度偏差应小于或等于 $H/1\,000$。

(5)当双排脚手架内外侧加挑梁时，在一跨挑梁范围内不得超过1名施工人员操作，严禁堆放物料。

(6)连墙件必须随双排脚手架升高及时在规定的位置处设置，严禁任意拆除。

四、工具式脚手架

(1)工具式脚手架安装前，应根据工程结构、施工环境等特点编制专项施工方案，并经总承包单位技术负责人审批、项目总监理工程师审核后实施。订专业承包合同，明确总包、分包或租赁等各方的安全生产责任。

(2)工具式脚手架专业施工单位应当建立、健全安全生产管理制度，制定相应的安全操作规程和检验规程，应制定设计、制作、安装、升降、使用、拆除和日常维护保养等的管理规定。

(3)工具式脚手架专业施工单位应设置专业技术人员、安全管理人员及相应的特种作业人员，特种作业人员应经专门培训，并应经住房城乡建设主管部门考核合格，取得特种作业操作资格证书后，方可上岗作业。

(4)工具式脚手架的防坠落装置应经法定检测机构标定后方可使用；使用过程中，使用单位应定期对其有效性和可靠性进行检测。安全装置受冲击荷载后应进行解体检验。

(5)当施工中发现工具式脚手架故障和存在安全隐患时，应及时排除；当可能危及人身安全时，应停止作业，由专业人员进行整改，整改后的工具式脚手架应重新进行验收检查，合格后方可使用。

应用案例

一、事故概况

西安市某实验厅工程，由中铁某公司总承包，建筑工程的结构形式为54 m×45 m矩形框架厂房，屋面为球形节点网架结构，因中铁某公司不具备网架施工能力，故建设单位将屋面网架工程分包给常州某网架厂，由中铁某公司配合搭设满堂红脚手架，以提供高空组装网架操作平台，脚手架高度为26 m。

为抢工程进度，未等脚手架交接验收确认，网架厂便在2001年4月25日晚，将运至现场的网架部件(约40 t)，全部成捆吊上脚手架，使脚手架严重超载。4月26日上班后，在用撬棍解捆时产生的振动导致堆放部件处的脚手架坍塌，脚手架上的网架部件及施工人员同时坠落，造成7人死亡1人重伤的重大事故。

二、事故原因分析

1. 技术方面

(1)满堂红脚手架方案有误：该网架厂施工组织设计中要求，脚手架承载力为2.5 kN/m²，立杆纵横间距为 1.8 m，步距为 1.8 m。以上要求为一般施工用脚手架的杆件间距，而该网架厂提供网架单件尺寸为宽 0.95 m、长 4 m、高 0.7 m，单件质量为 1.5 t，如此计算最低为 4 kN/m²。因此，如何摆设网架部件便是至关重要的问题，施工组织设计本来就提供了一个带有安全隐患的方案，给下一步工作提出了必须连带解决的部件摆放问题，然而并没有引起建设单位与监理单位的注意。

（2）施工人员蛮干、管理人员违章指挥。

（3）脚手架方案有误，又加上中铁一局安装公司未按规定随搭设脚手架随连接连墙件和设置剪刀撑，从而影响了脚手架受力后的整体稳定性。

2. 管理方面

建设单位组织不力，监理方监管不力。本工程由中铁一局安装公司总承包，但网架厂施工项目是由建设单位分包，因此，两单位施工组织及配合问题，应由建设单位负责组织协调、监理全面监督检查。

关键在于建设单位及监理单位没有详细认真研究高空散装网架，给组装人员提供一个安全可靠的操作平台，以及告知组装人员如何布料使荷载不过于集中，防止脚手架超载。而是一味追求工程进度，从而导致施工双方配合失误，一方集中大量地超载使用，另一方脚手架搭设又不规范，最终发生脚手架坍塌。

任务五　高处作业施工安全技术

一、"三宝"和高处作业安全防护

(一)"三宝"

"三宝"是指现场施工作业中必备的安全帽、安全带和安全网。操作工人进入施工现场，首先必须熟练掌握"三宝"的正确使用方法，达到辅助预防的效果。

1. 安全帽

安全帽是用来避免或减轻外来冲击和碰撞对头部造成伤害的防护用品。

（1）检查外壳是否破损，如有破损，其分解和削减外来冲击力的性能已减弱或丧失，不可再用。

（2）检查有无合格帽衬，帽衬的作用在于吸收和缓解冲击力，无帽衬的安全帽就失去了保护头部的功能。

（3）检查帽带是否齐全。

（4）佩戴前调整好帽衬间距(间距为 4～5 cm)，调整好帽箍；戴帽后必须系好帽带。

（5）现场作业中，不得随意将安全帽脱下搁置一旁，或当作坐垫使用。

2. 安全带

安全带是高处作业工人预防伤亡的防护用品。

（1）应当使用经质检部门检查合格的安全带。

（2）不得私自拆换安全带的各种配件，在使用前，应仔细检查各部分构件，无破损时才能佩系。

（3）在使用过程中，安全带应高挂低用，并防止摆动、碰撞，避开尖刺、不接触明火，不能将钩直接挂在安全绳上，一般应挂到连接环上。

（4）严禁使用打结和继接的安全绳，以防坠落时腰部受到较大冲力伤害。

（5）作业时应将安全带的钩、环牢挂在系留点上，各卡接扣紧，以防脱落。

（6）在温度较低的环境中使用安全带时，要注意防止安全绳的硬化割裂。

（7）使用后，将安全带、绳卷成盘放在无化学试剂、阳光的场所中，切不可折叠。应在金属配件上涂一些机油，以防生锈。

（8）安全带的使用期为 3～5 年，在此期间，安全绳磨损时应及时更换，如果带子破裂应提前报废。

3. 安全网

安全网是用来防止人、物坠落，或用来避免、减轻坠落及物击伤害的网具。

（1）施工现场使用的安全网必须有产品质量检验合格证，旧网必须有允许使用的证明书。

（2）根据安装形式和使用目的，安全网可分为平网和立网。施工现场立网不能代替平网。

（3）安装前必须对网及支撑物（架）进行检查，要求支撑物（架）有足够的强度、刚性和稳定性，且系网处无撑角及尖锐边缘，确认无误时方可安装。

（4）安全网搬运时，禁止使用钩子，禁止将网拖过粗糙的表面或锐边。

（5）安全网在施工现场的支搭和拆除要严格按照施工负责人的安排进行，不得随意拆毁安全网。

（6）在使用过程中，不得随意向网上乱抛杂物或撕坏网片。

（7）安装时，在每个系结点上，边绳应与支撑物（架）靠紧，并用一根独立的系绳连接，系结点沿网边均匀分布，其距离不得大于 750 mm。系结点应符合打结方便，连接牢固又容易解开，受力后又不会散脱的原则。有筋绳的网在安装时，也必须把筋绳连接在支撑物（架）上。

（8）多张网连接使用时，相邻部分应靠紧或重叠，连接绳材料与网相同，强度不得低于网绳强度。

（9）安装平网应外高里低，以 15°为宜，网不宜绑紧。

（10）装立网时，安装平面应与水平面垂直，立网底部必须与脚手架全部封严。

（11）要保证安全网受力均匀。必须经常清理网上落物，网内不得有积物。

（12）安全网安装后，必须经专人检查验收合格签字后才能使用。

（二）高处作业安全防护

高处作业是指凡在坠落高度基准面 2 m 以上（含 2 m），有可能坠落的在高处进行的作业。

（1）高处作业的安全技术措施及其所需料具，必须列入工程的施工组织设计。

（2）施工前，应逐级进行安全技术教育及交底，落实所有安全技术措施和人身防护用品，未经落实时不得进行施工。

（3）高处作业中的安全标志、工具、仪表、电气设施和各种设备，必须在施工前加以检查，确认其完好后，方可投入使用。

（4）攀登和悬空高处作业人员及搭设高处作业安全设施的人员，必须经过专业技术培训及专业考试合格，持证上岗，并必须定期进行身体检查。

（5）遇恶劣天气不得进行露天攀登与悬空高处作业。

（6）用于高处作业的防护设施，不得擅自拆除，确因作业需要临时拆除必须经项目经理部施工负责人同意，并采取相应的可靠措施，作业后应立即恢复。

（7）高处作业的防护门设施在搭拆过程中应相应设置警戒区派人监护，严禁上、下同时拆除。

(8)高处作业安全设施的主要受力杆件，力学计算按一般结构力学公式，强度及刚度计算不考虑塑性影响，构造上应符合现行的相应规范的要求。

应用案例

一、事故概况

2002 年 7 月 10 日，在浙江某建设总公司承接的某街坊工地上，1 号房外墙粉刷工黄某（死者）根据带班人黄某的要求粉刷井架东西两侧的阳台隔墙。14 时 45 分左右，黄某（死者）完成西侧阳台隔墙粉刷任务后，双手拿着粉刷工具，从脚手架上准备由西侧跨越井架过道的钢管隔离防护栏杆，然后穿过井架运料通道，进入东侧脚手架继续粉刷东侧阳台隔墙。但当他走到脚手架开口处时，因脚手架缺少底笆，右脚踩在架子的钢管上一滑，导致身体倾斜失去重心，从脚手架外侧上、下两道防护栏杆中间坠落下去，碰到 6 层井架拉杆后，坠落在井架防护棚上。坠落高度为 28.6 m，安全帽飞落至地面。事故发生后，工地职工立即将黄某送往医院，经抢救无效于 15 时 15 分死亡。

二、事故原因分析

1. 直接原因

(1)外墙粉刷工黄某，在完成西侧粉刷任务后去东侧作业时，应走室内安全通道，不该贪图方便，违章从脚手架通道跨越防护栏杆，缺乏自我保护意识。

(2)事故发生地点的脚手架缺少 1.1 m 的底笆、1 m 宽的密目安全网及挡脚板，不符合安全要求。

2. 间接原因

(1)项目部对安全生产管理不够重视，脚手架及安全网等验收草率，执行安全检查制度不力，整改措施不到位。

(2)项目部对职工安全宣传教育不重视，安全交底存在死角，导致职工安全意识淡薄，对类似跨越防护栏杆的违章行为杜绝不力。

3. 主要原因

安全设施存在事故隐患及违章作业，是造成本次事故的主要原因。

二、洞口与临边作业安全防护

(一)洞口作业安全防护

1. "四口"

"四口"包括以下几项：

(1)楼梯口。

(2)电梯井口。

(3)预留洞口(包括施工现场桩孔、人孔、坑槽、竖向孔洞等)。

(4)通道口。

2. 安全防护

(1)楼板、屋面和平台等面上短边尺寸为 2.5～25 cm 以上的洞口，必须设坚实盖板并能防止其挪动移位。

(2)25 cm×25 cm～50 cm×50 cm 的洞口，必须设置固定盖板，保持四周搁置均衡，并有固定其位置的措施。

(3)50 cm×50 cm～150 cm×150 cm 的洞口，必须预埋通长钢筋网片，纵横钢筋间距不得大于 15 cm；或满铺脚手板，脚手板应绑扎固定，任何人未经许可不得随意移动。

（4）150 cm×150 cm 以上洞口，四周必须搭设围护架，并设双道防护栏杆，洞口中间支挂水平安全网，网的四周要拴挂牢固、严密。

（5）位于车辆行驶道路旁的洞口、深沟、管道、坑、槽等，所加盖板应能承受不小于当地额定卡车后轮有效承载力 2 倍的荷载。

（6）墙面等处的竖向洞口，凡落地的洞口应设置防护门或绑防护栏杆，下设挡脚板。低于 80 cm 的竖向洞口，应加设 1.2 m 高的临时护栏。

（7）电梯井必须设不低于 1.2 m 的金属防护门，井内首层和首层以上每隔 10 m 设一道水平安全网，安全网应封闭。未经上级主管技术部门批准，电梯井不得作为垂直运输通道和垃圾通道。

（8）洞口必须按规定设置照明装置和安全标志。

（二）临边作业安全防护

1. "五临边"

"五临边"是临边作业的五种类型。临边作业是施工现场中，工作面边沿无围护设施或围护设施高度低于 800 mm 时的高空作业。"五临边"包括以下几个方面：

（1）基坑周边。

（2）还未安装栏杆或栏板的阳台、料台、挑平台周边。

（3）雨篷与挑檐边；分层施工的楼梯口和梯段边。

（4）无脚手架的屋面与楼层周边；水箱与水塔周边。

（5）井架施工电梯和脚手架等与建筑物通道的两侧边。

2. 安全防护

（1）还未安装栏杆或挡脚板的阳台周边、无外架防护的屋面周边、框架结构楼层周边、雨篷与挑檐边、水箱与水塔周边、斜道两侧边、卸料平台外侧边，必须设置 1.2 m 高的两道护身栏杆并设置固定高度不低于 18 cm 的挡脚板或搭设固定的立网防护。

（2）护栏除经设计计算外，横杆长度大于 2 m 时，必须加设栏杆柱，栏杆柱的固定及其与横杆的连接，其整体构造应在任何一处都能经受任何方向的 1 000 N 的外力。

（3）当临边的外侧面临街道时，除防护栏杆外，敞口立面必须采取满挂小眼安全网或其他可靠措施，做全封闭处理。

（4）分层施工的楼梯口、梯段边及休息平台处必须安装临时护栏，顶层楼梯口应随工程结构进度安装正式防护栏杆。回转式楼梯间应支设首层水平安全网，每隔 4 层设一道水平安全网。

（5）阳台栏板应随工程结构进度及时进行安装。

应用案例

一、事故概况

2002 年 8 月 30 日，在上海某建设总公司承包的某小区住宅楼工地上，油漆工负责人张某安排吉某、祁某两人粉刷 1 号楼阁楼。中午 12 时 20 分，吉某、祁某二人到 1 号楼西单元 2 层配料，大约 10 min 后，祁某去厕所方便，吉某独自一人上 6 层阁楼操作施工，不慎摔倒，从阁楼的上人洞坠落（上人洞口尺寸为 1 000 mm×1 200 mm，离地高约 2.7 m）。当祁某方便后，来到 6 楼时，发现吉某已摔倒在地，并侧卧在 6 楼地板上，后脑勺正在流血，祁某立即呼救，项目部闻讯后，及时组织人员派车将吉某送往医院救治，但吉某终因伤势过重抢救无效，于当天 19 时 30 分死亡。

二、事故原因分析

1. 直接原因

上人洞无安全防护设施。按照住房和城乡建设部有关安全规定与要求，应在6层阁楼上人洞加盖或设置防护栏杆。而事故现场没有相应的安全防护设施，吉某摔倒后从洞口直接坠落，是造成本次事故的直接原因。

2. 间接原因

(1)安全管理存在漏洞。工地负责人张某对油漆班在阁楼施工作业安全技术交底不够，上岗前未全面进行技术方面、安全方面的书面交底，尤其是对上人洞口作业未做专门的安全教育和具体布置要求。

(2)安全监督检查不力。工地负责人、油漆班班长对进入施工现场的作业人员安全检查不力，作业人员未佩戴安全帽就进入施工现场进行施工的违章现象未得到及时制止。对施工现场阁楼上人洞无安全防护设施，存在严重事故隐患未及时发现并按规定予以整改。

(3)吉某本人安全意识淡薄，对安全生产存在侥幸心理。由于天气炎热，为贪图凉快，施工作业时未按六大纪律规定佩戴安全帽。从2.7 m坠落后，直接伤及头部，导致伤害程度加大。

3. 主要原因

1号楼6层阁楼上人洞无安全防护设施，吉某本人违反安全生产六大纪律未佩戴安全帽就进入施工现场进行施工，是造成本次事故的主要原因。

项目小结

本项目主要介绍了地基基础工程、主体工程、装饰装修工程、脚手架工程、高处作业施工的安全技术。通过本项目的学习，学生可以了解施工过程安全控制的基本知识，掌握施工现场安全生产的主要技术措施和重要部位的安全防护。

思考与练习

一、填空题

1. 场地平整雨期施工时，现场应根据场地排泄排量设置_____。

2. 当现场堆积物高度超过1.8 m时，应在四周设置_____或_____。清理时严禁_____。

3. 土石方爆破工程应由具体_____和_____的企业承担。

4. 打桩机行走道路必须_____、_____，必要时铺设道砟，经压路机碾压密实。

5. 人工挖孔桩时，孔内作业人员应身系_____，不能随意摘除。

6. 当模板高度大于_____时，应搭脚手架，设防护栏，禁止上下在同一垂直面操作。

7. 施工楼层上不得长时间存放模板，当模板临时在施工楼层存放时，必须有可靠的_____措施，禁止沿外墙周边存放在外挂架上。

8. 堆放在楼层上的砌块重量，不得超过_____准许承载力。

9. 抹灰工程高空作业应衣着轻便，禁止穿_____和_____，并且要求系挂安全带。

10. 安装玻璃门用的梯子应牢固可靠，不应缺档，梯子放置不宜过陡，其与地面夹角以

_____为宜。严禁两人同时站在一个梯子上作业。

11. 脚手架的立柱不能直接立在地面上，立柱下必须加设_____或_____。

12. 门式脚手架的两侧应设置_____，并应与门架立杆上的锁销锁牢。

13. "三宝"是指现场施工作业中必备的_____、_____和_____。

14. "四口"是指_____、_____、_____、_____。

二、简答题

1. 简述地基及基础处理工程安全技术。

2. 简述模板安装施工安全技术。

3. 钢筋工程施工安全技术有哪些？

4. 钢筋运输、安装与绑扎安全技术要求有哪些？

5. 简述混凝土工程施工安全技术。

6. 扣件式钢管脚手架的安全管理包括哪些内容？

7. 临边作业的"五临边"包括什么？

8. 高处作业安全防护包括哪些？

项目十 施工机械与临时用电安全技术

知识目标

1. 了解施工机械安全管理的一般规定。

2. 了解塔式起重机、物料提升机、施工升降机的安装装置；掌握塔式起重机、物料提升机、施工升降机的使用安全要求。

3. 了解起重吊装的一般规定；掌握吊装作业的事故隐患及安全技术。

4. 了解施工现场临时用电安全技术要求。

能力目标

1. 能够阅读和参与编写、审查塔式起重机、物料提升机、施工升降机的安装与拆除专项施工方案，并能提出自己的意见。

2. 能够阅读和参与编写、审查起重吊装专项施工方案，并能提出自己的意见。

3. 能够根据《建筑施工安全检查标准》(JGJ 59—2011)中的施工用电安全检查评分表对施工用电组织安全检查和评分。

任务一 主要施工机械设备使用安全技术

一、施工机械安全技术管理

(1)施工企业技术部门应在工程项目开工前编制包括主要施工机械设备安装防护技术的安全技术措施，并报工程项目监理单位审查批准。

(2)施工企业应认真贯彻执行经审查批准的安全技术措施。

(3)施工项目总承包单位应对分包单位、机械租赁方执行安全技术措施的情况进行监督。分包单位、机械租赁方应接受项目经理部的统一管理，严格履行各自的机械设备安全技术管理方面的职责。

二、施工机械安全管理的一般规定

(1)施工单位应对进入施工现场的机械设备的安全装置和操作人员的资质进行审验，不合格的机械和人员不得进入施工现场。

(2)严禁拆除机械设备上的自动控制机构、力矩限位器等安全装置，以及监测、指示、仪表、报警器等自动报警、信号装置。其调试和故障的排除应由专业人员负责进行。施工机械的电气设备必须由专职电工进行维护和检修。

(3)机械设备在冬季使用时，应执行《建筑机械冬期使用的有关规定》。

(4)处在运行和运转中的机械严禁对其进行维修、保养或调整等作业。

(5)机械设备应按时进行保养，当发现有漏保、失修或超载、带病运转等情况时，有关部门应当停止使用。

(6)机械操作人员和配合人员都必须按规定穿戴劳动保护用品，且长发不得外露。高空作业人员必须系安全带，不得穿硬底鞋和拖鞋。严禁从高处往下投掷物件。

(7)机械进入作业地点后，施工技术人员应向机械操作人员进行施工任务及安全技术措施交底。操作人员应熟悉作业环境和施工条件，听从指挥，遵守现场安全规则。

(8)当使用机械设备与安全发生矛盾时，必须服从安全的要求。

任务二　主要施工机械的安全防护

施工机械种类繁多、性能各异，以下仅介绍几种主要施工机械的安全防护要求。

一、塔式起重机的安全防护

塔式起重机是一种塔身直立，起重臂安装在塔身顶部且可作360°回转的起重机。它具有较大的工作空间，且起重高度大，广泛应用于多层及高层装配式结构安装工程。

（一）类型

塔式起重机的类型由于分类方法的不同，可按以下几种方法进行划分。

1. 按工作方法分

(1)固定式塔式起重机。塔身不移动，工作范围由塔臂的转动和小车变幅决定，多用于高层建筑、构筑物、高炉安装工程。

(2)运行式塔式起重机。它可以由一个工作点移动到另一个工作点，如轨道式塔式起重机，可以带负荷运行，在建筑群中使用可以不用拆卸，通过轨道直接开进新的工程地点施工。固定式或运行式塔式起重机，可按照工程特点和施工条件选用。

2. 按旋转方式分

(1)上旋式塔式起重机。塔身不旋转，在塔顶上安装可旋转的起重臂。因塔身不转动，所以，塔臂旋转时塔身不受限制。因塔身不动，所以塔身与架体连接结构简单，但由于平衡重在塔式起重机上部，重心高，不利于稳定，故当建筑物高度超过平衡臂时，塔式起重机的旋转角受到了限制，给工作带来了一定困难。

(2)下旋式塔式起重机。塔身与起重臂共同旋转。这种塔式起重机的起重臂与塔顶固定，平衡重和旋转支撑装置布置在塔身下部。因平衡重及传动机构在起重机下部，所以重心低，稳定性好，又因起重臂与塔身共同转动，因此塔身受力变化小。司机室位置高，视线好，安装拆卸也较方便，但旋转支撑装置构造复杂。另外，因塔身经常旋转，故需要较大的空间。

3. 按变幅方式分

(1)动臂变幅式塔式起重机。通过改变起重臂俯仰角度而改变幅度。这种塔式起重机在塔身高度相同的情况下，可以获得较大的起升高度，但其最小幅度约为最大幅度的30%，吊钩或建筑物不能靠近塔身，幅度利用率低，而且重物一般不能实现水平移动，有的不允许带载变幅，因此，其安装就位不方便。

(2)小车变幅式塔式起重机。载重小车沿塔式起重机起重臂移动而改变幅度。这种塔式起重机可带载变幅，功率小、速度快；吊重可水平移动，安装就位方便；载重小车可靠近塔身，幅度利用率高。但小车变幅式塔式起重机的起重臂结构较复杂、自重大。

(二)基本参数

塔式起重机的基本参数是生产、使用、选择起重机技术性能的依据。基本参数中又有以一个或两个为主的参数起主导作用。塔式起重机目前提出的基本参数有6项，即起重力矩、起重量、最大起重量、工作幅度、起升高度和轨距。其中，起重力矩为主要参数。

(1)起重力矩。起重力矩是衡量塔式起重机起重能力的主要参数。选用塔式起重机，不仅需考虑起重量，而且还应考虑工作幅度。

(2)起重量。起重量是以起重吊钩上所悬挂的索具与重物的质量之和来计算的。

关于起重量的考虑有两层含义：其一是最大工作幅度时的起重量；其二是最大额定起重量。在选择机型时，应按其说明书使用。因动臂式塔式起重机的工作幅度有限制范围，所以，若以力矩值除以工作幅度，反算所得值并不准确。

(3)工作幅度。工作幅度也称回转半径，是起重吊钩中心到塔式起重机回转中心线之间的水平距离，它是根据建筑物尺寸和施工工艺的要求确定的。

(4)起升高度。塔式起重机运行或固定状态时，除空载、塔身处于最大高度、吊钩位于最大幅度外，吊钩支承面对塔式起重机支承面的垂直距离允许达到最大。

(5)轨距。轨距值是由塔式起重机的整体稳定和经济效果确定的。

(三)安全防护装置

为了确保塔式起重机的安全作业，防止发生意外事故，塔式起重机必须配备各类安全防护装置。

(1)起重力矩限制器。起重力矩限制器主要作用是防止塔式起重机超载，避免塔式起重机由于严重超载而引起的倾覆或折臂等恶性事故。力矩限制器有机械式、电子式和复合式3种，多数采用机械电子连锁式的结构。

(2)起重量限制器。起重量限制器的作用是保护起吊的质量不超过塔式起重机允许的最大起质量，用以防止塔式起重机的吊物质量超过最大额定荷载，避免发生机械损坏事故。

(3)起升高度限制器。起升高度限制器是用来限制吊钩接触到起重臂头部或载重小车之前，或是下降到最低点(地面或地面以下若干米)以前，使起升机构自动断电并停止工作，防止因起重钩起升过度而碰坏起重臂的装置。

(4)幅度限制器。动臂式塔式起重机的幅度限制器用以防止臂架在变幅时，变幅到仰角极限位置，切断变幅机构的电源，使其停止工作，同时还设有机械止挡，以防臂架因起幅中的惯性而后翻。小车运行变幅式塔式起重机的幅度限制器用来防止运行小车超过最大或最小幅度的两个极限位置。一般来说，小车变幅限制器安装在臂架小车运行轨道的前后两端，用行程开关来进行控制。

(5)塔式起重机行走限制器。行走式塔式起重机的轨道两端所设的止挡缓冲装置，利用安装在台车架上或底架上的行程开关碰撞到轨道两端前的挡块切断电源来实现塔式起重机停止行走，防止脱轨而造成塔式起重机倾覆事故。

(6)钢丝绳防脱槽装置。钢丝绳防脱槽装置主要防止当传动机构发生故障时，造成钢丝绳不能够在卷筒上顺排，以致越过卷筒端部凸缘，发生咬绳等事故。

(7)回转限制器。有些上回转的塔式起重机安装了回转不能超过270°和360°的限制器，防止电源线扭断，造成事故。

(8)风速仪。自动记录风速，当风速超过6级时自动报警，使操作司机及时采取必要的防范措施，如停止作业、放下吊物等。

(9)电气控制中的零位保护和紧急安全开关。零位保护是指塔式起重机操纵开关与主令控制器联锁，只有在全部操纵杆处于零位时，电源开关才能接通，从而防止无意的操作。紧急安全开关通常是一个能立即切断全部电源的开关。

(10)障碍指示灯。超过30 m的塔式起重机，必须在其最高部位(臂架、塔帽或人字架顶端)安装红色障碍指示灯，并保证供电不受停机影响。

(四)塔式起重机的使用安全要求

1. 一般规定

(1)塔式起重机安装、拆卸单位必须具有从事塔式起重机安装、拆卸业务的资质。

(2)塔式起重机安装、拆卸单位应具备安全管理保证体系，有健全的安全管理制度。

(3)塔式起重机安装、拆卸作业应配备下列人员：

1)持有安全生产考核合格证书的项目负责人和安全负责人、机械管理人员。

2)具有建筑施工特种作业操作资格证书的建筑起重机械安装拆卸工、起重司机、起重信号工、司索工等特种作业操作人员。

(4)塔式起重机应具有特种设备制造许可证、产品合格证、制造监督检验证明，并已在县级以上地方住房城乡建设主管部门备案登记。

(5)塔式起重机启用前应检查下列项目：

1)塔式起重机的备案登记证明等文件。

2)建筑施工特种作业人员的操作资格证书。

3)专项施工方案。

4)辅助起重机械的合格证及操作人员资格证书。

(6)塔式起重机的选型和布置应满足工程施工要求，便于安装和拆卸，并不得损害周边其他建筑物或构筑物。

(7)严禁使用有下列情况之一的塔式起重机：

1)国家明令淘汰的产品。

2)超过规定使用年限经评估不合格的产品。

3)不符合国家现行相关标准的产品。

4)没有完整安全技术档案的产品。

(8)塔式起重机安装、拆卸前，应编制专项施工方案，指导作业人员实施安装、拆卸作业。专项施工方案应根据塔式起重机使用说明书和作业场地的实际情况编制，并应符合国家现行相关标准的规定。专项施工方案应由本单位技术、安全、设备等部门审核，技术负责人审批后，经监理单位批准实施。

(9)塔式起重机与架空输电线的安全距离应符合现行国家标准《塔式起重机安全规程》(GB 5144—2006)的规定。

(10)当多台塔式起重机在同一施工现场交叉作业时，应编制专项方案，并应采取防碰撞的安全措施。任意两台塔式起重机之间的最小架设距离应符合下列规定：

1）低位塔式起重机的起重臂端部与另一台塔式起重机的塔身之间的距离不得小于 2 m。

2）高位塔式起重机的最低位置的部件（或吊钩升至最高点或平衡重的最低部位）与低位塔式起重机中处于最高位置部件之间的垂直距离不得小于 2 m。

（11）在塔式起重机的安装、使用及拆卸阶段，进入现场的作业人员必须做好佩戴安全帽、穿防滑鞋、系安全带等防护措施，无关人员严禁进入作业区域内。在安装、拆卸作业期间，应设警戒区。

（12）塔式起重机在安装前和使用过程中，发现有下列情况之一的，不得安装和使用：

1）结构件上有可见裂纹和严重锈蚀的。

2）主要受力构件存在塑性变形的。

3）连接件存在严重磨损和塑性变形的。

4）钢丝绳达到报废标准的。

5）安全装置不齐全或失效的。

（13）塔式起重机使用时，起重臂和吊物下方严禁有人员停留；物件吊运时，严禁从人员上方通过。

（14）严禁用塔式起重机载运人员。

2. 塔式起重机安装

（1）塔式起重机的安装条件。

1）塔式起重机安装前，必须经维修保养，并应进行全面的检查，确认合格后方可安装。

2）塔式起重机的基础及其地基承载力应符合使用说明书和设计图纸的要求。安装前应对基础进行验收，合格后方可安装。基础周围应设有排水设施。

3）行走式塔式起重机的轨道及基础应按使用说明书的要求进行设置，且应符合现行国家标准《塔式起重机安全规程》（GB 5144—2006）及《塔式起重机》（GB/T 5031—2019）的规定。

4）内爬式塔式起重机的基础、锚固、爬升支承结构等应根据使用说明书提供的荷载进行设计计算，并应对内爬式塔式起重机的建筑承载结构进行验算。

（2）塔式起重机的安装要求。

1）安装前应根据专项施工方案，对塔式起重机基础的下列项目进行检查，确认合格后方可实施：

①基础的位置、标高、尺寸。

②基础的隐蔽工程验收记录和混凝土强度报告等相关资料。

③安装辅助设备的基础、地基承载力、预埋件等。

④基础的排水措施。

2）安装作业应根据专项施工方案要求实施。安装作业人员应分工明确、职责清楚。安装前应对安装作业人员进行安全技术交底。

3）安装辅助设备就位后，应对其机械和安全性能进行检验，合格后方可作业。

4）安装所使用的钢丝绳、卡环、吊钩和辅助支架等起重机具均应符合规定，并应经检查合格后方可使用。

5）安装作业中应统一指挥，明确指挥信号。当视线受阻、距离过远时，应采用对讲机或多级指挥。

6）自升式塔式起重机的顶升加节应符合下列规定：

①顶升系统必须完好。

②结构构件必须完好。

③顶升前，塔式起重机下支座与顶升套架应可靠连接。

④顶升前，应确保顶升横梁搁置正确。

⑤顶升前，应将塔式起重机配平；顶升过程中，应确保塔式起重机的平衡。

⑥顶升加节的顺序，应符合使用说明书的规定。

⑦顶升过程中，不应进行起升、回转、变幅等操作。

⑧顶升结束后，应将标准节与回转下支座可靠连接。

⑨塔式起重机加节后需进行附着的，应按照先装附着装置、后顶升加节的顺序进行。附着装置的位置和支撑点的强度应符合要求。

7)塔式起重机的独立高度、悬臂高度应符合使用说明书的要求。

8)雨雪、浓雾天气严禁进行安装作业。安装时塔式起重机最大高度处的风速应符合使用说明书的要求，且风速不得超过 12 m/s。

9)塔式起重机不宜在夜间进行安装作业；当需要在夜间进行塔式起重机安装和拆卸作业时，应保证提供足够的照明。

10)当遇特殊情况安装作业不能连续进行时，必须将已安装的部位固定牢靠并达到安全状态，经检查确认无隐患后，方可停止作业。

11)电气设备应按使用说明书的要求进行安装，安装所用的电源线路应符合现行行业标准《施工现场临时用电安全技术规范》(JGJ 46—2005)的要求。

12)塔式起重机的安全装置必须齐全，并应按程序进行调试合格。

13)连接件及其防松防脱件严禁用其他代用品代替。连接件及其防松防脱件应使用力矩扳手或专用工具紧固连接螺栓。

14)安装完毕后，应及时清理施工现场的辅助用具和杂物。

15)安装单位应对安装质量进行自检，并应按规定填写自检报告书。

16)安装单位自检合格后，应委托有相应资质的检验检测机构进行检测。检验检测机构应出具检测报告书。

17)安装质量的自检报告书和检测报告书应存入设备档案。

18)经自检、检测合格后，应由总承包单位组织出租、安装、使用、监理等单位进行验收，并应填写验收表，合格后方可使用。

19)塔式起重机停用 6 个月以上的，在复工前，应重新进行验收，合格后方可使用。

3. 塔式起重机的使用

(1)塔式起重机起重司机、起重信号工、司索工等操作人员应取得特种作业人员资格证书，严禁无证上岗。

(2)塔式起重机使用前，应对起重司机、起重信号工、司索工等作业人员进行安全技术交底。

(3)塔式起重机的力矩限制器、重量限制器、变幅限位器、行走限位器、高度限位器等安全保护装置不得随意调整和拆除，严禁用限位装置代替操纵机构。

(4)塔式起重机回转、变幅、行走、起吊动作前应示意警示。起吊时应统一指挥，明确指挥信号；当指挥信号不清楚时，不得起吊。

(5)塔式起重机起吊前，当吊物与地面或其他物件之间存在吸附力或摩擦力而未采取处理措施时，不得起吊。

(6)塔式起重机起吊前，应对安全装置进行检查，确认合格后方可起吊；安全装置失灵时，不得起吊。

(7)塔式起重机起吊前,应按要求对吊具与索具进行检查,确认合格后方可起吊;吊具与索具不符合相关规定的,不得用于起吊作业。

(8)作业中遇突发故障,应采取措施将吊物降落到安全地点,严禁吊物长时间悬挂在空中。

(9)遇有风速在 12 m/s 及以上的大风或大雨、大雪、大雾等恶劣天气时,应停止作业。雨、雪过后,应先经过试吊,确认制动器灵敏可靠后方可进行作业。夜间施工应有足够照明,照明的安装应符合现行行业标准《施工现场临时用电安全技术规范》(JGJ 46—2005)的要求。

(10)塔式起重机不得起吊质量超过额定荷载的吊物,且不得起吊质量不明的吊物。

(11)在吊物荷载达到额定荷载的 90％时,应先将吊物吊离地面 200~500 mm 后,检查机械状况、制动性能、物件绑扎情况等,确认无误后方可起吊。对有晃动的物件,必须拴拉溜绳使之稳固。

(12)物件起吊时应绑扎牢固,不得在吊物上堆放或悬挂其他物件;零星材料起吊时,必须用吊笼或钢丝绳绑扎牢固。当吊物上站人时不得起吊。

(13)标有绑扎位置或记号的物件,应按标明位置绑扎。钢丝绳与物件的夹角宜为 45°~60°,且不得小于 30°。吊索与吊物棱角之间应有防护措施;未采取防护措施的,不得起吊。

(14)作业完毕后,应松开回转制动器,各部件应置于非工作状态,控制开关应置于零位,并应切断总电源。

(15)行走式塔式起重机停止作业时,应锁紧夹轨器。

(16)当塔式起重机使用高度超过 30 m 时,应配置障碍灯,起重臂根部铰点高度超过 50 m 时应配备风速仪。

(17)严禁在塔式起重机塔身上附加广告牌或其他标语牌。

(18)每班作业应做好例行保养,并应做好记录。记录的主要内容应包括结构件外观、安全装置、传动机构、连接件、制动器、索具、夹具、吊钩、滑轮、钢丝绳、液位、油位、油压、电源、电压等。

(19)实行多班作业的设备,应执行交接班制度,认真填写交接班记录,接班司机经检查确认无误后,方可开机作业。

(20)塔式起重机应实施各级保养。转场时,应做转场保养,并应有记录。

(21)塔式起重机的主要部件和安全装置等应进行经常性检查,每月不得少于 1 次,并应有记录;当发现有安全隐患时,应及时进行整改。

(22)当塔式起重机使用周期超过一年时,应进行一次全面检查,合格后方可继续使用。

(23)当塔式起重机在使用过程中发生故障时,应及时对其维修,维修期间应停止作业。

4. 塔式起重机的拆卸

(1)塔式起重机的拆卸作业宜连续进行;当遇特殊情况拆卸作业不能继续时,应采取措施保证塔式起重机处于安全状态。

(2)当用于拆卸作业的辅助起重设备设置在建筑物上时,应明确设置位置、锚固方法,并应对辅助起重设备的安全性及建筑物的承载能力等进行验算。

(3)拆卸前应检查主要结构件、连接件、电气系统、起升机构、回转机构、变幅机构、顶升机构等项目。发现隐患应采取措施,解决后方可进行拆卸作业。

(4)附着式塔式起重机应明确附着装置的拆卸顺序和方法。

(5)自升式塔式起重机每次降节前,应检查顶升系统和附着装置的连接等,确认完好后方可进行作业。

(6)拆卸时应先降节、后拆除附着装置。

(7)拆卸完毕后，为塔式起重机拆卸作业而设置的所有设施应拆除，清理场地上作业时所用的吊索具、工具等各种零配件和杂物。

二、物料提升机的安全防护

物料提升机是建筑施工现场常用的一种输送物料的垂直运输设备。它以卷扬机为动力，以底架、立柱及天梁为架体，以钢丝绳为传动装置，以吊笼（吊篮）为工作装置。在架体上装设滑轮、导轨、导靴、吊笼、安全装置等和卷扬机配套构成完整的垂直运输体系。物料提升机构造简单，用料品种和数量少，制作容易，安装、拆卸和使用方便，价格低，是一种投资少、见效快的装备机具，因而受到施工企业的欢迎，近几年来发展迅速。

（一）安全防护装置

(1)安全停靠装置。在吊篮到位时，必须有一种安全装置，使吊篮稳定停靠，在人员进入吊篮内作业时有安全感。目前各地区停靠装置形式不一，有自动型和手动型，即吊篮到位后，由弹簧控制或由人工搬动，使支承杠伸到架体的承托架上，其荷载全部由停靠装置承担。此时，钢丝绳不受力，只起保险的作用。

(2)断绳保护装置。吊篮在运行过程中可能发生钢丝绳突然断裂或钢丝绳尾端固定点松脱，吊篮会从高处坠落，严重的将造成机毁人亡的后果。当上述情况发生时，此装置即刻动作，将吊篮卡在架体上，使吊篮不坠落，避免产生严重的事故。断绳保护装置的形式较多，最常见的是弹闸式，其他还有偏心夹棍式、杠杆式和挂钩式等。无论哪种形式，都应能可靠地将吊篮在下坠时固定在架体上，其最大滑落行程，在吊篮满载时不得超过 1 m。

(3)吊篮安全门。安全门在吊篮运行中起防护作用，最好制成自动开启型，即当吊篮落地时，安全门自动开启；吊篮上升时，安全门自行关闭。这样，可避免因操作人员忘记关闭而造成的安全门失效。

(4)楼层口停靠栏杆。各楼层的通道口处，应设置常闭的停靠栏杆，宜采用联锁装置（吊篮运行到位时方可打开）。停靠栏杆可采用钢管制造，其强度应能承受 1 kN/m 的水平荷载。

(5)上料口防护棚。升降机地面进料口是运料人员经常出入和停留的地方，易发生落物伤人事故。为此要在距离地面一定高度处搭设护棚，其材料需能承受一定的冲击荷载。尤其当建筑物较高时，其尺寸不能小于坠落半径。

(6)超高限位装置。当司机因误操作或机械电气故障而引起吊篮失控时，为防止吊篮上升与天梁碰撞事故的发生需安装超高限位装置，需按提升高度进行调试。

(7)下极限限位装置。主要用于高架升降机，为防止吊笼下行时不停机，压迫缓冲装置造成事故。安装时将下限位调试到碰撞缓冲器之前，可自动切断电源保证安全运行。

(8)超载限位器。这是为防止装料过多及司机对各类散状重物难以估计重量造成超载运行而设置的。当吊笼内载荷达到额定荷载的90%时发出信号，达到100%时切断电源。

(9)信号装置。该装置由司机控制，能与各楼层进行简单的音响或灯光联络，以确定吊篮的需求情况。

（二）安全防护设施

(1)防护围栏应符合下列规定：

1)物料提升机地面进料口应设置防护围栏；围栏高度不应小于1.8 m，围栏立面可采用网板结构，强度应符合相关规定。

2)进料口门的开启高度不应小于1.8 m，强度应符合相关规定；进料口门应装有电气安全开关，吊笼应在进料口门关闭后才能启动。

(2)停层平台外边缘与吊笼门外缘的水平距离不宜大于100 mm，与外脚手架外侧立杆(当无外脚手架时与建筑结构外墙)的水平距离不宜小于1 m。

1)停层平台两侧的防护栏杆、挡脚板应符合相关规定。

2)平台门应采用工具式、定型化，强度应符合相关规定。

3)平台门的高度不宜小于1.8 m，宽度与吊笼门的宽度差不应大于200 mm，并应安装在台口外边缘处，与台口外边缘的水平距离不应大于200 mm。

4)平台门下边缘以上180 mm内应采用厚度不小于1.5 mm钢板封闭，与台口上表面的垂直距离不宜大于20 mm。

5)平台门应向停层平台内侧开启，并应处于常闭状态。

(3)进料口防护棚应设在提升机地面进料口上方，其长度不应小于3 m，宽度应大于吊笼宽度。顶部强度应符合规定，可采用厚度不小于50 mm的木板搭设。

(4)卷扬机操作棚应采用定型化、装配式，且应具有防雨功能。操作棚应有足够的操作空间。顶部强度应符合相关规定。

(三)稳定装置

物料提升机的稳定性能，主要取决于物料提升机的基础、附墙架、缆风绳和地锚。

1. 基础

(1)物料提升机的基础应能承受最不利于工作条件下的全部荷载。30 m及以上物料提升机的基础应进行设计计算。

(2)对30 m以下物料提升机的基础，当设计无要求时，应符合下列规定：

1)基础土层的承载力，不应小于80 kPa。

2)基础混凝土强度等级不应低于C20，厚度不应小于300 mm。

3)基础表面应平整，水平度不应大于10 mm。

4)基础周边应有排水设施。

2. 附墙架

(1)当导轨架的安装高度超过设计的最大独立高度时，必须安装附墙架。

(2)宜采用制造商提供的标准附墙架，当标准附墙架结构尺寸不能满足要求时，可经设计计算采用非标准附墙架，并应当符合下列规定：

1)附墙架的材质应与导轨架相一致。

2)附墙架与导轨架及建筑结构采用刚性连接，不得与脚手架连接。

3)附墙架间距、自由端高度不应大于使用说明书的规定值。

4)附墙架的结构形式，可按《龙门架及井架物料提升机安全技术规范》(JGJ 88—2010)附录A选用。

3. 缆风绳

(1)当物料提升机安装条件受到限制不能使用附墙架时，可采用缆风绳，缆风绳的设置应符合说明书的要求，并应符合下列规定：

1)每一组四根缆风绳与导轨架的连接点应在同一水平高度，且应对称设置；缆风绳与导轨架的连接处应采取防止钢丝绳受剪破坏的措施。

2)缆风绳宜设在导轨架的顶部；当中间设置缆风绳时，应采取增加导轨架刚度的措施。

3)缆风绳与水平面夹角宜为45°～60°，并应采用与缆风绳等强度的花篮螺栓与地锚连接。

(2)当物料提升机的安装高度大于或等于 30 m 时，不得使用缆风绳。

4. 地锚

(1)地锚应根据导轨架的安装高度及土质情况，经设计计算确定。

(2)30 m 以下物料提升机可采用桩式地锚。当采用钢管(48 mm×3.5 mm)或角钢(75 mm×6 mm)时，不应少于 2 根；应并排设置，间距不小于 0.5 m，打入深度不应小于 1.7 m；顶部应设有防止缆风绳滑脱的装置。

(四)物料提升机的使用安全要求

1. 一般规定

(1)物料提升机在下列条件下应能正常作业：

1)环境温度为−20 ℃～+40 ℃。

2)导轨架顶部风速不大于 20 m/s。

3)电源电压值与额定电压值偏差为±5%，供电总功率不小于产品使用说明书上的规定值。

(2)用于物料提升机的材料、钢丝绳及配套零部件产品应有出厂合格证。起重量限制器、防坠安全器应经型式检验合格。

(3)传动系统应设常闭式制动器，其额定制动力矩不应低于作业时额定力矩的 1.5 倍。不得采用带式制动器。

(4)具有自升(降)功能的物料提升机应安装自升平台，并应当符合下列规定：

1)兼作天梁的自升平台在物料提升机正常工作状态时，应与导轨架刚性连接。

2)自升平台的导向滚轮应有足够的刚度，并应有防止脱轨的防护装置。

3)自升平台的传动系统应具有自锁功能，并应有刚性的停靠装置。

4)平台四周应设置防护栏杆，上栏杆高度宜为 1.0～1.2 m，下栏杆高度宜为 0.5～0.6 m，在栏杆任一点作用 1 kN 的水平力时，不应产生永久变形；挡脚板高度不应小于 180 mm，且宜采用厚度不小于 1.5 mm 的冷轧钢板。

5)自升平台应安装渐进式防坠安全器。

(5)当物料提升机采用对重时，对重应设置滑动导靴或滚轮导向装置，并应设有防脱轨保护装置。对重应标明质量并涂成警告色。吊笼不应作对重使用。

(6)在各停层平台处，应设置显示楼层的标志。

(7)物料提升机的制造商应具有特种设备制造许可资格。

(8)制造商应在说明书中对物料提升机附墙架间距、自由端高度及缆风绳的设置作出明确规定。

(9)物料提升机额定起重量不宜超过 160 kN；安装高度不宜超过 30 m。当安装高度超过 30 m 时，物料提升机除应具有起重量限制、防坠保护、停层及限位功能外，还应符合下列规定：

1)吊笼应有自动停层功能，停层后吊笼底板与停层平台的垂直高度偏差不应超过 30 mm。

2)防坠安全器应为渐进式。

3)应具有自升降安拆功能。

4)应具有语音及影像信号。

(10)物料提升机的标志应齐全，其附属设备、备件及专用工具、技术文件均应与制造商的装箱单相符。

(11)物料提升机应设置标牌，且应标明产品名称和型号、主要性能参数、出厂编号、制造商名称和产品制造日期。

2. 安装与拆除

(1)安装、拆除物料提升机的单位应具备下列条件：

1)安装、拆除单位应具有起重机械安拆资质及安全生产许可证。

2)安装、拆除作业人员必须经专门培训，取得特种作业资格证。

(2)物料提升机安装、拆除前，应根据工程实际情况编制专项安装、拆除方案，且应经安装、拆除单位技术负责人审批后实施。

(3)安装作业前的准备，应当符合下列规定：

1)物料提升机安装前，安装负责人应依据专项安装方案对安装作业人员进行安全技术交底。

2)应确认物料提升机的结构、零部件和安全装置经出厂检验，并应符合要求。

3)应确认物料提升机的基础已验收，并符合要求。

4)应确认辅助安装起重设备及工具经检验检测，并应符合要求。

5)应明确作业警戒区，并设专人监护。

(4)基础的位置应保证视线良好，物料提升机任意部位与建筑物或其他施工设备间的安全距离不应小于 0.6 m；与外电线路的安全距离应符合现行行业标准《施工现场临时用电安全技术规范》(JGJ 46—2005)的规定。

(5)卷扬机(曳引机)的安装，应符合下列规定：

1)卷扬机安装位置宜远离危险作业区，且视线良好。操作棚应符合规定。

2)卷扬机卷筒的轴线应与导轨架底部导向轮的中线垂直，垂直度偏差不宜大于 2°，其垂直距离不宜小于 20 倍卷筒宽度。当不能满足条件时，应设排绳器。

3)卷扬机(曳引机)宜采用地脚螺栓与基础固定牢固。当采用地锚固定时，卷扬机前端应设置固定止挡。

(6)导轨架的安装程序应按专项方案要求执行。紧固件的紧固力矩应符合使用说明书要求。安装精度应符合下列规定：

1)导轨架的轴心线对水平基准面的垂直度偏差不应大于导轨架高度的 0.15%。

2)标准节安装时导轨结合面对接应平直，错位形成的阶差应符合下列规定：

①吊笼导轨不应大于 1.5 mm。

②对重导轨、防坠器导轨不应大于 0.5 mm。

3)标准节截面内，两对角线长度偏差不应大于最大边长的 0.3%。

(7)钢丝绳宜设防护槽，槽内应设滚动托架，且应采用钢板网将槽口封盖。钢丝绳不得拖地或浸泡在水中。

(8)拆除作业前，应对物料提升机的导轨架、附墙架等部位进行检查，确认无误后方能进行拆除作业。

(9)拆除作业应先挂吊具、后拆除附墙架或缆风绳及地脚螺栓。拆除作业中，不得抛掷构件。

(10)拆除作业宜在白天进行，夜间作业应有良好的照明。

3. 验收

(1)物料提升机安装完毕后，应由工程负责人组织安装单位、使用单位、租赁单位和监理单位等对物料提升机安装质量进行验收，并应按规定填写验收记录。

(2)物料提升机验收合格后，应在导轨架明显处悬挂验收合格标志牌。

4. 使用管理

(1)物料提升机必须由取得特种作业操作证的人员操作。

(2)物料提升机严禁载人。

(3)物料在吊笼内应分布均匀,不应过度偏载。

(4)不得装载超出吊笼空间的超长物料,不得超载运行。

(5)在任何情况下,不得使用限位开关代替控制开关运行。

(6)物料提升机每班作业前司机应进行作业前检查,确认无误后方可作业。应检查确认下列内容:

1)制动器可靠有效。

2)限位器灵敏完好。

3)停层装置动作可靠。

4)钢丝绳磨损在允许范围内。

5)吊笼及对重导向装置无异常。

6)滑轮、卷筒防钢丝绳脱槽装置可靠有效。

7)吊笼运行通道内无障碍物。

(7)当发生防坠安全器制停吊笼的情况时,应查明制停原因,排除故障,并应检查吊笼、导轨架及钢丝绳,应确认无误并重新调整防坠安全器后运行。

(8)物料提升机夜间施工应有足够照明,照明用电应符合现行行业标准《施工现场临时用电安全技术规范》(JGJ 46—2005)的规定。

(9)物料提升机在大雨、大雾、风速为 13 m/s 及以上的大风等恶劣天气时,必须停止运行。

(10)作业结束后,应将吊笼返回最底层停放,控制开关应扳至零位,并应切断电源,锁好开关箱。

三、施工升降机的安全防护

施工升降机又称为施工电梯,其是一种使工作笼(吊笼)沿导轨作垂直(或倾斜)运动的机械,是高层建筑施工中运送施工人员上下及建筑材料和工具设备的垂直运输设施。施工升降机按其传动形式可分为齿轮齿条式、钢丝绳式和混合式 3 种。

(一)施工升降机的安全装置

(1)限速器。限速器是齿条驱动的建筑施工升降机,为了防止吊笼坠落均装有锥鼓式限速器,并可分为单向式和双向式两种。单向限速器只能沿吊笼下降方向起限速作用。双向限速器则可以沿吊笼的升降两个方向起限速作用。

(2)缓冲弹簧。在建筑施工升降机底笼的底盘上装有缓冲弹簧,以便当吊笼发生坠落事故时减轻吊笼的冲击,同时保证吊笼和配重下降着地时呈柔性接触,缓冲吊笼和配重着地时的冲击。

(3)上、下限位器。上、下限位器是为防止吊笼上、下时超过限定位置,或因司机误操作和电气故障等原因继续上行或下降引发事故而设置的装置,安装在导轨架和吊笼上,属于自动复位型。

(4)上、下极限限位器。上、下极限限位器的作用是在上、下限位器不起作用时,当吊笼运行超过限位开关和越程后,能及时切断电源使吊笼停车。

(5)安全钩。安全钩是为防止吊笼到达预先设定位置,上限位器和上极限限位器因各种原因不能及时动作导致吊笼继续向上运行冲击导轨架顶部而发生倾翻坠落事故而设置的。

安全钩是安装在吊笼上部的重要也是最后一道安全装置,它能在吊笼上行到导轨架顶部的时候钩住导轨架,以保证吊笼不发生倾翻坠落事故。

(6)急停开关。当吊笼在运行过程中发生各种原因的紧急情况时,司机能在任何时候按下急停开关，使吊笼停止运行。急停开关必须是非自动复位的安全装置。

(7)吊笼门、底笼门连锁开关。施工升降机的吊笼门、底笼门均装有电气联锁开关，它们能有效地防止因吊笼或底笼门未关闭就启动运行而造成人员坠落和物料滚落，只有当吊笼门和底笼门完全关闭时才能启动运行。

(8)楼层通道门。施工升降机与各楼层均搭设了运料和人员进出的通道，在通道口与升降机结合处必须设置楼层通道门。此门在吊笼上下运行时处于常闭状态，只有在吊笼停靠时才能由吊笼内的人打开。应做到楼层内的人员无法打开此门，以确保通道口处在封闭的条件下不出现危险的情况。

(9)通信装置。由于司机的操作室位于吊笼内，无法知道各楼层的需求情况和分辨不清哪个层面发出信号，因此，必须安装一个闭路双向电气通信装置，使司机能听到或看到每一层的需求信号。

(10)地面出入口防护棚。升降机在安装完毕时，应当及时搭设地面出入口的防护棚。防护棚搭设的材质要选用普通脚手架钢管，防护棚长度不应小于5 m，有条件的可与地面通道防护棚连接起来。其宽度应不小于升降机底笼最外部尺寸；顶部材料可采用50 mm厚木板或两层竹笆，上、下竹笆的间距应不小于600 m。

(二)施工升降机的使用安全要求

1. 施工升降机的安装条件

(1)施工升降机地基、基础应满足使用说明书的要求。对基础设置在地下室顶板、楼面或其他下部悬空结构上的施工升降机，应对基础支撑结构进行承载力验算。施工升降机安装前应按《建筑施工升降机安装、使用、拆卸安全技术规程》(JGJ 215—2010)附录A对基础进行验收，合格后方能安装。

(2)安装作业前，安装单位应根据施工升降机基础验收表、隐蔽工程验收单和混凝土强度报告等相关资料，确认所安装的施工升降机和辅助起重设备的基础、地基承载力、预埋件、基础排水措施等符合施工升降机安装、拆卸工程专项施工方案的要求。

(3)施工升降机安装前应对各部件进行检查。对有可见裂纹的构件应进行修复或更换，对有严重锈蚀、严重磨损、整体或局部变形的构件必须进行更换，符合产品标准的有关规定后方能进行安装。

(4)安装作业前，应对辅助起重设备和其他安装辅助用具的机械性能和安全性能进行检查，合格后方能投入作业。

(5)安装作业前，安装技术人员应根据施工升降机安装、拆卸工程专项施工方案和使用说明书的要求，对安装作业人员进行安全技术交底，并由安装作业人员在交底书上签字。在施工期间，交底书应留存备查。

(6)有下列情况之一的施工升降机不得安装使用：

1)属国家明令淘汰或禁止使用的。

2)超过由安全技术标准或制造厂家规定使用年限的。

3)经检验达不到安全技术标准规定的。

4)无完整安全技术档案的。

5)无齐全、有效的安全保护装置的。

(7)施工升降机必须安装防坠安全器。防坠安全器应在一年有效标定期内使用。

(8)施工升降机应安装超载保护装置。超载保护装置在荷载达到额定载重量的110%前应能中止吊笼启动，在齿轮齿条式载人施工升降机荷载达到额定载重量的90%时应能给出报警信号。

(9)附墙架附着点处的建筑结构承载力应满足施工升降机使用说明书的要求。

(10)施工升降机的附墙架形式、附着高度、垂直间距、附着点水平距离、附墙架与水平面之间的夹角、导轨架自由端高度和导轨架与主体结构间水平距离等均应符合使用说明书的要求。

（11）当附墙架不能满足施工现场要求时，应对附墙架另行设计。附墙架的设计应满足构件刚度、强度、稳定性等要求，制作应满足设计要求。

（12）在施工升降机使用期限内，非标准构件的设计计算书、图纸、施工升降机安装工程专项施工方案及相关资料应在工地存档。

（13）基础顶埋件、连接构件的设计、制作应符合使用说明书的要求。

（14）安装前应当做好施工升降机的保养工作。

2. 施工升降机的安装作业

（1）安装作业人员应按施工安全技术交底内容进行作业。

（2）安装单位的专业技术人员、专职安全生产管理人员应进行现场监督。

（3）施工升降机的安装作业范围应设置警戒线及明显的警示标志。非作业人员不得进入警戒范围。任何人不得在悬吊物下方行走或停留。

（4）进入现场的安装作业人员应佩戴安全防护用品，高处作业人员应系安全带，穿防滑鞋。作业人员严禁酒后作业。

（5）安装作业中应统一指挥，明确分工。危险部位安装时应采取可靠的防护措施。当指挥信号传递困难时，应使用对讲机等通信工具进行指挥。

（6）当遇大雨、大雪、大雾或风速大于 13 m/s 等恶劣天气时，应停止安装作业。

（7）电气设备安装应按施工升降机使用说明书的规定进行，安装用电应符合现行行业标准《施工现场临时用电安全技术规范》(JGJ 46—2005)的规定。

（8）施工升降机金属结构和电气设备金属外壳均应接地，接地电阻不应大于 4 Ω。

（9）安装时应确保施工升降机运行通道内无障碍物。

（10）安装作业时必须将按钮盒或操作盒移至吊笼顶部操作。当导轨架或附墙架上有人员作业时，严禁开动施工升降机。

（11）传递工具或器材时不得采用投掷的方式。

（12）在吊笼顶部作业前应确保吊笼顶部护栏齐全完好。

（13）吊笼顶上所有的零件和工具应放置平稳，不得超出安全护栏。

（14）安装作业过程中安装作业人员和工具等总荷载不得超过施工升降机的额定安装载重量。

（15）当安装吊杆上有悬挂物时，严禁开动施工升降机。严禁超载使用安装吊杆。

（16）层站应为独立受力体系，不得搭设在施工升降机附墙架的立杆上。

（17）当需安装导轨架加厚标准节时，应确保普通标准节和加厚标准节的安装部位正确，不得用普通标准节替代加厚标准节。

（18）导轨架安装时，应对施工升降机导轨架的垂直度进行测量校准。施工升降机导轨架安装垂直度偏差应符合使用说明书和表 10-1 的规定。

表 10-1　安装垂直度偏差

导轨架架设高度 h/m	$h \leqslant 70$	$70 < h \leqslant 100$	$100 < h \leqslant 150$	$150 < h \leqslant 200$	$h > 200$
垂直度偏差/mm	不大于$(1/1\,000)h$	$\leqslant 70$	$\leqslant 90$	$\leqslant 110$	$\leqslant 130$
	对钢丝绳式施工升降机，垂直度偏差不大于$(1.5/1\,000)h$				

（19）接高导轨架标准节时，应按使用说明书的规定进行附墙连接。

（20）每次加节完毕后，应对施工升降机导轨架的垂直度进行校正，且应当按规定及时重新设置行程限位和极限限位，经验收合格后方能运行。

(21)连接件和连接件之间的防松、防脱件应符合使用说明书的规定，不得用其他物件代替。对有预紧力要求的连接螺栓，应使用扭力扳手或专用工具，按规定的拧紧次序将螺栓准确地紧固到规定的扭矩值。安装标准节连接螺栓时，宜螺杆在下、螺母在上。

(22)施工升降机最外侧边缘与外面架空输电线路的边线之间，应保持安全操作距离。最小安全操作距离应符合表10-2的规定。

表10-2　最小安全操作距离

外电线电路电压/kV	<1	1～10	35～110	220	330～500
最小安全操作距离/m	4	6	8	10	15

(23)当发现故障或危及安全的情况时，应立刻停止安装作业，采取必要的安全防护措施，应设置警示标志并报告技术负责人。在故障或危险情况未排除之前，不得继续安装作业。

(24)当遇意外情况不能继续安装作业时，应使已安装的部件达到稳定状态并且固定牢靠，经确认合格后方能停止作业。作业人员下班离岗时，应采取必要的防护措施，并应设置明显的警示标志。

(25)安装完毕后，应拆除为施工升降机安装作业而设置的所有临时设施，清理施工场地上作业时所使用的索具、工具、辅助用具、各种零配件和杂物等。

(26)钢丝绳式施工升降机的安装还应符合下列规定：

1)卷扬机应安装在平整、坚实的地点，且应符合使用说明书的要求。

2)卷扬机、曳引机应按使用说明书的要求固定牢靠。

3)应按规定配备防坠安全装置。

4)卷扬机卷筒、滑轮、曳引轮等应有防脱绳装置。

5)每天使用前应检查卷扬机制动器，动作应正常。

6)卷扬机卷筒与导向滑轮中心线应垂直对正，钢丝绳出绳偏角大于2°时应设置排绳器。

7)卷扬机的传动部位应安装牢固的防护罩。卷扬机卷筒旋转方向应与操纵开关上指示方向相一致。卷扬机钢丝绳在地面上运行区域内应有相应的安全保护措施。

3. 施工升降机的安装自检和验收

(1)施工升降机安装完毕且经调试后，安装单位应按《建筑施工升降机安装、使用、拆卸安全技术规程》(JGJ 215—2010)附录B及使用说明书的有关要求对安装质量进行自检，并应向使用单位进行安全使用说明。

(2)安装单位自检合格后，应经有相应资质的检验检测机构监督检验。

(3)检验合格后，使用单位应组织租赁单位、安装单位和监理单位等进行验收。实行施工总承包的，应由施工总承包单位组织验收。施工升降机安装验收应按《建筑施工升降机安装、使用、拆卸安全技术规程》(JGJ 215—2010)附录C进行。

(4)严禁使用未经验收或验收不合格的施工升降机。

(5)使用单位应自施工升降机安装验收合格之日起30日内，将施工升降机安装验收资料、施工升降机安全管理制度、特种作业人员名单等，向工程所在地县级以上住房城乡建设主管部门办理使用登记备案。

(6)安装自检表、检测报告和验收记录等应纳入设备档案。

4. 施工升降机的拆卸

(1)拆卸前，应对施工升降机的关键部件进行检查，当发现问题时，应在问题解决后进行拆卸作业。

(2)施工升降机拆卸作业应符合拆卸工程专项施工方案的要求。

(3)应有足够的工作面作为拆卸场地，应在拆卸场地周围设置警戒线和醒目的安全警示标志，并应派专人监护。拆卸施工升降机时，不得在拆卸作业区域内进行与拆卸无关的其他作业。

(4)夜间不得进行施工升降机的拆卸作业。

(5)拆卸附墙架时施工升降机导轨架的自由端高度应始终满足使用说明书的要求。

(6)应确保与基础相连的导轨架在最后一个附墙架拆除后，仍能保持各方向的稳定性。

(7)施工升降机拆卸应连续作业。当拆卸作业不能连续完成时，应根据拆卸状态采取相应的安全措施。

(8)吊笼未拆除之前，非拆卸作业人员不得在地面防护围栏内、施工升降机运行通道内、导轨架内及附墙架上等处活动。

四、起重吊装安全技术

起重吊装是指在建筑施工中，采用相应的机械和设备来完成结构吊装和设备吊装。起重作业属高处危险作业，技术条件多变，施工技术也比较复杂。其中，吊装机械也可进行材料运输。

(一)起重吊装的一般规定

(1)必须编制吊装作业施工组织设计，并应充分考虑施工现场的环境、道路、架空电线等情况。作业前应进行技术交底；作业中，未经技术负责人批准，不得随意更改。

(2)参加起重吊装的人员应经过严格培训，取得培训合格证后，方可上岗。

(3)作业前，应检查起重吊装所使用的起重机滑轮、吊索、卡环和地锚等，应确保其完好，符合安全要求。

(4)起重作业人员必须穿防滑鞋、戴安全帽，高处作业应系安全带，并应系挂可靠和严格遵守高挂低用。

(5)吊装作业区四周应设置明显标志，严禁非操作人员入内。夜间施工必须有足够的照明。

(6)起重设备通行的道路应平整坚实。

(7)登高梯子的上端应予以固定，高空用的吊篮和临时工作台应绑扎牢靠。吊篮和工作台的脚手板应铺平绑牢，严禁出现探头板。吊移操作平台时，平台上面严禁站人。

(8)绑扎所用的吊索、卡环、绳扣等的规格应按计算确定。

(9)起吊前，应对起重机钢丝绳及连接部位和索具设备进行检查。

(10)高空吊装屋架、梁和斜吊法吊装柱时，应于构件两端绑扎溜绳，由操作人员控制构件的平衡和稳定。

(11)构件吊装和翻身扶直时的吊点必须符合设计规定。异形构件或无设计规定时，应经计算确定，并保证使构件起吊平稳。

(12)安装所使用的螺栓、钢楔(或木楔)、钢垫板、垫木和电焊条等的材质应符合设计要求的材质标准及国家现行标准的有关规定。

(13)吊装大、重、新结构构件和采用新的吊装工艺时，应先进行试吊，确认无问题后，方可正式起吊。

(14)大雨天、雾天、大雪天及6级以上大风天等恶劣天气应停止吊装作业。事后应及时清理冰雪并应采取防滑和防漏电措施。雨、雪过后作业前，应先试吊，确认制动器灵敏、可靠后方可进行作业。

(15)吊起的构件应确保在起重机吊杆顶的正下方，严禁采用斜拉、斜吊，严禁起吊埋于地下或黏结在地面上的构件。

(16)起重机靠近架空输电线路作业或在架空输电线路下行走时，必须与架空输电线始终保持不小于国家现行标准《施工现场临时用电安全技术规范》(JGJ 46—2005)规定的安全距离。当需要在小于规定的安全距离范围内进行作业时，必须采取严格的安全保护措施，并应经供电部门审查批准。

(17)采用双机抬吊时，宜选用同类型或性能相近的起重机，负载分配应合理，单机荷载不得超过额定起重量的80％。两机应协调起吊和就位，起吊的速度应平稳缓慢。

(18)严禁超载吊装和起吊重量不明的重大构件和设备。

(19)在起吊过程中，在起重机行走、回转、俯仰吊臂、起落吊钩等动作前，起重司机应鸣声示意。一次只宜进行一个动作，待前一动作结束后，再进行下一动作。

(20)开始起吊时，应先将构件吊离地面200～300 mm后停止起吊，并检查起重机的稳定性、制动装置的可靠性、构件的平衡性和绑扎的牢固性等，待确认无误后，方可继续起吊。已吊起的构件不得长久地停滞在空中。

(21)严禁在吊起的构件上行走或站立，不得用起重机载运人员，不得在构件上堆放或悬挂零星物件。

(22)起吊时不得忽快忽慢和突然制动。回转时动作应平稳，当回转未停稳前不得做反向动作。

(23)严禁在已吊起的构件下面或起重臂下旋转范围内作业或行走。

(24)因故(天气、下班、停电等)对吊装中未形成空间稳定体系的部分，应采取有效的加固措施。

(25)高处作业所使用的工具和零配件等，必须放在工具袋(盒)内，严防掉落，并严禁上下抛掷。

(26)吊装中的焊接作业应选择合理的焊接工艺，避免发生过大的变形，冬季焊接应有焊前预热(包括焊条预热)措施，焊接时应有防风防水措施，焊后应有保温措施。

(27)已安装好的结构构件，未经有关设计和技术部门批准不得用作受力支承点和在构件上随意凿洞开孔。不得在其上堆放超过设计荷载的施工荷载。

(28)永久固定的连接，应经过严格检查，并确保无误后，方可拆除临时固定工具。

(29)高处安装中的电、气焊作业，应严格采取安全防火措施，在作业处下方周围10 m范围内不得有人。

(30)对起吊物进行移动、吊升、停止、安装时的全过程应用旗语或通用手势信号进行指挥，信号不明不得启动，上下相互协调联系应采用对讲机。

(二)吊装作业的事故隐患及安全技术

1. 吊装作业的事故隐患及原因分析

(1)没有根据工程情况编制具有针对性的作业方案或虽有方案但过于简单不能具体指导作业，而且未经企业技术负责人的审批。

(2)对选用的起重机械或起重扒杆没有进行检查和试吊，使用中无法满足起吊要求，若强行起吊必然发生事故。

(3)司机、指挥人员和起重工未经培训、无证上岗，不了解专业知识。

(4)钢丝绳选用不当或地锚埋设不合理。

(5)高处作业时无防护措施，造成人员从高处坠落或落物伤人。

(6)吊装作业时违章作业，不遵守"十不吊"的要求。

2. 吊装作业的安全技术要求

(1)吊装作业前，应根据施工现场的实际情况，编制有针对性的施工方案，并经上级主管部门审批同意后方能施工；作业前，应向参与作业的人员进行安全技术交底。

（2）司机、指挥人员和起重工必须经过培训，经有关部门考核合格后，方能上岗作业。有关人员在高空作业时必须按高处作业的要求挂好安全带，并做好必要的防护工作。

（3）对吊装区域不安全因素和不安全的环境，要进行检查、清除或采取保护措施。例如，对输电线路的妨碍，如何确保与高压线路的安全距离；作业周围是否涉及主要通道、警戒线的范围、场地的平整度等；作业中如遇大风应采取什么措施等，不利条件都要准备好对策措施。

（4）做好吊装作业前的准备工作是十分重要的，如检查起吊用具和防护设施；对辅助用具的准备、检查；确定吊物回转半径范围、吊物的落点等情况。

（5）吊装中要掌握捆绑技术及捆绑的要点。应根据形状找重心、吊点的数目和绑扎点，捆绑中要考虑吊索之间的夹角，起吊过程中必须做到"十不吊"。各地区对"十不吊"的理解和提法不同，但绝大部分是保证起重吊装作业的安全要求，参与吊装作业的指挥人员与司机要严格遵守。

（6）严禁任何人在已起吊的构件下停留或穿行，已吊起的构件不准长时间地在空中停留。

（7）起重作业人员在吊装过程中要选择安全位置，防止吊物冲击、晃动乃至坠落伤人事故的发生。

（8）起重指挥人员必须坚守岗位，准确、及时传递信号；司机要对指挥人员发出的信号、吊物的捆绑情况、运行通道、起降的空间，确认无误后才能进行操作。多人捆扎时，只能由一人负责指挥。

（9）采用桅杆吊装时，四周不准有障碍物；缆风绳不准跨越架空线，如相距过近时，必须搭设防护架。

（10）起吊作业前，应对机械进行检查，安全装置要完好、灵敏。起吊满载或接近满载时，应先将吊物吊离地面 500 mm 处停机检查，检查起重设备的稳定性、制动器的可靠性、吊物的平稳性、绑扎的牢固性，确认无误后方可再行起吊。吊运中起降要平稳，不能忽快、忽慢或突然制动。

任务三　施工现场临时用电安全技术

一、临时用电安全管理基本要求

（一）临时用电组织设计

1. 临时用电组织设计的范围

按照《施工现场临时用电安全技术规范》（JGJ 46—2005）的规定，临时用电设备在 5 台及 5 台以上或设备总容量在 50 kW 及以上者，应编制临时用电组织设计；临时用电设备在 5 台以下和设备总容量在 50 kW 以下者，应制定安全用电技术措施及电气防火措施。这是施工现场临时用电管理应遵循的第一项技术原则。

2. 临时用电组织设计的程序

（1）临时用电工程图纸应单独绘制，临时用电工程应按图施工。

（2）临时用电组织设计编制及变更时，必须履行"编制、审核、批准"程序，由电气工程技术人员组织编制，经相关部门审核及具有法人资格企业的技术负责人批准后实施。变更用电组织设计时应补充有关图纸资料。

（3）临时用电工程必须经编制、审核、批准部门和使用单位共同验收，合格后方可投入使用。

3. 临时用电组织设计的主要内容

（1）现场勘测。

（2）确定电源进线、变电所或配电室、配电装置、用电设备位置及线路走向。

（3）进行负荷计算。

（4）选择变压器。

（5）设计配电系统。

1）设计配电线路，选择导线或电缆。

2）设计配电装置，选择电器。

3）设计接地装置。

4）绘制临时用电工程图纸，主要包括用电工程总平面图、配电装置布置图、配电系统接线图、接地装置设计图。

5）设计防雷装置。

6）确定防护措施。

7）制定安全用电措施和电气防火措施。

4. 临时用电施工组织设计审批

（1）施工现场临时用电施工组织设计必须由施工单位的电气工程技术人员编制，技术负责人审核。封面上要注明工程名称、施工单位、编制人并加盖单位公章。

（2）施工单位所编制的施工组织设计，必须符合《施工现场临时用电安全技术规范》（JGJ 46—2005）中的有关规定。

（3）临时用电施工组织设计必须在开工前 15 d 内报上级主管部门审核，经批准后方可进行临时用电施工。施工时要严格执行审核后的施工组织设计，按图施工。当需要变更施工组织设计时，应补充有关图纸资料，同样需要上报主管部门批准，待批准后，按照修改前后的临时用电施工组织设计对照施工。

（二）电工及用电人员的要求

（1）电工必须经过国家现行标准考核，合格后才能持证上岗工作；其他用电人员必须通过相关职业健康安全教育培训和技术交底，考核合格后方可上岗工作。

（2）安装、巡检、维修或拆除临时用电设备和线路，必须由电工完成，并应有人监护。电工等级应同工程的难易程度和技术复杂性相适应。

（3）各类用电人员应掌握安全用电基本知识和所用设备的性能，并应符合下列规定：

1）使用电气设备前必须按规定穿戴和配备好相应的劳动防护用品，并应检查电气装置和保护设施，严禁设备带"缺陷"运转。

2）用电人员应保管和维护所用设备，发现问题及时报告解决。

3）现场暂时停用设备的开关箱必须分断电源隔离开关，并应关门上锁。

4）用电人员移动电气设备时，必须经电工切断电源并做好妥善处理后再进行。

（三）临时用电安全技术交底

对于现场中一些固定机械设备的防护和操作应进行如下交底：

（1）开机前，认真检查开关箱内的控制开关设备是否齐全有效，漏电保护器是否可靠，发现问题及时向工长汇报，由工长派电工处理。

（2）开机前，应仔细检查电气设备的接零保护线端子有无松动，严禁赤手触摸一切带电绝缘导线。

(3)严格执行安全用电规范，凡一切属于电气维修、安装的工作，必须由电工来操作，严禁非电工进行电工作业。

(4)施工现场临时用电施工必须执行施工组织设计和职业健康安全操作规程。

二、外电防护

(1)在建工程不得在外电架空线路正下方施工、搭设作业棚、建造生活设施或堆放构件、架具、材料及其他杂物等。

(2)施工现场开挖沟槽边缘与外电埋地电缆沟槽边缘之间的距离不得小于 0.5 m。

(3)防护设施宜采用木、竹或其他绝缘材料搭设，不宜采用钢管等金属材料搭设。防护设施应坚固、稳定，且对外电线路的隔离防护应达到 IP30 级。

(4)架设防护设施时，必须经有关部门批准，采取线路暂时停电或其他可靠的安全技术措施，并应有电气工程技术人员和专职安全人员监护。

(5)在外电架空线路附近开挖沟槽时，必须会同有关部门采取加固措施，以防止外电架空线路电杆倾斜、悬倒。

(6)电气设备现场周围不得存放易燃易爆物、污染源和腐蚀介质，否则应予以清除或做防护处理，其防护等级必须与环境条件相适应。

(7)电气设备设置场所应能避免物体打击和机械损伤，否则应做防护处理。

三、配电室

(1)配电室应靠近电源，并应设在灰尘少、潮气少、振动小、无腐蚀介质、无易燃易爆物及道路畅通的地方。

(2)成列的配电柜和控制柜两端应与重复接地线及保护零线做电气连接。

(3)配电室和控制室应能自然通风，并应采取防止雨雪侵入和动物进入的措施。

(4)配电室内的布置要符合以下要求：

1)配电柜正面的操作通道宽度，单列布置或双列背对背布置不小于 1.5 m，双列面对面布置不小于 2 m。

2)配电柜后面的维护通道宽度，单列布置或双列面对面布置不小于 0.8 m，双列背对背布置不小于 1.5 m，个别地点有建筑物有结构凸出的地方，则此点通道宽度可减少 0.2 m。

3)配电柜侧面的维护通道宽度应不小于 1 m。

4)配电室的顶棚与地面的距离应不低于 3 m。

5)配电室内设置值班室或检修室时，该室边缘距配电柜的水平距离应大于 1 m，并采取屏障隔离。

6)配电室内的裸母线与地面垂直距离小于 2.5 m 时，应采用遮拦隔离，遮拦下面通道的高度不小于 1.9 m。

7)配电室围栏上端与其正上方带电部分的净距不小于 0.075 m。

8)配电装置的上端距顶棚应不小于 0.5 m。

9)配电室内的母线涂刷有色油漆，以标志相序。以配电柜正面方向为基准，其涂色应符合表 10-3 的规定。

表 10-3　母线涂色

相别	颜色	垂直排列	水平排列	引下排列
L_1(A)	黄	上	后	左

相别	颜色	垂直排列	水平排列	引下排列
L₂(B)	绿	中	中	中
L₃(C)	红	下	前	右
N	淡蓝	—	—	—

10)配电室建筑物和构筑物的耐火等级应不低于 3 级，室内配置砂箱和可用于扑灭电气火灾的灭火器。

11)配电室的门应向外开，并配锁。

12)配电室的照明应分别设置正常照明和事故照明。

(5)配电柜应装设电度表，并应装设电流表、电压表。电流表与计费电度表不得共用一组电流互感器。

(6)配电柜应装设电源隔离开关及短路、过载、漏电保护电器。电源隔离开关分断时应有明显可见分断点。

(7)配电柜应编号，并应有用途标记。

(8)配电柜或配电线路停电维修时，应挂接地线，并应悬挂"禁止合闸，有人工作"停电标志牌。停送电必须由专人负责。

(9)配电室应保持整洁，不得堆放任何妨碍操作、维修的杂物。

四、电缆线路

(1)电缆中必须包含全部工作芯线和用作保护零线或保护线的芯线。需要三相四线制配电的电缆线路必须采用五芯电缆。五芯电缆必须包含淡蓝、绿/黄两种颜色绝缘芯线。淡蓝色芯线必须用作 N 线；绿/黄双色芯线必须用作 PE 线，严禁混用。

(2)电缆线路应采用埋地或架空敷设，严禁沿地面明设，并应避免机械损伤和介质腐蚀。埋地电缆路径应设方位标志。

(3)电缆类型应根据敷设方式、环境条件选择。埋地敷设宜选用铠装电缆，当选用无铠装电缆时，应能防水、防腐。架空敷设宜选用无铠装电缆。

(4)埋地电缆在穿越建筑物、构筑物、道路、易受机械损伤和介质腐蚀场所及引出地面从 2.0 m 高到地下 0.2 m 处，必须加设防护套管，防护套管内径不应小于电缆外径的 1.5 倍。

(5)在建工程内的电缆线路必须采用电缆埋地引入，严禁穿越脚手架引入。电缆垂直敷设应充分利用在建工程的竖井、垂直孔洞等，并宜靠近用电负荷中心，每楼层固定点不得少于 1 处。电缆水平敷设宜沿墙或门口刚性固定，最大弧垂距地不得小于 2.0 m。

(6)装饰装修工程或其他特殊阶段，应补充编制单项施工用电方案。电源线可沿墙角、地面敷设，但应采取防机械损伤和防火措施，可采用穿阻燃绝缘管或线槽等遮护的办法。

(7)电缆直接埋地敷设的深度不应小于 0.7 m，并应在电缆紧邻上、下、左、右侧均匀敷设不小于 50 mm 厚的细砂，然后覆盖砖或混凝土板等硬质保护层。

(8)埋地电缆与其附近外电电缆和管沟的平行间距不得小于 2 m，交叉间距不得小于 1 m。

(9)埋地电缆的接头应设在地面上的接线盒内，接线盒应能防水、防尘、防机械损伤，并应远离易燃、易爆、易腐蚀场所。

(10)架空电缆应沿电杆、支架或墙壁敷设，并采用绝缘子固定，绑扎线必须采用绝缘线，固定点间距应保证电缆能承受自重所带来的荷载，敷设高度应符合《施工现场临时用电安全技术规范》(JGJ 46—2005)关于架空线路敷设高度的要求，但沿墙壁敷设时最大弧垂距地不得小于 2.0 m。

(11)架空电缆严禁沿脚手架、树木或其他设施敷设。

五、室内配线

(1)室内配线应根据配线类型，采用瓷瓶、瓷(塑料)夹、嵌绝缘槽、穿管或钢索敷设。

(2)室内非埋地明敷主干线距地面高度不得小于 2.5 m。

(3)架空进户线的室外端应采用绝缘子固定，过墙处应穿管保护，距地面高度不得小于 2.5 m，并应采取防雨措施。

(4)室内配线所用导线或电缆的截面应根据用电设备或线路的计算负荷确定，但铜线截面面积不应小于 1.5 mm²，铝线截面面积不应小于 2.5 mm²。

(5)钢索配线的吊架间距不应大于 12 m。采用瓷夹固定导线时，导线间距不应小于 35 mm，瓷夹间距不应大于 800 mm；采用瓷瓶固定导线时，导线间距不应小于 100 mm，瓷瓶间距不应大于 1.5 m；采用护套绝缘导线或电缆时，可直接敷设于钢索上。

六、施工照明

1. 一般场所

(1)现场照明宜选用额定电压为 220 V 的照明器，并采用高光效、长寿命的照明光源。对需大面积照明的场所，应采用高压汞灯、高压钠灯或混光用的卤钨灯等。

(2)照明变压器必须使用双绕组型安全隔离变压器，严禁使用自耦变压器。

(3)照明系统宜使三相负荷平衡，其中每一单相回路上，灯具和插座数量不应超过 25 个，负荷电流不宜超过 15 A。

(4)室外 220 V 灯具距地面不得低于 3 m，室内 220 V 灯具距地面不得低于 2.5 m。

(5)普通灯具与易燃物距离不宜小于 300 mm；聚光灯、碘钨灯等高热灯具与易燃物距离不宜小于 500 mm，且不得直接照射易燃物。达不到规定距离时，应采取隔热措施。

(6)碘钨灯及钠、铊、铟等金属卤化物灯具的安装高度宜在 3 m 以上，灯线应固定在接线柱上，不得靠近灯具表面。

(7)螺口灯头及其接线应符合下列要求：

1)灯头的绝缘外壳无损伤、无漏电。

2)相线接在与中心触头相连的一端，零线接在与螺纹口相连的一端。

(8)暂设工程的照明灯具宜采用拉线开关控制，开关安装位置宜符合下列要求：

1)拉线开关距地面高度为 2～3 m，与出入口的水平距离为 0.15～0.2 m，拉线的出口向下。

2)其他开关距地面高度为 1.3 m，与出入口的水平距离为 0.15～0.2 m。

(9)携带式变压器的一次侧电源线应采用橡皮护套或塑料护套铜芯软电缆，中间不得有接头，长度不宜超过 3 m，其中，绿/黄双色线只可作 PE 线使用，电源插销应有保护触头。

2. 特殊场所

(1)下列特殊场所应使用安全电压照明器：

1)隧道，人防工程，高温、有导电灰尘、比较潮湿或灯具离地面高度低于 2.5 m 的场所等的照明，电源电压不应大于 36 V。

2)潮湿和易触及带电体场所的照明，电源电压不得大于 24 V。

3)特别潮湿场所、导电良好的地面、锅炉或金属容器内的照明，电源电压不得大于 12 V。

(2)使用行灯应符合下列要求：

1)电源电压不大于 36 V。

2)灯体与手柄应坚固、绝缘良好并耐热耐潮湿。

3)灯头与灯体结合牢固，灯头无开关。

4)灯泡外部有金属保护网。

5)金属网、反光罩、悬吊挂钩固定在灯具的绝缘部位上。

(3)路灯的每个灯具应单独装设熔断器保护，灯头线应做防水弯。

(4)荧光灯管应采用管座固定或用吊链悬挂，荧光灯的镇流器不得安装在易燃的结构物上。

(5)投光灯的底座应安装牢固，按需要的光轴方向将枢轴拧紧固定。

(6)灯具内的接线必须牢固，灯具外的接线必须做可靠的防水绝缘包扎。

(7)灯具的相线必须经开关控制，不得将相线直接引入灯具。

(8)对夜间影响飞机飞行或车辆通行的在建工程及机械设备，必须设置醒目的红色信号灯，其电源应设在施工现场总电源开关的前侧，并应设置外电线路停止供电时的应急自备电源。

(9)无自然采光的地下大空间施工场所，应编制单项照明用电方案。

项目小结

本项目主要介绍了主要施工机械设备使用安全技术、主要施工机械的安全防护、施工现场临时用电安全技术。通过本项目的学习，学生可以了解施工机械与临时用电安全的有关规定，掌握主要施工机械的防护要求和施工临时用电设施的检查与验收。

思考与练习

一、填空题

1. 施工单位对_____和_____进行审验，不合格的机械和人员不得进入施工现场。

2. _____是一种塔身直立，起重臂安装在塔身顶部且可作 360°回转的起重机。

3. 按旋转方式塔式起重机可分为_____、_____。

4. 塔式起重机的基本参数有_____、_____、_____、_____、_____和_____。

5. _____主要作用是防止塔式起重机超载，避免塔式起重机由于严重超载而引起倾覆或折臂等恶性事故。

6. _____是建筑施工现场常用的一种输送物料的垂直运输设备。

7. 物料提升机地面进料口应设置防护围栏；围栏高度不应_____ 1.8 m，围栏立面可采用网板结构，强度应符合相关规定。

8. 物料提升机的稳定性能，主要取决于物料提升机的_____、_____、_____和_____。

9. 施工升降机按其传动形式可分为_____、_____和_____三种。

二、简答题

1. 施工机械安全管理的一般规定有哪些？

2. 按工作方法划分，塔式起重机的类型分为哪几种？

3. 简述塔式起重机的使用安全要求。

4. 物料提升机的安全防护装置有哪些?

5. 简述物料提升机的使用安全要求。

6. 施工升降机的安全装置有哪些?

7. 简述吊装作业的事故隐患及原因分析。

8. 临时用电组织设计的主要内容包括哪些?

9. 简述配电室的安全技术。

10. 简述施工照明的安全技术。

项目十一　施工现场防火与文明施工

知识目标

1. 了解施工现场平面布置、文明施工的概念。
2. 熟悉防火管理、施工现场环境保护。
3. 掌握建筑防火要求、季节防火要求、现场文明施工的策划、文明施工的基本要求。

能力目标

1. 能熟悉施工现场防火检查。
2. 具有编制施工现场场容、场貌方案的能力，具有对环境保护与环境卫生进行安全检查验收的能力。

任务一　施工现场防火

一、施工现场平面布置

1. 防火间距要求

施工现场临时办公、生活、生产、物料存贮等功能区宜相对独立布置，防火间距应符合下列规定：

（1）易燃易爆危险品库房与在建工程的防火间距不应小于 15 m，可燃材料堆场及其加工场、固定动火作业场与在建工程的防火间距不应小于 10 m，其他临时用房、临时设施与在建工程的防火间距不应小于 6 m。

（2）施工现场主要临时用房、临时设施的防火间距不应小于表 11-1 的规定。当办公用房、宿舍成组布置时，其防火间距可适当减小，但应符合下列规定：

1）每组临时用房的栋数不应超过 10 栋，组与组之间的防火间距不应小于 8 m。

2）组内临时用房之间的防火间距不应小于 3.5 m，当建筑构件燃烧性能等级为 A 级时，其防火间距可减少至 3 m。

表 11-1　施工现场主要临时用房、临时设施的防火间距　　　　　　　　m

间距 名称 名称	防火间距						
	办公用房、宿舍	发电机房、变配电房	可燃材料库房	厨房操作间、锅炉房	可燃材料堆场及其加工场	固定动火作业场	易燃易爆危险库房
办公用房、宿舍	4	4	5	5	7	7	10
发电机房、变配电房	4	4	5	5	7	7	10
可燃材料库房	5	5	5	5	7	7	10
厨房操作间、锅炉房	5	5	5	5	7	7	10
可燃材料堆场及其加工场	7	7	7	7	10	10	10
固定动火作业场	7	7	7	7	10	10	12
易燃易爆危险品库房	10	10	10	10	10	12	12

2. 现场的道路及消防要求

(1)施工现场内应设置临时消防车道,临时消防车道与在建工程、临时用房、可燃材料堆场及其加工场的距离不宜小于 5 m,且不宜大于 40 m;当施工现场周边道路满足消防车通行及灭火救援要求时,施工现场内可不设置临时消防车道。

(2)临时消防车道的设置应符合下列规定:

1)临时消防车道宜为环形,设置环形车道确有困难时,应在消防车道尽端设置尺寸不小于 12 m×12 m 的回场。

2)临时消防车道的净宽度和净空高度均不应小于 4 m。

3)临时消防车道的右侧应设置消防车行进路线指示标识。

4)临时消防车道路基、路面及其下部设施应能承受消防车通行压力和工作荷载。

(3)下列建筑应设置环形临时消防车道,设置环形临时消防车道确有困难时,除应设置回车场外,还应设置临时消防救援场地:

1)建筑高度大于 24 m 的在建工程。

2)建筑工程单体占地面积大于 3 000 m² 的在建工程。

3)超过 10 栋,且成组布置的临时用房。

(4)临时消防救援场地的设置应符合下列规定:

1)临时消防救援场地应在在建工程装饰装修阶段设置。

2)临时消防救援场地应设置在成组布置的临时用房场地的长边一侧及在建工程的长边一侧。

3)临时救援场地宽度应满足消防车正常操作要求,且不应小于 6 m,与在建工程外脚手架的净距不宜小于 2 m,且不宜超过 6 m。

3. 临时消防设施要求

(1)一般规定。

1)施工现场应设置灭火器、临时消防给水系统和应急照明等临时消防设施。

2)临时消防设施应与在建工程的施工同步设置。在房屋建筑工程中,临时消防设施的设置与在建工程主体结构施工进度的差距不应超过 3 层。

3)在建工程可利用已具备使用条件的永久性消防设施作为临时消防设施。当永久性消防设施无法满足使用要求时，应增设临时消防设施，并应符合相应设施设置的有关规定。

4）施工现场的消火栓泵应采用专用消防配电线路。专用消防配电线路应自施工现场总配电箱的总断路器上端接入，且应保持不间断供电。

5）地下工程的施工作业场所宜配备防毒面具。

6）临时消防给水系统的贮水池、消火栓泵、室内消防竖管及水泵接合器等应设置醒目标志。

（2）灭火器。

1）在建工程及临时用房的下列场所应配置灭火器：

①易燃易爆危险品存放及使用场所；

②动火作业场所；

③可燃材料存放、加工及使用场所；

④厨房操作间、锅炉房、发电机房、变配电房、设备用房、办公用房、宿舍等临时用房；

⑤其他具有火灾危险的场所。

2）施工现场灭火器配置应符合下列规定：

①灭火器的类型应与配备场所可能发生的火灾类型相匹配；

②灭火器的最低配置标准应符合表11-2的规定；

表 11-2　灭火器的最低配置标准

项目	固体物质火灾		液体或可溶性固体物质火灾、气体火灾	
	单具灭火器最小灭火级别	单位灭火器级别最大保护面积/(m·A^{-2})	单具灭火器最小灭火级别	单位灭火级别最大保护面积/(m·B^{-2})
易燃易爆危险品存放及使用场所	3A	50	89B	0.5
固定动火作业场	3A	50	89B	0.5
临时动火作业点	2A	50	55B	0.5
可燃材料存放、加工及使用场所	2A	75	55B	1.0
厨房操作间、锅炉房	2A	75	55B	1.0
自备发电机房	2A	75	55B	1.0
变配电房	2A	75	55B	1.0
办公用房、宿舍	1A	100	—	—

③灭火器的配置数量应按现行国家标准《建筑灭火器配置设计规范》（GB 50140—2005）的有关规定经计算确定，且每个场所的灭火器数量应不少于2具；

④灭火器的最大保护距离应符合表11-3的规定。

表 11-3　灭火器的最大保护距离　　　　　　　　　　　　　　　　　m

灭火器配置场所	固体物质火灾	液体或可熔化固体物质火灾、气体火灾
易燃易爆危险品存放及使用场所	15	9
固定动火作业场	15	9
临时动火作业点	10	6

続表

灭火器配置场所	固体物质火灾	液体或可熔化固体物质火灾、气体火灾
可燃材料存放、加工及使用场所	20	12
厨房操作间、锅炉房	20	12
发电机房、变配电房	20	12
办公用房、宿舍等	25	—

（3）临时消防给水系统。

1）施工现场或其附近应设置稳定、可靠的水源，并应能满足施工现场临时消防用水的需要。消防水源可采用市政给水管网或天然水源。当采用天然水源时，应采取确保冰冻季节、枯水期最低水位时顺利取水的措施，并应满足临时消防用水量的要求。

2）临时消防用水量应为临时室外消防用水量与临时室内消防用水量之和。

3）临时室外消防用水量应按临时用房和在建工程的临时室外消防用水量的较大者确定，施工现场火灾次数可按同时发生 1 次确定。

4）临时用房建筑面积之和大于 1 000 m² 或在建工程单体体积大于 10 000 m³ 时，应设置临时室外消防给水系统。当施工现场处于市政消火栓 150 m 保护范围内，且市政消火栓的数量满足室外消防用水量要求时，可不设置临时室外消防给水系统。

5）临时用房的临时室外消防用水量不应小于表 11-4 的规定。

表 11-4 临时用房的临时室外消防用水量

临时用房的建筑面积之和	火灾延续时间/h	消火栓用水量/(L·s⁻¹)	每支水枪最小流量
1 000 m²＜面积≤5 000 m²	1	10	5
面积＞5 000 m²		15	5

6）在建工程的临时室外消防用水量不应小于表 11-5 的规定。

表 11-5 在建工程的临时室外消防用水量

在建工程(单体)体积	火灾延续时间/h	消火栓用水量/(L·s⁻¹)	每支水枪最小流量
10 000 m³＜体积≤30 000 m³	1	15	5
体积＞30 000 m³	2	20	5

7）施工现场临时室外消防给水系统的设置应符合下列规定：

①给水管网宜布置成环状。

②临时室外消防给水干管的管径，应根据施工现场临时消防用水量和干管内水流计算速度计算确定，且不应小于 DN100。

③室外消火栓应沿在建工程、临时用房和可燃材料堆场及其加工场均匀布置，与在建工程、临时用房和可燃材料堆场及其加工场的外边线的距离不应小于 5 m。

④消火栓的间距不应大于 120 m。

⑤消火栓的最大保护半径不应大于 150 m。

8）建筑高度大于 24 m 或单体体积超过 30 000 m³ 的在建工程，应设置临时室内消防给水系统。

9）在建工程的临时室内消防用水量不应小于表 11-6 的规定。

表 11-6 在建工程的临时室内消防用水量

建筑高度、在建工程体积(单体)	火灾延续时间/h	消火栓用水量/(L·s⁻¹)	每支水枪最小流量/(L·s⁻¹)
24 m<建筑高度≤50 m 或 30 000 m³<体积≤50 000 m³	1	10	5
建筑高度>50 m 或体积>50 000 m³	1	15	5

10)在建工程临时室内消防设施也可与建筑永久消防设施联合设置,设置要求应符合《建筑工程施工现场消防安全技术规范》(GB 50720—2011)的要求。

(4)应急照明。

1)施工现场的下列场所应配备临时应急照明:

①自备发电机房及变配电房;

②水泵房;

③无天然采光的作业场所及疏散通道;

④高度超过 100 m 的在建工程的室内疏散通道;

⑤发生火灾时仍需坚持工作的其他场所。

2)作业场所应急照明的照度不应低于正常工作所需照度的 90%,疏散通道的照度值不应小于 0.5 lx。

3)临时消防应急照明灯具宜选用自备电源的应急照明灯具,自备电源的连续供电时间不应小于 60 min。

二、建筑防火要求

1. 临时用房防火

(1)宿舍、办公用房的防火设计应符合下列规定:

1)建筑构件的燃烧性能等级应为 A 级,当采用金属夹芯板材时,其芯材的燃烧性能等级应为 A 级。

2)建筑层数不应超过 3 层,每层建筑面积不应大于 300 m²。

3)层数为 3 层或每层建筑面积大于 200 m² 时,应设置至少 2 部疏散楼梯,房间疏散门至疏散楼梯的最大距离不应大于 25 m。

4)单面布置用房时,疏散走道的净宽度不应小于 1.0 m;双面布置用房时,疏散走道的净宽度不应小于 1.5 m。

5)疏散楼梯的净宽度不应小于疏散走道的净宽度。

6)宿舍房间的建筑面积不应大于 30 m²,其他房间的建筑面积不宜大于 100 m²。

7)房间内任意一点至最近疏散门的距离不应大于 15 m,房门的净宽度不应小于 0.8 m,房间建筑面积超过 50 m² 时,房门的净宽度不应小于 1.2 m。

8)隔墙应从楼地面基层隔断至顶板基层底面。

(2)发电机房、变配电房、厨房操作间、锅炉房、可燃材料库房及易燃易爆危险品库房的防火设计应符合下列规定:

1)建筑构件的燃烧性能等级应为 A 级。

2)层数应为 1 层,建筑面积不应大于 200 m²。

3)可燃材料库房单个房间的建筑面积不应超过 30 m²,易燃易爆危险品库房单个房间的建筑面积不应超过 20 m²。

4)房间内任意一点至最近疏散门的距离不应大于 10 m，房门的净宽度不应小于 0.8 m。

（3）其他防火设计应符合下列规定：

1)宿舍、办公用房不应与厨房操作间、锅炉房、变配电房等组合建造。

2)会议室、文化娱乐室等人员密集的房间应设置在临时用房的第一层，其疏散门应向疏散方向开启。

2. 在建工程防火

（1）在建工程作业场所的临时疏散通道应采用不燃、难燃材料建造，并与在建工程结构施工同步设置，也可利用在建工程施工完毕的水平结构、楼梯。

（2）在建工程作业场所临时疏散通道的设置应符合下列规定：

1)耐火极限不应低于 0.5 h。

2)设置在地面上的临时疏散通道，其净宽度不应小于 1.5 m，利用在建工程施工完毕的水平结构、楼梯作临时疏散通道时，其净宽度不宜小于 1.0 m，用于疏散的爬梯及设置在脚手架上的临时疏散通道，其净宽度不应小于 0.6 m。

3)临时疏散通道为坡道，且坡度大于 25°时，应修建楼梯或台阶踏步或设置防滑条。

4)临时疏散通道不宜采用爬梯，确需采用时，应采取可靠固定措施。

5)临时疏散通道的侧面为临空面时，应沿临空面设置高度不小于 1.2 m 的防护栏杆。

6)临时疏散通道设置在脚手架上时，脚手架应采用不燃材料搭设。

7)临时疏散通道应设置明显的疏散指示标识。

8)临时疏散通道应设置照明设施。

（3）既有建筑进行扩建、改建施工时，必须明确划分施工区和非施工区，施工区不得营业、使用和居住。非施工区继续营业、使用和居住时，应符合下列规定：

1)施工区和非施工区之间应采用不开设门、窗、洞口的耐火极限不低于 3.0 h 的不燃烧体隔墙进行防火分隔。

2)非施工区内的消防设施应完好有效，疏散通道应保持畅通，并落实日常值班和消防安全管理制度。

3)施工区的消防安全应配有专人值守，若发生火情能立即处置。

4)施工单位应向居住和使用者进行消防宣传教育，告知建筑消防设施、疏散通道的位置和使用方法，同时应组织疏散演练。

5)外脚手架搭设不应影响安全疏散、消防车正常通行和灭火救援操作，外脚手架搭设长度不应超过该建筑物外立面周长的 1/2。

（4）外脚手架、支模架的架体宜采用不燃或难燃材料搭设，下列工程的外脚手架、支模架的架体应采用不燃材料搭设：

1)高层建筑。

2)既有建筑改造工程。

（5）下列安全防护网应采用阻燃型安全防护网：

1)高层建筑外脚手架的安全防护网。

2)既有建筑外墙改造时，其外脚手架的安全防护网。

3)临时疏散通道的安全防护网。

（6）作业场所应设置明显的疏散指示标志，其指示方向应指向最近的临时疏散通道入口。

（7）作业层的醒目位置应设置安全疏散示意图。

三、季节防火要求

1. 冬期施工

冬期施工主要应制定防火、防滑、防冻、防煤气中毒、防亚硝酸钠中毒的安全措施。

(1)防火要求。

1)加强冬季防火安全教育，提高全体人员的防火意识。普遍教育与特殊防火工种的教育相结合，根据冬期施工防火工作的特点，入冬前对电气焊工、司炉工、木工、油漆工、电工、炉火安装和管理人员、警卫巡逻人员进行有针对性的教育和考试。

2)冬期施工中，国家级重点工程、地区级重点工程、高层建筑工程及起火后不易扑救的工程，禁止使用可燃材料作为保温材料，应采用不燃或难燃材料进行保温。

3)一般工程可采用可燃材料进行保温，但必须严格进行管理。使用可燃材料进行保温的工程，必须设专人进行监护、巡逻检查。人员的数量应根据使用可燃材料量的数量、保温的面积而定。

4)冬期施工中，保温材料定位以后，禁止一切用火、用电作业，且照明线路、照明灯具应远离可燃的保温材料。

5)冬期施工中，保温材料使用完毕后，要随时进行清理，集中存放保管。

6)冬季现场供暖锅炉房，宜建造在施工现场的下风方向，远离在建工程，易燃和可燃建筑，露天可燃材料堆场、料库等；锅炉房应不低于二级耐火等级。

7)烧蒸汽锅炉的人员必须要经过专门培训取得司炉证后才能独立作业。烧热水锅炉的人员也要经过培训合格后方能上岗。

8)冬期施工的加热采暖方法，应尽量使用暖气，如果用火炉，必须事先提出方案和防火措施，经消防保卫部门同意后方能开火。但在油漆、喷漆、油漆调料间、木工房、料库、使用高分子装修材料的装修阶段，禁止使用火炉采暖。

9)各种金属与砖砌火炉，必须完整良好，不得有裂缝，各种金属火炉与模板支柱、斜撑、拉杆等可燃物和易燃保温材料的距离不得小于 1 m，已做保护层的火炉与可燃物的距离不得小于 70 cm。各种砖砌火炉壁厚不得小于 30 cm。在没有烟囱的火炉上方不得有拉杆、斜撑等可燃物，必要时须架设铁板等非燃材料隔热，其隔热板应比炉顶外围的每一边都多出 15 cm 以上。

10)在木地板上安装火炉，必须设置炉盘，有脚的火炉炉盘厚度不得小于 12 cm，无脚的火炉炉盘厚度不得小于 18 cm。炉盘应伸出炉门前 50 cm，伸出炉后左右各 15 cm。

11)各种火炉应根据需要设置高出炉身的火挡。各种火炉的炉身、烟囱和烟囱出口等部分与电源线和电气设备应保持 50 cm 以上的距离。

12)炉火必须由受过安全消防常识教育的专人看守，每人看管火炉的数量不宜过多。

13)火炉看火人严格执行检查值班制度和操作程序。火炉着火后，不准离开工作岗位，值班时间不允许睡觉或做与工作无关的事情。

14)移动各种加热火炉时，必须先将火熄灭后方准移动。掏出的炉灰必须随时用水浇灭后倒在指定地点。禁止用易燃、可燃液体点火。填的煤不应过多，以不超出炉口上沿为宜，防止热煤掉出引起可燃物起火。不准在火炉上熬炼油料、烘烤易燃物品。

15)工程的每层都应配备灭火器材。

16)用热电法施工，要加强检查和维修，防止触电和火灾。

(2)防滑要求。

1)冬期施工中，在施工作业前，对斜道、通行道、爬梯等作业面上的霜冻、冰块、积雪要及时清除。

2)冬期施工中，现场脚手架搭设接高前必须将钢管上的积雪清除，等到霜冻、冰块融化后再施工。

3)冬期施工中，若通道防滑条有损坏要及时补修。

（3）防冻要求。

1)入冬前，按照冬期施工方案材料要求提前备好保温材料，对施工现场怕受冻材料和施工作业面（如现浇混凝土）按技术要求采用保温措施。

2)冬期施工工地（指北方的），应尽量安装地下消火栓，在入冬前应进行一次试水，加少量润滑油。

3)消火栓用草帘、锯末等覆盖，做好保温工作，以防冻结。

4)冬天下雪时，应及时扫除消火栓上的积雪，以免雪化后将消火栓井盖冻住。

5)高层临时消防竖管应进行保温或将水放空，消防水泵内应考虑采暖措施，以免冻结。

6)入冬前，应做好消防水池的保温工作，并随时进行检查，发现冻结时应进行破冻处理。一般方法是在水池上盖上木板，木板上再盖上 40～50 cm 厚的稻草、锯末等。

7)入冬前，应将泡沫灭火器、清水灭火器等放入有采暖的地方，并套上保温套。

（4）防中毒要求。

1)冬季取暖炉的防煤气中毒设施，必须齐全、有效，建立验收合格证制度，经验收合格发证后，方准使用。

2)冬期施工现场，加热采暖和宿舍取暖用火炉时，要注意经常通风换气。

3)对亚硝酸钠要加强管理，严格发放制度，要按定量改革小包装，并加上水泥、细砂、粉煤灰等，将其改变颜色，以防止误食中毒。

2. 雨期施工

雨期施工，主要制定防触电、防雷、防坍塌、防火、防台风的安全措施。

（1）防触电要求。

1)雨季到来之前，应对现场每个配电箱、用电设备、外敷电线、电缆进行一次彻底的检查，采取相应的防雨、防潮保护措施。

2)配电箱必须防雨、防水，电器布置符合规定，电器元件不应破损，严禁带电明露。机电设备的金属外壳，必须采取可靠的接地或接零保护措施。

3)外敷电线、电缆不得有破损，电源线不得使用裸导线和塑料线，也不得沿地面敷设，防止因短路造成起火事故。

4)雨季到来前，应检查手持电动工具的漏电保护装置是否灵敏。工地临时照明灯、标志灯，其电压不超过 36 V。特别潮湿的场所及金属管道和容器内的照明灯不超过 12 V。

5)阴雨天气，电气作业人员应尽量避免露天作业。

（2）防雷要求。

1)雨季到来前，塔式起重机、外用电梯、钢管脚手架、井架、龙门架等高大设施，以及在施工的高层建筑工程等应安装可靠的避雷设施。

2)塔式起重机的轨道，一般应设两组接地装置；对较长的轨道应每隔 20 m 补做一组接地装置。

3)高度在 20 m 及以上的井字架、门式架等垂直运输的机具金属构架上，应将一侧的中间立杆接高，高出顶端 2 m 作为接闪器，在该立杆的下部设置接地线与接地极相连，同时应将卷扬机的金属外壳可靠接地。

4)高大建筑工程的脚手架，沿建筑物四角及四边利用钢脚手架本身加高 2～3 m 做接闪器，下端与接地极相连，接闪器间距不应超过 24 m。如施工的建筑物中都有凸出高点，也应做类似的避雷针。随着脚手架的升高，接闪器也应及时加高。防雷引下线不应少于 2 处。

5)雷雨季节拆除烟囱、水塔等高大建(构)筑物脚手架时，应待正式工程防雷装置安装完毕并已接地后，再拆除脚手架。

6)塔式起重机等施工机具的接地电阻应不大于 4 Ω，其他防雷接地电阻一般不大于 10 Ω。

(3)防坍塌要求。

1)暴雨、台风前后，应检查工地临时设施、脚手架、机电设施有无倾斜，基土有无变形、下沉等现象，发现问题及时修理加固，有严重危险的应立即排除。

2)雨季中，应尽量避免挖土方、管沟等作业，已挖好的基坑和沟边应采取挡水措施和排水措施。

3)雨后施工前，应检查沟槽边有无积水，坑槽有无裂纹或土质松动现象，防止积水渗漏，造成塌方。

(4)防火要求。

1)雨季中，生石灰、石灰粉的堆放应远离可燃材料，防止因受潮或雨淋产生高热而引起周围可燃材料起火。

2)雨季中，稻草、草帘、草袋等堆垛不宜过大，垛中应留通气孔，顶部应防雨，防止因受潮、遇雨发生自燃。

3)雨季中，电石、乙炔气瓶、氧气瓶、易燃液体等应在库内或棚内存放，禁止露天存放，防止因受雷雨、日晒发生起火事故。

3. 暑期施工

夏季气候炎热，高温时间持续较长，主要制定防火防暑降温的安全措施。

(1)合理调整作息时间，避开中午高温时间工作，严格控制工人加班、加点，工人的工作时间要适当缩短，保证工人有充足的休息和睡眠时间。

(2)对容器内和高温条件下的作业场所，要采取措施，搞好通风和降温。

(3)对露天作业集中和固定场所，应搭设歇凉棚，防止热辐射，并要经常洒水降温。高温、高处作业的工人，需经常进行健康检查，发现有作业禁忌证者应及时调离高温和高处作业岗位。

(4)要及时供应符合卫生要求的茶水、清凉含盐饮料、绿豆汤等。

(5)要经常组织医护人员深入工地进行巡回医疗和预防工作。重视年老体弱、患过中暑者和血压较高的工人身体情况的变化。

(6)及时给职工发放防暑降温的急救药品和劳动保护用品。

四、防火管理

1. 一般规定

(1)施工现场的消防安全管理应由施工单位负责。实行施工总承包时，应由总承包单位负责，分包单位应向总承包单位负责，并应服从总承包单位的管理，同时应承担国家法律、法规规定的消防责任和义务。

(2)监理单位应对施工现场的消防安全管理实施监理。

(3)施工单位应根据建设项目规模、现场消防安全管理的重点，在施工现场建立消防安全管理组织机构及义务消防组织，并确定消防安全负责人和消防安全管理人员，同时应落实相关人员的消防安全管理责任。

（4）施工单位应针对施工现场可能导致火灾发生的施工作业及其他活动，制定消防安全管理制度，消防安全管理制度应包括下列主要内容：

1）消防安全教育与培训制度。

2）可燃及易燃易爆危险品管理制度。

3）用火、用电、用气管理制度。

4）消防安全检查制度。

5）应急预案演练制度。

（5）施工单位应编制施工现场防火技术方案，并应根据现场情况变化及时对其修改、完善，防火技术方案应包括下列主要内容：

1）施工现场重大火灾危险源辨识。

2）施工现场防火技术措施。

3）临时消防设施、临时疏散设施配备。

4）临时消防设施和消防警示标志布置图。

（6）施工单位应编制施工现场灭火及应急疏散预案，灭火及应急疏散预案应包括下列主要内容：

1）应急灭火处置机构及各级人员应急处置职责。

2）报警、接警处置的程序和通信联络的方式。

3）扑救初起火灾的程序和措施。

4）应急疏散及救援的程序和措施。

（7）施工人员进场时，施工现场的消防安全管理人员应向施工人员进行消防安全教育和培训。消防安全教育和培训应包括下列内容：

1）施工现场消防安全管理制度、防火技术方案、灭火及应急疏散预案的主要内容。

2）施工现场临时消防设施的性能及使用、维护方法。

3）扑灭初起火灾及自救逃生的知识和技能。

4）报警、接警的程序和方法。

（8）施工作业前，施工现场的施工管理人员应向作业人员进行消防安全技术交底，消防安全技术交底应包括下列主要内容：

1）施工过程中可能发生火灾的部位或环节。

2）施工过程应采取的防火措施及应配备的临时消防设施。

3）初起火灾的扑救方法和注意事项。

4）逃生方法和路线。

（9）施工过程中，施工现场的消防安全负责人应定期组织消防安全管理人员对施工现场的消防安全进行检查，消防安全检查应包括下列主要内容：

1）可燃物和易燃易爆危险品的管理是否落实。

2）动火作业的防火措施是否落实。

3）用火、用电、用气是否存在违章操作，电焊、气焊和保温、防水施工是否执行操作规程。

4）临时消防设施是否完好有效。

5）临时消防车道和临时疏散设施是否畅通。

（10）施工单位应依据灭火和应急疏散预案，定期开展灭火和应急疏散的演练。

（11）施工单位应做好并保存施工现场消防安全管理的相关文件和记录，并建立现场消防安全管理档案。

2. 可燃物及易燃易爆危险品管理

(1)用于在建工程的保温、防水、装饰及防腐等材料的燃烧性能等级应符合设计要求。

(2)可燃材料及易燃易爆危险品应按计划限量进场。进场后，可燃材料宜存放于库房内，露天存放时，应分类成垛堆放，垛高不应超过 2 m，单垛体积不应超过 50 m³，垛与垛之间的最小间距不应小于 2 m，且应采用不燃或难燃材料覆盖；易燃易爆危险品应分类专库储存，库房内应通风良好，并应设置严禁明火标志。

(3)室内使用油漆及其有机溶剂、乙二胺、冷底子油等易挥发产生易燃气体的物资作业时，应保持良好通风，作业场所严禁明火，并应避免产生静电。

(4)施工所产生的可燃、易燃建筑垃圾或余料，应及时清理。

3. 用火、用电、用气管理

(1)施工现场用火应符合下列规定：

1)动火作业应办理动火许可证，动火许可证的签发人收到动火申请后，应前往现场查验并确认动火作业的防火措施落实后，再签发动火许可证。

2)动火操作人员应具有相应资格。

3)焊接、切割、烘烤或加热等动火作业前，应对作业现场的可燃物进行清理，作业现场及其附近无法移走的可燃物应采用不燃材料对其覆盖或隔离。

4)施工作业安排时，宜将动火作业安排在使用可燃建筑材料的施工作业前进行，确需在使用可燃建筑材料的施工作业之后进行动火作业时，应采取可靠的防火措施。

5)裸露的可燃材料上严禁直接进行动火作业。

6)焊接、切割、烘烤或加热等动火作业应配备灭火器材，并应设置动火监护人进行现场监护，每个动火作业点均应设置 1 个监护人。

7)5 级(含 5 级)以上风力时，应停止焊接、切割等室外动火作业，确需动火作业时，应采取可靠的挡风措施。

8)动火作业后，应对现场进行检查，并应在确认无火灾危险后，动火操作人员再离开。

9)具有火灾、爆炸危险的场所严禁明火。

10)施工现场不应采用明火取暖。

11)厨房操作间炉灶使用完毕后，应将炉火熄灭，排油烟机及油烟管道应定期清理油垢。

(2)施工现场用电应符合下列规定：

1)施工现场供用电设施的设计、施工、运行和维护应符合现行国家标准《建设工程施工现场供用电安全规范》(GB 50194—2014)的有关规定。

2)电气线路应具有相应的绝缘强度和机械强度，严禁使用绝缘老化或失去绝缘性能的电气线路，严禁在电气线路上悬挂物品，破损、烧焦的插座、插头应及时更换。

3)电气设备与可燃、易燃易爆危险品和腐蚀性物品应保持一定的安全距离。

4)有爆炸和火灾危险的场所，应按危险场所等级选用相应的电气设备。

5)配电屏上每个电气回路应设置漏电保护器、过载保护器，距配电屏 2 m 范围内不应堆放可燃物，5 m 范围内不应设置可能产生较多易燃易爆气体、粉尘的作业区。

6)可燃材料库房不应使用高热灯具，易燃易爆危险品库房内应使用防爆灯具。

7)普通灯具与易燃物的距离不宜小于 300 mm，聚光灯、碘钨灯等高热灯具与易燃物的距离不宜小于 500 mm。

8)电气设备不应超负荷运行或带故障使用。

9)严禁私自改装现场供用电设施。

10）应定期对电气设备和线路的运行及维护情况进行检查。

（3）施工现场用气应符合下列规定：

1）储装气体的罐瓶及其附件应合格完好、有效，严禁使用减压器及其他附件缺损的氧气瓶，严禁使用乙炔专用减压器、回火防止器及其他附件缺损的乙炔瓶。

2）气瓶运输、存放、使用时，应符合下列规定：气瓶应保持直立状态，并采取防倾倒措施，乙炔瓶严禁横躺卧放；严禁碰撞、敲打、抛掷、滚动气瓶；气瓶应远离火源，与火源的距离不应小于 10 m，并采取避免高温和防止暴晒的措施；燃气储装瓶罐应设置防静电装置。

3）气瓶应分类储存，库房内应通风良好；空瓶和实瓶同库存放时，应分开放置，空瓶和实瓶的间距不应小于 1.5 m。

4）使用气瓶时，应符合如下规定：使用前，应检查气瓶及气瓶附件的完好性，检查连接气路的气密性，并采取避免气体泄漏的措施，严禁使用已老化的橡皮气管；氧气瓶与乙炔瓶的工作间距不应小于 5 m，气瓶与明火作业点的距离不应小于 10 m；冬季使用气瓶，气瓶的瓶阀、减压器等发生冻结时，严禁用火烘烤或用铁器敲击瓶阀，严禁猛拧减压器的调节螺钉；氧气瓶内剩余气体的压力不应小于 0.1 MPa；气瓶用后应及时归库。

4. 其他防火管理

（1）施工现场的重点防火部位或区域应设置防火警示标识。

（2）施工单位应做好施工现场临时消防设施的日常维护工作，对已失效、损坏或丢失的消防设施应及时更换、修复或补充。

（3）临时消防车道、临时疏散通道、安全出口应保持畅通，不得遮挡、挪动疏散指示标识，不得挪用消防设施。

（4）施工期间，不应拆除临时消防设施及临时疏散设施。

（5）施工现场严禁吸烟。

任务二　施工现场文明施工管理

一、文明施工的概念

文明施工是指保持施工场地的整洁与卫生、施工组织科学、施工程序合理的一种施工活动。实现文明施工，不仅要着重做好现场的场容管理工作，还要相应地做好现场材料、机械、安全、技术、保卫、消防和生活卫生等方面的管理工作。一个工地的文明施工水平是该工地乃至所在企业各项管理工作水平的综合体现。

二、现场文明施工的策划

1. 工程项目文明施工管理组织体系

（1）施工现场文明施工管理组织体系根据项目情况有所不同：以机电安装工程为主、土建为辅的工程项目，机电总承包单位作为现场文明施工管理的主要负责人；以土建施工为主、机电安装为辅的项目，土建施工总承包单位作为现场文明施工管理的主要负责人；机电安装工程各专业分包单位在总承包单位的总体部署下，负责分包工程的文明施工管理系统。

(2)施工总承包文明施工领导小组，在开工前参照项目经理部编制的"项目管理实施规划"或"施工组织设计"，全面负责对施工现场的规划，制定各项文明施工管理制度，划分责任区，明确责任负责人，对现场文明施工管理具有落实、监督、检查、协调职责，并有处罚、奖励权。

2. 工程项目文明施工策划(管理)的主要内容

(1)现场管理。

(2)安全防护。

(3)临时用电安全。

(4)机械设备安全。

(5)消防、保卫管理。

(6)材料管理。

(7)环境保护管理。

(8)环卫卫生管理。

(9)宣传教育。

3. 组织和制度管理

(1)施工现场应成立以项目经理为第一责任人的文明施工管理组织。分包单位应服从总包单位的文明施工管理组织的统一管理，并接受监督检查。

(2)各项施工现场管理制度应有文明施工的规定，包括个人岗位责任制、经济责任制、安全检查制度、持证上岗制度、奖惩制度、竞赛制度和各项专业管理制度等。

(3)加强和落实现场文明检查、考核及奖惩管理，以促进施工文明管理工作的提高。检查范围和内容应全面周到，包括生产区、生活区、场容场貌、环境文明及制度落实等内容。检查发现的问题应采取整改措施。

(4)施工组织设计(方案)中应明确对文明施工的管理规定，明确各阶段施工过程中现场文明施工所采取的各项措施。

(5)收集文明施工的资料，包括上级关于文明施工的标准、规定、法律法规等资料，并建立其相应保存的措施。建立施工现场相应的文明施工管理的资料系统并整理归档。

1)文明施工自检资料。

2)文明施工教育、培训、考核计划的资料。

3)文明施工活动各项记录资料。

(6)加强文明施工的宣传和教育。

在坚持岗位练兵的基础上，要采取派出去、请进来、短期培训、上技术课、登黑板报、广播、看录像、看电视等方法狠抓教育工作。要特别注意对临时工的岗前教育。专业管理人员应熟悉掌握文明施工的规定。

三、文明施工的基本要求

(1)工地主要入口要设置简朴、规整的大门，门旁必须设立明显的标牌，标明工程名称、施工单位和工程负责人的姓名等内容。

(2)施工现场建立文明施工责任制，划分区域，明确管理负责人，实行挂牌制，做到现场清洁整齐。

(3)施工现场场地平整，道路坚实畅通，有排水措施，基础、地下管道施工完成后要及时回填平整，清除积土。

（4）现场施工临时水电要有专人管理，不得有长流水、长明灯。

（5）施工现场的临时设施，包括生产、办公和生活用房、仓库、料场、临时上下水管道及照明、动力线路，要严格按施工组织设计确定的施工平面图布置、搭设或埋设整齐。

（6）工人操作地点和周围必须清洁整齐，做到活完脚下清、工完场地清，丢撒在楼梯、楼板上的砂浆混凝土要及时清除，落地灰要回收过筛后使用。

（7）砂浆、混凝土在搅拌、运输、使用过程中要做到不洒、不漏、不剩，使用地点盛放砂浆、混凝土必须有容器或垫板，如有撒、漏要及时清理。

（8）要有严格的成品保护措施，严禁损坏污染成品，堵塞管道。高层建筑要设置临时便桶，严禁在建筑物内大小便。

（9）建筑物内清除的垃圾渣土，要通过临时搭设的竖井或利用电梯井或采取其他措施稳妥下卸，严禁从门、窗口向外抛掷。

（10）施工现场不准乱堆垃圾及杂物。应在适当地点设置临时堆放点，并定期外运。清运渣土垃圾及流体物品，要采取遮盖防漏措施，运送途中不得遗撒。

（11）根据工程性质和所在地区的不同情况，采取必要的围护和遮挡措施，并保持外观整洁。

（12）针对施工现场情况设置宣传标语和黑板报，并适时更换内容，切实起到表扬先进、促进后进的作用。

（13）施工现场严禁居住家属，严禁居民、家属、小孩在施工现场穿行、玩耍。

（14）现场使用的机械设备，要按平面布置规划固定点存放，遵守机械安全规程，经常保持机身及周围环境清洁，机械的标记、编号明显，安全装置可靠。

（15）清洗机械排出的污水要有排放措施，不得随地流淌。

（16）在用的搅拌机、砂浆机旁必须设有沉淀池，不得将浆水直接排入下水道及河流等处。

（17）塔式起重机轨道按规定铺设整齐稳固，塔边要封闭，道砟不外溢，路基内外排水畅通。

（18）施工现场应建立不扰民措施，针对施工特点设置防尘和防噪声设施，夜间施工必须经当地主管部门批准。

四、施工现场环境保护

施工现场环境保护是按照法律法规、各级主管部门和企业的要求，保护和改善作业现场的环境，控制现场的各种粉尘、废水、废气、固体废弃物、噪声、振动等对环境的污染和危害。环境保护也是文明施工的重要内容之一。

1. 环境保护措施的主要内容

（1）现场环境保护措施的制定。

1）对确定的重要环境因素制定目标、指标及管理方案。

2）明确关键岗位人员和管理人员的职责。

3）建立施工现场对环境保护的管理制度。

4）对噪声、电焊弧光、无损检测等方面可能造成的污染进行防治和控制。

5）易燃易爆及其他化学危险品的管理。

6）对废弃物，特别是有毒有害及危险品包装等固体或液体的管理和控制。

7）节能降耗管理。

8）应急准备和响应等方面的管理制度。

9)对工程分包方和相关方提出现场保护环境所需的控制措施与要求。

10)对物资供应方提出保护环境行为要求，必要时在采购合同中予以明确。

（2）现场环境保护措施的落实。

1)施工作业前，应对确定的与重要环境因素有关的作业环节，进行操作安全技术交底或指导，落实到作业活动中，并实施监控。

2)在施工和管理活动过程中，进行控制检查，并接受上级部门和当地政府或相关方的监督检查，发现问题立即整改。

3)进行必要的环境因素监测控制，如施工噪声、污水或废气的排放等，项目经理部自身无条件检测时，可委托当地环境管理部门进行检测。

4)施工现场、生活区和办公区应配备的应急器材、设施应落实并完好，以备应急时使用。

5)加强施工人员的环境保护意识教育，组织必要的培训，使制定的环境保护措施得到落实。

2. 施工现场的噪声控制

噪声是影响与危害非常广泛的环境污染问题。噪声可以干扰人的睡眠与工作、影响人的心理状态与情绪、造成人的听力损失，甚至引起许多疾病。另外，噪声对人们的对话干扰也是相当大的。噪声控制技术可从声源、传播途径、接收者防护、严格控制人为噪声、控制强噪声作业的时间等方面来考虑。

（1）声源控制。从声源上降低噪声，这是防止噪声污染的最根本的措施。尽量采用低噪声设备和工艺，代替高噪声设备与加工工艺，如低噪声振捣器、风机、电动空压机、电锯等。在声源处安装消声器消声，即在通风机、鼓风机、压缩机、燃气机、内燃机及各类排气防空装置等进出风管的适当位置设置消声器。

（2）传播途径的控制。在传播途径上控制噪声方法主要有以下几种：

1)吸声。利用吸声材料（大多由多孔材料制成）或由吸声结构形成的共振结构（金属或木质薄板钻孔制成的空腔体）吸收声能，降低噪声。

2)隔声。应用隔声结构，阻碍噪声向空间传播，将接收者与噪声声源分隔。隔声结构包括隔声室、隔声罩、隔声屏障、隔声墙等。

3)消声。利用消声器阻止传播。允许气流通过的消声降噪是防治空气动力性噪声的主要装置，如对空气压缩机、内燃机产生的噪声进行消声等。

4)减振降噪。对来自振动引起的噪声，通过降低机械振动减小噪声，如将阻尼材料涂在振动源上，或改变振动源与其他刚性结构的连接方式等。

（3）接收者的防护。让处于噪声环境下的人员使用耳塞、耳罩等防护用品，减少相关人员在噪声环境中的暴露时间，以减轻噪声对人体的危害。

（4）严格控制人为噪声。进入施工现场不得高声喊叫、无故甩打模板、乱吹哨，限制高音喇叭的使用，最大限度地减少噪声扰民。

（5）控制强噪声作业的时间。凡在人口稠密区进行强噪声作业时，必须严格控制作业时间，一般晚10点到次日早6点之间停止强噪声作业。施工现场的强噪声设备宜设置在远离居民区的一侧。对因生产工艺要求或其他特殊需要，确需在22时至次日6时期间进行强噪声施工的，施工前，建设单位和施工单位应到有关部门提出申请，经批准后方可进行夜间施工，并公告附近居民。

根据国家标准《建筑施工场界环境噪声排放标准》（GB 12523—2011）的要求，建筑施工过程中，场界环境噪声不得超过表11-7的排放限值。

表 11-7　建筑施工场界环境噪声排放限值　　　　　　　　　　dB(A)

昼间	夜间
70	55

3. 施工现场空气污染的防治措施

施工现场宜采取措施硬化，其中主要道路、料场、生活办公区域必须进行硬化处理，土方应集中堆放。裸露的场地和集中堆放的土方应采取覆盖、固化或绿化等措施，施工现场垃圾渣土要及时清理出现场。

高大建筑物清理施工垃圾时，要使用封闭式的容器或采取其他措施；处理高空废弃物，严禁凌空随意抛撒。施工现场道路应指定专人定期洒水清扫，形成制度，防止道路扬尘。对于细颗粒散体材料(如水泥、粉煤灰、白灰等)的运输、储存要注意遮盖、密封，防止和减少飞扬。车辆开出工地要做到不带泥沙，基本做到不撒土、不扬尘，减少对周围环境的污染。

除设有符合规定的装置外，禁止在施工现场焚烧油毡、橡胶、塑料、皮革、树叶、枯草、各种包装物等废弃物品，以及其他会产生有毒有害烟尘和恶臭气体的物质。机动车都要安装减少尾气排放的装置，确保符合国家标准。工地茶炉应尽量采用电热水器，若只能使用烧煤茶炉和锅炉时，应选用消烟除尘型茶炉和锅炉，大灶应选用消烟节能回风炉灶，使烟尘排放降至允许范围为止。

大城市市区的建设工程不允许搅拌混凝土。在容许设置搅拌站的工地，应将搅拌站封闭严密，并在进料仓上方安装除尘装置，采用可靠措施控制工地粉尘污染。拆除旧建筑物时，应适当洒水，防止扬尘。

4. 建筑工地上常见的固体废物

(1)固体废物的概念。施工工地常见的固体废物如下。

1)建筑渣土。建筑渣土包括砖瓦、碎石、渣土、混凝土碎块、废钢铁、碎玻璃、废屑、废弃装饰材料等。废弃的散装建筑材料包括散装水泥、石灰等。

2)生活垃圾。生活垃圾包括炊厨废物、丢弃食品、废纸、生活用具、玻璃、陶瓷碎片、废电池、废旧日用品、废塑料制品、煤灰渣、粪便、废交通工具、设备、材料等的废弃包装材料。

(2)固体废物对环境的危害。固体废物对环境的危害是全方位的，主要表现在以下几个方面。

1)侵占土地。固体废物的堆放，可直接破坏土地和植被。

2)污染土壤。固体废物的堆放中，有害成分易污染土壤，并在土壤中发生积累，给作物生长带来危害。部分有害物质还能杀死土壤中的微生物，使土壤丧失腐解能力。

3)污染水体。固体废物遇水浸泡、溶解后，其有害成分随地表径流或土壤渗流，污染地下水和地表水；另外，固体废物还会随风飘迁进入水体造成污染。

4)污染大气。以细颗粒状存在的废渣垃圾和建筑材料在堆放与运输过程中，会随风扩散，使大气中悬浮的灰尘废弃物提高；另外，固体废物在焚烧等处理过程中，可能产生有害气体造成大气污染。

5)影响环境卫生。固体废物的大量堆放，会招致蚊蝇滋生，臭味四溢，严重影响工地及周围环境卫生，对员工和工地附近居民的健康造成危害。

(3)固体废物的主要处理方法。

1)回收利用。回收利用是对固体废物进行资源化、减量化的重要手段之一。对建筑渣土可视其情况加以利用。废钢可按需要用作金属原材料。对废电池等废弃物应分散回收，集中处理。

2)减量化处理。减量化是对已经产生的固体废物进行分选、破碎、压实浓缩、脱水等，减少其最终处置量，降低处理成本，减少对环境的污染。在减量化处理的过程中，也包括和其他处理技术相关的工艺方法，如焚烧、热解、堆肥等。

3)焚烧技术。焚烧用于不适合再利用且不宜直接予以填埋处置的废物，尤其是对于受到病菌、病毒污染的物品，可以用焚烧进行无害化处理。焚烧处理应使用符合环境要求的处理装置，注意避免对大气的二次污染。

4)稳定和固化技术。利用水泥、沥青等胶结材料，将松散的废物包裹起来，减小废物的毒性和可迁移性，故可减少污染。

5)填埋。填埋是固体废物处理的最终技术，经过无害化、减量化处理的废物残渣集中到填埋场进行处置。填埋场应利用天然或人工屏障，尽量使需要处置的废物与周围的生态环境隔离，并应注意废物的稳定性和长期安全性。

5. 防治水污染

(1)施工现场应设置排水沟及沉淀池，现场废水不得直接排入市政污水管网和河流。

(2)现场存放的油料、化学溶剂等应设有专门的库房，地面应进行防渗漏处理。

(3)食堂应设置隔油池，并应及时清理。

(4)厕所的化粪池应进行抗渗处理。

(5)食堂、盥洗室、淋浴间的下水管线应设置隔离网，并应与市政污水管线连接，保证排水通畅。

项目小结

本项目主要介绍了施工现场防火、施工现场文明施工管理。通过本项目的学习，学生可以掌握施工现场防火安全管理的相关知识和工作方法，能够基本掌握如何实施文明施工和进行环境保护。

思考与练习

一、填空题

1. 易燃易爆危险品库房与在建工程的防火间距不应小于_____。

2. 可燃材料堆场及其加工场、固定动火作业场与在建工程的防火间距不应小于_____。

3. 施工现场周边道路满足消防车通行及灭火救援要求时，施工现场内可不设置_____。

4. 临时消防车道的净宽度和净空高度均不应小于_____。

5. 施工现场应设置_____、_____和_____等临时消防设施。

6. 临时消防设施应与_____同步设置。

7. 临时消防给水系统的贮水池、消火栓泵、室内消防竖管及水泵接合器等应设置_____。

8. 当施工现场处于市政消火栓_____保护范围内，且市政消火栓的数量满足_____要求时，可不设置临时室外消防给水系统。

9. 雨期施工，应主要制定_____、_____、_____、_____、_____的安全措施。

10. _____是指保持施工场地整洁、卫生，施工组织科学，施工程序合理的一种施工活动。

二、多项选择题

1. 下列（　　）情况的建筑应设置环形临时消防车道，设置环形临时消防车道确有困难时，除应设置回车场外，还应设置临时消防救援场地。

A. 建筑高度大于 24 m 的在建工程

B. 建筑工程单体占地面积大于 3 000 m² 的在建工程

C. 超过 10 栋，且成组布置的临时用房

D. 每组临时用房的栋数不应超过 10 栋，组与组之间的防火间距不应小于 8 m

2. 临时消防救援场地的设置应符合（　　）规定。

A. 临时消防救援场地应在在建工程装饰装修阶段设置

B. 临时消防救援场地应设置在成组布置的临时用房场地的长边一侧及在建工程的长边一侧

C. 临时救援场地宽度应满足消防车正常操作要求，且不应小于 6 m

D. 临时消防救援场地与在建工程外脚手架的净距不宜小于 6 m，且不宜超过 2 m

3. 施工现场临时室外消防给水系统的设置应符合（　　）规定。

A. 给水管网宜布置成网状

B. 临时室外消防给水干管的管径，应根据施工现场临时消防用水量和干管内水流计算速度计算确定，且不应小于 DN100

C. 室外消火栓应沿在建工程、临时用房和可燃材料堆场及其加工场均匀布置，与在建工程、临时用房和可燃材料堆场及其加工场的外边线的距离不应小于 5 m

D. 消火栓的间距不应大于 120 m，消火栓的最大保护半径不应大于 150 m

4. 施工现场的（　　）场所应配备临时应急照明。

A. 自备发电机房、变配电房及水泵房

B. 无天然采光的作业场所及疏散通道

C. 高度超过 10 m 的在建工程的室内疏散通道

D. 发生火灾时仍需坚持工作的其他场所

三、简答题

1. 办公用房、宿舍成组布置时，其防火间距应符合哪些规定？

2. 在建工程作业场所临时疏散通道的设置应符合哪些规定？

3. 冬期施工应注意哪些防火要求？

4. 可燃物及易燃易爆危险品管理应满足哪些要求？

5. 文明施工的基本要求有哪些？

项目十二　建筑工程职业健康安全事故分类及处理

知识目标

1. 了解应急预案的概念、施工安全事故的分类。
2. 熟悉应急预案体系的构成，生产安全事故应急预案编制的要求、内容。
3. 掌握施工安全事故的处理程序及应急措施。

能力目标

能编制建筑工程生产事故的应急处理预案。

任务一　建筑工程生产安全事故应急预案

一、应急预案的概念

应急预案是对特定的潜在事件和紧急情况发生时所采取措施的计划安排，是应急响应的行动指南。编制应急预案的目的是当紧急情况发生而出现混乱时，能够按照合理的响应流程采取适当的救援措施，预防和减少可能随之引发的职业健康安全与环境影响。

应急预案的制定，首先必须与重大环境因素和重大危险源相结合，特别是与这些环境因素和危险源一旦控制失效可能导致的后果相适应，还要考虑在实施应急救援过程中可能产生的新的伤害和损失。

二、应急预案体系的构成

应急预案应形成体系，针对各类可能发生的事故和所有危险源制定专项应急预案和制定现场应急处置方案，并明确事前、事发、事中的各个过程中相关部门和有关人员的职责。对于生产规模小、危险因素少的生产经营单位，其综合应急预案和专项应急预案可以合并编写。

(1)综合应急预案。综合应急预案是从总体上阐述事故的应急方针、政策，应急组织结构及相关应急职责，应急行动、措施和保障等基本要求和程序，是应对各类事故的综合性文件。

（2）专项应急预案。专项应急预案是针对具体的事故类别（如基坑开挖、脚手架拆除等事故）、危险源和应急保障而制定的计划或方案，是综合应急预案的组成部分，应按照综合应急预案的程序和要求组织制定，并作为综合应急预案的附件。专项应急预案应制定明确的救援程序和具体的应急救援措施。

（3）现场处置方案。现场处置方案是针对具体的装置、场所或设施、岗位所制定的应急处置措施。现场处置方案应具体、简单、针对性强。现场处置方案应根据风险评估及危险性控制措施逐一编制，做到事故相关人员应知应会、熟练掌握，并通过应急演练，做到迅速反应、正确处置。

三、生产安全事故应急预案编制的要求

（1）符合有关法律、法规、规章和标准的规定。
（2）综合本地区、本部门、本单位的安全生产实际情况。
（3）结合本地区、本部门、本单位的危险性分析情况。
（4）应急组织和人员的职责分工明确，并有具体的落实措施。
（5）有明确、具体的事故预防措施和应急程序，并与其应急能力相适应。
（6）有明确的应急保障措施，并能满足本地区、本部门、本单位的应急工作要求。
（7）预案基本要素齐全、完整，预案附件提供的信息准确。
（8）预案内容与相关应急预案相互衔接。

四、生产安全事故应急预案编制的内容

（1）综合应急预案编制的主要内容。

1.1　总则

1.1.1　适用范围

说明应急预案适用的范围。

1.1.2　响应分级

依据事故危害程度、影响范围和生产经营单位控制事态的能力，对事故应急响应进行分级，明确分级响应的基本原则。响应分级不可照搬事故分级。

1.2　应急组织机构及职责

明确应急组织形式（可用图示）及构成单位（部门）的应急处置职责。应急组织机构可设置相应的工作小组，各小组具体构成、职责分工及行动任务应以工作方案的形式作为附件。

1.3　应急响应

1.3.1　信息报告

1.3.1.1　信息接报

明确应急值守电话、事故信息接收、内部通报程序、方式和责任人，向上级主管部门、上级单位报告事故信息的流程、内容、时限和责任人，以及向本单位以外的有关部门或单位通报事故信息的方法、程序和责任人。

1.3.1.2　信息处置与研判

1.3.1.2.1　明确响应启动的程序和方式。根据事故性质、严重程度、影响范围和可控性，结合响应分级明确的条件，可由应急领导小组作出响应启动的决策并宣布，或者依据事故信息

是否达到响应启动的条件自动启动。

1.3.1.2.2 若未达到响应启动条件，应急领导小组可作出预警启动的决策，做好响应准备，实时跟踪事态发展。

1.3.1.2.3 响应启动后，应注意跟踪事态发展，科学分析处置需求，及时调整响应级别，避免响应不足或过度响应。

1.3.2 预警

1.3.2.1 预警启动

明确预警信息发布渠道、方式和内容。

1.3.2.2 响应准备

明确作出预警启动后应开展的响应准备工作，包括队伍、物资、装备、后勤及通信。

1.3.2.3 预警解除

明确预警解除的基本条件、要求及责任人。

1.3.3 响应启动

确定响应级别，明确响应启动后的程序性工作，包括应急会议召开、信息上报、资源协调、信息公开、后勤及财力保障工作。

1.3.4 应急处置

明确事故现场的警戒疏散、人员搜救、医疗救治、现场监测、技术支持、工程抢险及环境保护方面的应急处置措施，并明确人员防护的要求。

1.3.5 应急支援

明确当事态无法控制情况下，向外部(救援)力量请求支援的程序及要求、联动程序及要求，以及外部(救援)力量到达后的指挥关系。

1.3.6 响应终止

明确响应终止的基本条件、要求和责任人。

1.4 后期处置

明确污染物处理、生产秩序恢复、人员安置方面的内容。

1.5 应急保障

1.5.1 通信与信息保障

明确应急保障的相关单位及人员通信联系方式和方法，以及备用方案和保障责任人。

1.5.2 应急队伍保障

明确相关的应急人力资源，包括专家、专兼职应急救援队伍及协议应急救援队伍。

1.5.3 物资装备保障

明确本单位的应急物资和装备的类型、数量、性能、存放位置、运输及使用条件、更新及补充时限、管理责任人及其联系方式，并建立台账。

1.5.4 其他保障

根据应急工作需求而确定的其他相关保障措施(如：能源保障、经费保障、交通运输保障、治安保障、技术保障、医疗保障及后勤保障)。

注：1.5.1～1.5.4的相关内容，尽可能在应急预案的附件中体现。

(2)专项应急预案编制的主要内容。

1.1 适用范围

说明专项应急预案适用的范围，以及与综合应急预案的关系。

1.2 应急组织机构及职责

明确应急组织形式(可用图示)及构成单位(部门)的应急处置职责。应急组织机构以及各成员单位或人员的具体职责。应急组织机构可以设置相应的应急工作小组，各小组具体构成、职责分工及行动任务建议以工作方案的形式作为附件。

1.3 响应启动

明确响应启动后的程序性工作，包括应急会议召开、信息上报、资源协调、信息公开、后勤及财力保障工作。

1.4 处置措施

针对可能发生的事故风险、危害程度和影响范围，明确应急处置指导原则，制定相应的应急处置措施。

1.5 应急保障

根据应急工作需求明确保障的内容。

注：专项应急预案包括但不限于1.1～1.4的内容。

(3)现场处置方案的主要内容。

1.1 事故风险描述

简述事故风险评估的结果(可用列表的形式列在附件中)。

1.2 应急工作职责

明确应急组织分工和职责。

1.3 应急处置

包括但不限于下列内容：

1)应急处置程序。根据可能发生的事故及现场情况，明确事故报警、各项应急措施启动、应急救护人员的引导、事故扩大及同生产经营单位应急预案的衔接程序。

2)现场应急处置措施。针对可能发生的事故从人员救护、工艺操作、事故控制、消防、现场恢复等方面制定明确的应急处置措施。

3)明确报警负责人以及报警电话及上级管理部门、相关应急救援单位联络方式和联系人员，事故报告基本要求和内容。

1.4 注意事项

包括人员防护和自救互救、装备使用、现场安全等方面的内容。

任务二　施工安全事故的分类和处理

一、施工安全事故的分类

1. 按事故发生的原因分类

事故的分类方法有很多种，我国按照导致事故发生的原因，分为20类。

生产安全事故报告
和调查处理条例

(1)物体打击。物体打击是指落物、滚石、锤击、碎裂、崩块、砸伤等造成的人身伤害，不包括因爆炸而引起的物体打击。

(2)车辆伤害。车辆伤害是指被车辆挤、压、撞和车辆倾覆等造成的人身伤害。

(3)机械伤害。机械伤害是指被机械设备或工具绞、碾、碰、割、戳等造成的人身伤害，不包括车辆、起重设备引起的伤害。

(4)起重伤害。起重伤害是指从事各种起重作业时发生的机械伤害事故，不包括上下驾驶室时发生的坠落伤害、起重设备引起的触电及检修时制动失灵造成的伤害。

(5)触电。触电是指由于电流经过人体导致的生理伤害，包括雷击伤害。

(6)淹溺。淹溺是指由于水或液体大量从口、鼻进入肺内，导致呼吸道阻塞，发生急性缺氧而窒息死亡。

(7)灼烫。灼烫是指火焰引起的烧伤，高温物体引起的烫伤，强酸或强碱引起的灼伤，放射线引起的皮肤损伤，不包括电烧伤及火灾事故引起的烧伤。

(8)火灾。火灾是指在火灾时造成的人体烧伤、窒息、中毒等。

(9)高处坠落。高处坠落是指由于危险势能差引起的伤害，包括从架子、屋架上坠落及平地坠入坑内等。

(10)坍塌。坍塌是指建筑物、堆置物倒塌及土石塌方等引起的事故伤害。

(11)冒顶片帮。冒顶片帮是指矿井作业面、巷道侧壁由于支护不当、压力过大造成的坍塌（片帮）以及顶板垮落（冒顶）事故。

(12)透水。透水是指从事矿山、地下开采或其他坑道作业时，有压地下水意外大量涌入而造成的伤亡事故。

(13)放炮。放炮是指由于放炮作业引起的伤亡事故。

(14)火药爆炸。火药爆炸是指在火药的生产、运输、储藏过程中发生的爆炸事故。

(15)瓦斯爆炸。瓦斯爆炸是指可燃气体、瓦斯、煤粉与空气混合，接触火源时引起的化学性爆炸事故。

(16)锅炉爆炸。锅炉爆炸是指锅炉由于内部压力超出炉壁的承受能力而引起的物理性爆炸事故。

(17)容器爆炸。容器爆炸是指压力容器内部压力超出容器壁所能承受的压力引起的物理爆炸，以及容器内部可燃气体泄漏与周围空气混合遇火源而发生的化学爆炸。

(18)其他爆炸。其他爆炸是指化学、炉膛、钢水包爆炸等。

(19)中毒和窒息。中毒和窒息是指煤气、油气、沥青、化学、一氧化碳中毒等。

(20)其他伤害。其他伤害包括扭伤、跌伤、冻伤、野兽咬伤等。

2. 按事故后果的严重程度分类

(1)轻伤事故。轻伤事故是指造成职工肢体或某些器官功能性或器质性轻度损伤，表现为劳动能力轻度或暂时丧失的伤害。一般每个受伤人员休息1个工作日以上，105个工作日以下。

(2)重伤事故。重伤事故是指受伤人员肢体残缺或视觉、听觉等器官受到严重损伤，能引起人体长期存在功能障碍或劳动能力有重大损失的伤害，或者造成每个受伤人损失105个工作日以上的失能伤害。

(3)死亡事故。死亡事故是指一次事故中死亡职工1~2人的事故。

(4)重大伤亡事故。重大伤亡事故是指一次事故中死亡3人以上（含3人）的事故。

(5)特大伤亡事故。特大伤亡事故是指一次死亡10人以上（含10人）的事故。

(6)急性中毒事故。急性中毒事故是指生产性毒物一次或短期内通过人的呼吸道、皮肤或消化道大量进入人体内，使人体在短时间内发生病变，导致职工立即中断工作，并须进行急救或死亡的事故；急性中毒的特点是发病快，一般不超过1个工作日，但有的毒物因毒性有一定的潜伏期，可在下班后数小时发病。

二、施工安全事故的处理程序及应急措施

伤亡事故是指劳动者在劳动过程中发生的人身伤害、急性中毒事故。施工活动中发生的工程损害纳入安全事故处理程序。施工现场如发生安全生产事故，负伤人员或最先发现事故的人员应立即报告；施工总承包单位应按照国家有关伤亡事故报告和调查处理的规定，及时如实地向负责安全生产监督管理的部门、住房城乡建设主管部门或其他有关部门报告；特种设备发生事故的，还应当同时向特种设备安全监督管理部门报告。建设工程生产安全事故的调查，对事故责任单位和责任人的处罚与处理，按照有关法律法规的规定执行。

1. 施工安全事故的处理程序

（1）报告安全事故。施工现场发生生产安全事故后，事故现场有关人员应当立即报告本单位负责人。负有安全生产监督管理职责的部门接到事故报告后，应当立即按照国家有关规定上报事故情况。负有安全生产监督管理职责的部门和有关地方人民政府对事故情况不得隐瞒不报、谎报或者拖延不报。有关地方人民政府和负有安全生产监督管理职责部门的负责人接到重大生产安全事故报告后，应当立即赶到事故现场，组织事故抢救。

（2）处理安全事故。抢救伤员，排除险情，防止事故蔓延扩大，做好标志，保护好现场等。

（3）安全事故调查处理。事故调查应当按照实事求是、尊重科学的原则，及时、准确地查清事故原因，查明事故性质和责任，总结事故教训。施工单位发生生产安全事故，经调查确定为责任事故的，除应当查明事故单位的责任，并依法予以追究外，还应当查明对安全生产的有关事项负有审查批准和监督职责的行政部门的责任，对有失职、渎职行为的，追究法律责任。对施工安全事故的处理应按照"四不放过"原则进行，即按照"事故原因不清楚不放过，事故责任者和员工没有受到教育不放过，事故责任者没有处理不放过和没有指定防范措施不放过"的原则进行处理。任何单位和个人不得阻挠与干涉对事故的依法调查处理。编写调查报告并上报，调查报告的内容包括事故基本情况、事故经过、事故原因分析、事故预防措施建议、事故责任的确认和处理意见、调查组人员名单及签字、附图及附件。

2. 伤亡事故发生时的应急措施

施工现场伤亡事故发生后，项目承包方应立即启动"安全生产事故应急救援预案"，总包和分包单位应根据预案的组织分工立即开始工作。

（1）施工现场人员要有组织、听指挥，首先抢救伤员和排除险情，采取措施防止事故蔓延扩大。

（2）保护事故现场。确因抢救伤员和排险要求，而必须移动现场物品时，应当做出标记和书面记录，妥善保管有关证物；现场各种物件的位置、颜色、形状及其物理、化学性质等应尽可能保持事故结束时的原来状态；必须采取一切可能的措施，防止人为或自然因素的破坏。

（3）事故现场保护时间通常要到事故结案后，当地政府行政管理部门或调查组认定事实原因已清楚时，现场保护方可解除。

三、施工安全伤亡事故处理的有关规定

（1）重大事故、较大事故、一般事故，负责事故调查的人民政府应当自收到事故调查报告之日起15日内做出批复；特别重大事故，30日内做出批复，特殊情况下，批复时间可以适当延长，但延长的时间最长不超过30日。

有关机关应当按照人民政府的批复，依照法律、行政法规规定的权限和程序，对事故发生单位和有关人员进行行政处罚，对负有事故责任的国家工作人员进行处分。

（2）事故发生单位应当按照负责事故调查的人民政府的批复，对本单位负有事故责任的人员进行处理。

1）负有事故责任的人员涉嫌犯罪的，依法追究刑事责任。

2）事故发生单位应当认真吸取事故教训，落实防范和整改措施，防止事故再次发生。防范和整改措施的落实情况应当接受工会和职工的监督。

3）安全生产监督管理部门和负有安全生产监督管理职责 的有关部门应当对事故发生单位落实防范与整改措施的情况进行监督检查。

（3）事故处理的情况由负责事故调查的人民政府或者其授权的有关部门、机构向社会公布，依法应当保密的除外。

项目小结

本项目主要介绍了应急预案体系的构成，应急预案编制的要求、内容，安全事故的分类和处理。通过本项目的学习，学生能够对施工安全事故进行处理。

思考与练习

一、填空题

1. _____是对特定的潜在事件和紧急情况发生时所采取措施的计划安排，是应急响应的行动指南。

2. _____是指针对事故危害程度、影响范围和单位控制事态的能力，将事故分为不同的等级。

3. 一次事故中死亡3人以上（含3人）的事故称为_____。

4. _____是指劳动者在劳动过程中发生的人身伤害、急性中毒事故。

5. _____是指从事矿山、地下开采或其他坑道作业时，有压地下水意外大量涌入而造成的伤亡事故。

二、简答题

1. 编制应急预案的目的是什么？应急预案的制定应注意哪些？

2. 应急预案体系的构成应包括哪些？

3. 生产安全事故应急预案编制的要求有哪些？

4. 专项应急预案编制的主要内容包括哪些？

参考文献

[1]中华人民共和国住房和城乡建设部，中华人民共和国国家质量监督检验检疫总局.GB 50207—20012 屋面工程质量验收规范[S]. 北京：中国建筑工业出版社，2012.

[2]中华人民共和国住房和城乡建设部，中华人民共和国国家质量监督检验检疫总局.GB 50206—2012 木结构工程质量验收规范[S]. 北京：中国建筑工业出版社，2012.

[3]中华人民共和国住房和城乡建设部，中华人民共和国国家质量监督检验检疫总局.GB 50203—2011 砌体结构工程质量验收规范[S]. 北京：中国建筑工业出版社，2011.

[4]郝永池，谷志华.绿色建筑与绿色施工[M]. 北京：清华大学出版社，2015.

[5]李云峰.建筑工程质量与安全管理[M]. 北京：化学工业出版社，2020.

[6]白锋.建设工程质量检验与安全管理[M]. 北京：机械工业出版社，2006.

[7]赵艳敏.建筑工程质量管理[M]. 北京：北京出版社，2014.